Springer Series in Synergetics

Synergetics, an interdisciplinary field of research, is concerned with the cooperation of individual parts of a system that produces macroscopic spatial, temporal or functional structures. It deals with deterministic as well as stochastic processes.

Volume 1 **Synergetics** An Introduction 2nd Edition
By H. Haken

Volume 2 **Synergetics** A Workshop
Editor: H. Haken

Volume 3 **Synergetics** Far from Equilibrium
Editors: A. Pacault and C. Vidal

Synergetics

Far from Equilibrium

Proceedings of the Conference Far from Equilibrium: Instabilities and Structures
Bordeaux, France, September 27–29, 1978

Editors: A. Pacault and C. Vidal

With 109 Figures

Springer-Verlag Berlin Heidelberg New York 1979

Professeur Dr. *Adolphe Pacault*
Professeur Dr. *Christian Vidal*

Centre de Recherches Paul Pascal, Domaine Universitaire
F-33405 Talence Cédex, France

ISBN 3-540-09304-4 Springer-Verlag Berlin Heidelberg New York
ISBN 0-387-09304-4 Springer-Verlag New York Heidelberg Berlin

Offset printing: Beltz Offsetdruck, Hemsbach
Bookbinding: J. Schäffer OHG, Grünstadt
2153/3130-543210

Preface

This volume gathers most of the lectures and communications presented at the meeting held in Bordeaux from the 27th to the 29th of September and entitled "Far from equilibrium : instabilities and structures". This meeting is part of a series of several other interdisciplinary conferences such as Elmau 1972, London 1974, Dortmund 1976, Elmau 1977, Tokyo 1978.

The old science classification scheme proposed by Auguste Comte tends to be every day a bit more blurred out : one gives here, if needed, one additional illustration of this trend. The three key words "far from equilibrium", "instabilities" and "structures" best illustrate the new concepts which emerge from the description of the dynamics of various systems relevant to many different research areas. Laser emission, chemical reactions, fluid motions, exhibit very particular phenomena when, under appropriate external action, they occur far from equilibrium. These proceedings include the experimental description of such phenomena as well as theoretical attempts in understanding them. Most of the topics investigated here belong to the domains of physics and chemistry but one should be careful not to underestimate the underlying potential biological interest.

If the study of simple systems (e.g., described by a few variables) has been quite successful for several centuries, the recent bearing of our attention on complex systems constitutes a genuine epistemological breakthrough bridging the gap which used to exist between the sciences and the humanism.

We are particularly indebted to the C.N.R.S. which provided us with the necessary financial support and quite grateful to our secretary, Mrs Maurat, who has been so efficient in helping us prepare this meeting and the proceedings.

Bordeaux, September 1978 *A. Pacault, C. Vidal*

Preface

Ce volume rassemble la majeure partie des conférences et des communications présentées au Colloque "Loin de l'équilibre : instabilités et structures" qui s'est tenu à Bordeaux les 27, 28 et 29 Septembre 1978. Ce colloque s'inscrit dans la ligne de plusieurs autres réunions scientifiques interdisciplinaires (Elmaü 1972, Londres 1974, Dortmund 1976, Elmaü 1977, Tokyo 1978).

Aujourd'hui la recherche tend à estomper le cadre fixé jadis par Auguste Comte dans sa classification des sciences, mouvement dont ce colloque est une nouvelle illustration. L'élaboration d'une description dynamique - et non plus statique - des phénomènes fait surgir peu à peu des concepts communs à la plupart des disciplines traditionnelles, pour autant que les évolutions considérées aient lieu *loin de l'équilibre*, auquel cas des *instabilités* peuvent apparaître et donner naissance à des *structures*. Voici les trois mots-clé, dénominateur commun des recherches présentées dans cet ouvrage. Qu'il s'agisse d'émission laser, de réaction chimique, de mouvement d'un fluide, des phénomènes très particuliers se produisent lorsque, sous l'effet de contraintes suffisantes, l'évolution se déroule loin de l'équilibre. On trouvera dans ces textes à la fois leur description et les tentatives d'ordre théorique visant à les prévoir. Si les objets d'étude abordés ici appartiennent surtout au domaine de la Physique et de la Chimie, il ne faut pas perdre de vue que les exemples et les objectifs à caractère biologique sont proches, voire sous-jacents.

Plusieurs siècles ont été consacrés avec le succès que l'on connaît à l'étude des systèmes simples, c'est-à-dire à petit nombre de variables. L'intérêt porté depuis quelques années à des systèmes complexes marque une véritable rupture épistémologique rapprochant les sciences d'un humanisme dont elles s'étaient trouvé séparées.

Nous remercions tout particulièrement le C.N.R.S. qui a bien voulu apporter l'aide financière indispensable à la tenue de cette table ronde. Notre reconnaissance va à Mme Maurat, notre secrétaire, pour sa participation efficace à l'organisation de ces journées et à la préparation des actes.

Bordeaux, Septembre 1978 *A. Pacault, C. Vidal*

Contents

List of Contributors

Bergé, P., Dr., C.E.A., Orme des Merisiers, B.P. no. 2, 91190 Gif sur Yvette, France

Bertrand, G., Dr., Université de Dijon, Faculté des Sciences Mirande, Réactivité des Solides, B.P. 138, 21004 Dijon Cédex, France

Chanu, J., Prof. Dr., Université Paris VII, Laboratoire T.M.I.B., Tour 33-43, E2, 2 Place Jussieu 75221 Paris Cédex 05, France

De Kepper, P., Dr., Centre de Recherche Paul Pascal, Domaine Universitaire, 33405 Talence, France

Delmotte, M., Dr., Université Paris VII, Laboratoire T.M.I.B., Tour 33-43, 2ème étage, 2 Place Jussieu 75221 Paris Cédex 05, France

Dubois, M., Dr., C.E.A., Orme des Merisiers, B.P. no. 2, 91190 Gif sur Yvette, France

Dupeyrat, M., Prof. Dr., Université Paris VI, UER 55, Laboratoire Physico-Chimie des Interfaces, 11 rue P. et M. Curie 75231 Paris Cédex 05, France

Epelboin, I., Dr., CNRS, Physique des Liquides et Electrochimie, Université Paris VI, 4 Place Jussieu 75230 Paris Cédex 05, France

Erneux, T., Université Libre de Bruxelles, Service Chimie-Physique II, Code Postal 231, Campus Plaine ULB, Bd. du Triomphe, 1050 Bruxelles, Belgique

Gabrielli, C., Dr., CNRS, Physique des Liquides et Electrochimie, Université Paris VI, 4 Place Jussieu 75230 Paris Cédex 05, France

Glansdorff, P., Prof. Dr., Université Libre de Bruxelles, Service Chimie-Physique II, Code Postal 238, Bd. du Triomphe, Campus Plaine ULB, 1050 Bruxelles, Belgique

Haken, H., Prof. Dr., Institut für theoretische Physik der Universität Stuttgart, Pfaffenwaldring 57, 7000 Stuttgart 80, Fed. Rep. of Germany

Hanusse, P., Dr., Centre de Recherche Paul Pascal, Domaine Universitaire, 33405 Talence, France

Hess, B., Prof. Dr., Max-Planck-Institut für Ernährungsphysiologie, Rheinlanddamm 201, 4600 Dortmund 1, Fed. Rep. of Germany

Horsthemke, W., Dr., Université Libre de Bruxelles, Service Chimie-Physique II, Code Postal 231, Campus Plaine ULB, Bd. du Triomphe, 1050 Bruxelles, Belgique

Kaufman-Herschkowitz, M., Dr., Université Libre de Bruxelles, Service Chimie-Physique II, Code Postal 231, Campus Plaine ULB, Bd. du Triomphe, 1050 Bruxelles, Belgique

Keddam, M., Dr., CNRS, Physique des Liquides et Electrochimie, Université Paris VI, 4 Place Jussieu 75230 Paris Cédex 05, France

Körös, E., Prof. Dr., Institute of Inorganic and Analytical Chemistry, L. Eötvös University, 1088 Budapest, VIII, Múzeum krt. 4/b., Hungary

Lefever,R., Prof. Dr., Université Libre de Bruxelles, Service Chimie-Physique II, Code Postal 231, Campus Plaine ULB, Bd. du Triomphe, 1050 Bruxelles, Belgique

Marek,M., Dr., Department of Chemical Engineering, Prague Institute of Chemical Technology, 166 28 Praha 6, Suchbatarova 5, Prague, Czechoslovakia

Nakache,E., Dr., Université Paris VI, UER 55, Laboratoire Physico-Chimie des Interfaces, 11 rue P. et M. Curie 75231 Paris Cédex 05, France

Nicolis,G., Prof. Dr., Université Libre de Bruxelles, Service Chimie-Physique II, Code Postal 231, Campus Plaine ULB, Bd. du Triomphe, 1050 Bruxelles, Belgique

Noyau,A., Centre de Recherche Paul Pascal, Domaine Universitaire, 33405 Talence, France

Noyes, R.M.,Prof. Dr., University of Oregon, Department of Chemistry, College of Liberal Arts, Eugene, OR 97403, USA

Örbán,M., Dr., Institute of Inorganic and Analytical Chemistry, L. Eötvös University, 1088 Budapest, VIII, Múzeum krt. 4/b., Hungary

Ortoleva,P., Prof. Dr., Indiana University, Department of Chemistry, Chemistry Building, Bloomington, IN 47401, USA

Pacault,A., Prof. Dr., Centre de Recherche Paul Pascal, Domaine Universitaire, 33405 Talence, France

Procaccia,I., Dr., Massachusetts Institute of Technology, Department of Chemistry, Room 6-123, Cambridge, MA 02139, USA

Rejou-Michel,A., Université Paris VII, Laboratoire T.M.I.B., Tour 33-43, 2ème étage, 2 Place Jussieu 75221 Paris Cédex 05, France

Rooze,H., Université Libre de Bruxelles, Ecole Polytechnique, Faculté des Sciences Appliquées, Chimie Analytique, Av. F.D. Roosevelt 50, 1050 Bruxelles, Belgique

Ross,J., Prof. Dr., Massachusetts Institute of Technology, Department of Chemistry, Room 6-123, Cambridge, MA 02139, USA

Rössler, E.O., Prof. Dr., Universität Tübingen, Institut für physikalische und theoretische Chemie, Auf der Morgenstelle 8, 7400 Tübingen 1, Fed. Rep. of Germany

Roux, J.-C.,Dr., Centre de Recherche Paul Pascal, Domaine Universitaire, 33405 Talence, France

Schmitz,G., Dr., Université Libre de Bruxelles, Ecole Polytechnique, Faculté des Sciences Appliquées, Chimie Analytique, Av. F.D. Roosevelt 50, 1050 Bruxelles, Belgique

Suzuki,M., Prof. Dr., University of Tokyo, Department of Physics, Faculty of Science, 3-1 Hongo 7-Chome, Bunkyo-ku, Tokyo (code postal 113), Japan

Velarde, M.G., Prof. Dr., Universidad Autonoma de Madrid, Facultad de Ciencias C.3, Cantoblanco, Madrid, Espana

Vidal, C.,Prof. Dr., Centre de Recherche Paul Pascal, Domaine Universitaire, 33405 Talence, France

Villardi,M., Université Paris VII, Laboratoire T.M.I.B., Tour 33-43, 2ème étage, 2 Place Jussieu, 75221 Paris Cédex 05, France

Wiart,R., Dr., CNRS, Physique des Liquides et Electrochimie, Université Paris VI, 4 Place Jussieu 75230 Paris Cédex 05, France

Origine et perspectives des structures dissipatives

P. Glansdorff

With 3 Figures

ABSTRACT

The concept of dissipative structures covers in principle all natural phenomena that exhibit internal organization under the influence of various evolution processes of which they are the host.

A distinction is thus made from the beginning with the classical concept of equilibrium structures, such as crystals, which maintain themselves in the absence of all internal process.

The fundamental characteristic of dissipative structures is that they occur far from equilibrium, as they can appear only beyond a critical threshold, in the domain of non linear processes. They are then maintained by external constraints. On the contrary, near equilibrium, all processes evolve in the direction order-disorder, according to the BOLTZMANN law. Hence the title of the present symposium : "Far from equilibrium".

Nevertheless, one should avoid to strict an interpretation of this outline. Biological order, for instance, which provides remarkable examples of dissipative structures, often involves a great number of processes, all of which save one are very close to equilibrium. If this one remaining process reaches the supercritical nonlinear region it can entrain evolution process of the opposite kind, namely disorder-order, which have long been unknown, albeit non disputed, by the second law of thermodynamics.

In fact, it has been the recent progress in the field of thermodynamics of irreversible processes which has led to the new general concept of dissipative structure. The present talk briefly retraces the successive steps which were taken to achieve this goal : limit of validity of GIBBS'law for non-equilibrium states ; the concept of local equilibrium, the extension of thermodynamic and kinetic stability criteria to the domain of steady states and more generally to non equilibrium behaviours ; the connection with LIAPOUNOV'S theorems ; the destabilizing effects arising from the non linear domain ; the bifurcation analysis and study of spatial, temporal and/or spatiotemporal dissipative structures on simplified models (Brusselator and its further improvements at the Centre Paul Pascal).

The extension to the domain of irreversibility of the concept of mechanical and physicochemical stability has completely reehanced the role of fluctuations on the subsequent behaviour of the system. Indeed, in the neighbourhood of an unstable critical state, some fluctuations may increase rather than regress, and become macroscopically enough large, to the point of allowing and influencing the appearance of further structures. As a result, an element of random is thus introduced into the strictly causal laws of macroscopic physics.

Research in this field offers new prospects in the study of bifurcation theory for ordinary and partial differential equations, as well as in the study of stochastic processes for classifying the different types of fluctuations.

As to the prospects for the applications of dissipative structures, already they appear extremely wide as they are involved far beyond thermodynamics itself, in nearly all domains where collective phenomena prevail. As yet some simplified (and mathematically tractable) models have been investigated in areas as varied as ecology, economics and sociology.

At present however, the largest domain of application is provided by physics, chemistry and biophysics with the study of e.g. : reaction-diffusion processes, symmetry breaking beyond far from equilibrium, multiple steady states, biological membranes and their excitability active autocatalytic regulation processes, glycolytic oscillations, A.T.P. cycles, bacteria population dynamics, and the development of multicellular organisms.

This field of research also open the way to new investigations about the mechanisms governing the formation of cancerous cells.

Finally the appearance of a dissipative structure following a sequence of successive instabilities induced by fluctuations, is of major interest in the study of prebiological evolution and biopolymer synthesis.

Le concept de structure dissipative recouvre en principe l'ensemble des phénomènes naturels présentant un état d'organisation interne, par suite des divers processus dissipatifs dont ils sont le siège, sous l'effet de contraintes extérieures suffisamment importantes pour dépasser un seuil critique.

L'intérêt de ce concept, et son utilité croissante grâce aux propriétés qui ont pu lui être progressivement attribuées, ont assuré définitivement son succès. Il paraîtra donc naturel, ne fût-ce que pour servir l'histoire, de résumer a posteriori, le cheminement de la pensée qui a conduit à ce résultat.

Dans cette perspective, il faut observer tout d'abord, que la préoccupation initiale ne provient nullement comme on pourrait être tenté de le croire à présent, d'un effort d'interprétation unitaire des quelques surprenantes régularités spatiales ou temporelles manifestées parfois au cours de processus physiques ou chimiques; pas plus d'ailleurs à l'opposé, que la discussion de modèles mathématiques théoriques. La formation des anneaux de LIESEGANG, les réactions périodiques de BRAY, BRIGGS, BELOUSOV et ZHABOTINSKY, les processus oscillants en biochimie, et les cellules convectives de BENARD en hydrodynamique d'une part, les cycles prédateur-proie de LOTKA-VOLTERRA, les cycles limites et plus généralement les divers modes de bifurcations d'autre part, n'interviennent que plus tard dans une théorie déjà largement élaborée, au titre d'applications ou en vue de leur classification [1],[2].

En fait, l'origine de l'étude des structures dissipatives présente un caractère beaucoup plus heuristique. Elle correspond plutôt à une étape nouvelle vers la consécration d'un pressentiment déjà manifesté il y a un demi siècle par Max PLANCK, lorsqu'il écrivait:

"... répondant à la question que je posais tout à l'heure touchant la façon dont la physique sera subdivisée à l'avenir, je dis qu'à mon avis les phénomènes physiques se partageront en deux grandes classes: les phénomènes réversibles et les phénomènes irréversibles" [3]

A son stade actuel de développement, la Mécanique statistique a largement confirmé cette perspective et il en est de même de la théorie macroscopique de la stabilité qui concerne plus directement le sujet de l'exposé et fait intervenir quelques précisions supplémentaires, en rapport avec le degré d'irréversibilité, ou plus précisément l'écart à l'équilibre.

A l'origine, la notion de stabilité concernait uniquement l'équilibre mécanique. Ce n'est guère qu'au cours du dix-neuvième siècle qu'elle fut étendue aux états d'équilibre physico-chimiques, grâce aux critères de stabilité de la thermodynamique classique, basés sur l'existence du minimum des potentiels d'énergie libre ou d'enthalpie libre à l'équilibre. Ces critères comportent notamment les théorèmes de modération et le principe de LE CHATELIER.

La théorie de la stabilité des systèmes physicochimiques hors d'équilibre qui concerne entre autres celle des états stationnaires ou périodiques, est beaucoup plus récente. Elle relève directement de la thermodynamique des processus irréversibles et présente des aspects entièrement nouveaux et souvent inattendus.

Dans l'état actuel de son développement, cette théorie est encore limitée au seul domaine de validité de la loi de GIBBS, soit en d'autres termes, à l'hypothèse de l'équilibre local. Cette dernière exclut les états locaux dont la définition implique l'intervention de variables indépendantes supplémentaires (nouveaux degrés de liberté internes), ou les gradients de certaines d'entre elles (problèmes rhéologiques), ou enfin les écarts importants à l'équilibre statistique (milieux raréfiés, effets quantiques aux très basses températures, prédominance insuffisante des effets de collision). Toutefois, même ainsi réduits dans leur portée, les critères obtenus couvrent encore un champ d'application suffisamment vaste pour convenir à la plupart des problèmes d'évolution rencontrés en physicochimie ou en biochimie.

A partir d'une telle base, la production d'entropie du milieu envisagé, donc en particulier son accroissement d'entropie par unité de temps si le milieu est isolé, acquiert un rôle central. Elle se présente en effet, sous la forme concrète d'une expression bilinéaire associant les différents courants irréversibles J_i , dont le système est le siège (transports de chaleur et de matière, vitesses des réactions chimiques), aux forces généralisées X_i qui les engendrent (gradients de température et de concentrations, affinités chimiques). On obtient pour la production d'entropie, les formulations locale et globale [4]:

$$\sigma[S] = \sum_i J_i X_i \geqslant 0 \quad ; \quad P[S] = \int_V \sigma \, dV \geqslant 0$$

où le signe d'inégalité exprime dans sa généralité, le second principe de la thermodynamique, et où le cas d'égalité se rapporte à l'état d'équilibre $(J_i = X_i = 0)$. Pour la simplicité, nous écrirons plus brièvement et symboliquement $J_i X_i$ pour les deux formulations.

La recherche de critères thermodynamiques d'évolution et de stabilité conduit ensuite à deux étapes successives essentiellement différentes par l'inégale originalité des propriétés qu'elles dévoilent.

La première d'entre elles correspond à la thermodynamique linéaire. Celle-ci gouverne l'ensemble des processus soumis à de faibles contraintes, et par conséquent peu éloignés d'un état d'équilibre. Dans cette région en effet, les lois de cinétique reliant les courants aux forces peuvent être limitées aux premiers termes de leur développement en série de TAYLOR, ce qui donne l'égalité :

$$J_i = L_{ij} X_j$$

les constantes L_{ij} désignant des coefficients phénoménologiques, soumis pour les termes de couplage $(i \neq j)$, aux relations de réciprocité de ONSAGER: $L_{ij} = L_{ji}$. La production d'entropie devient ainsi une forme quadratique du type $L_{ij} X_i X_j$. I. PRIGOGINE en a déduit un critère d'évolution important connu en abrégé sous le nom de théorème du minimum de production d'entropie. Il a montré en effet, que tout système physicochimique soumis à de faibles contraintes permanentes qui lui interdisent d'atteindre l'équilibre, mais seulement un état stationnaire de non-équilibre, est accompagné d'une production d'entropie $P[S]$, décroissante qui atteint sa valeur minimum à l'état stationnaire considéré.

Cette propriété entraîne à son tour plusieurs conséquences. On en déduit notamment que les états stationnaires situés dans le voisinage d'un état d'équilibre stable, sont eux-mêmes des états stables. Ensuite, que toute évolution vers un tel état stationnaire présente le même type de comportement que vers l'équilibre, puisque dans les deux cas, on constate une tendance à minimiser la production d'entropie. Seule donc la valeur du minimum diffère; nulle pour l'équilibre, elle est de plus en plus élevée selon l'importance des contraintes. Mais dans chaque cas l'évolution conserve le caractère d'un processus de dégradation du type ordre $\longrightarrow$ désordre, comme l'avait déjà établi BOLTZMANN pour l'approche de l'équilibre. La valeur conservée par la production d'entropie à l'état stationnaire reflète simplement la subsistance de ce résidu d'organisation caractéristique des contraintes.

On retiendra donc que dans le domaine linéaire voisin d'un équilibre stable, tous les états stationnaires sont stables. On a donné le nom de branche thermodynamique au lieu représentatif de cette suite d'états, dont l'origine correspond à l'état d'équilibre (Figure 1).

Par exemple, lorsque les processus dissipatifs relèvent uniquement des lois linéaires de FOURIER pour la conduction thermique et de FICK pour la diffusion, les états stationnaires qu'ils engendrent font partie de cette branche et sont donc stables par rapport à toute pertur-

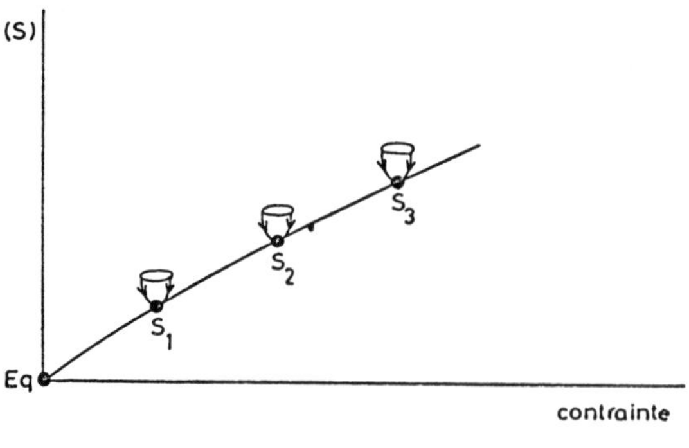

Fig.1 Branche thermodynamique stable de la région linéaire

bation. A l'opposé, la participation de processus chimiques implique régulièrement l'intervention de lois de cinétique non linéaires, tout au moins dans la région des contraintes d'intérêt pratique. Dès lors, le comportement du milieu envisagé n'est plus soumis au théorème du minimum de production d'entropie et le problème de la stabilité de la branche thermodynamique prolongée dans le domaine non linéaire, est ainsi posé.

C'est la recherche d'une solution à ce problème qui a constitué la seconde étape évoquée plus haut. Les premières tentatives devaient montrer bientôt qu'aucun autre potentiel de portée plus générale que la production d'entropie ne pouvait lui être substitué. En fait, on constatait ainsi l'inexistence de tout principe variationnel universel, c'est-à-dire applicable aux différents cas de non linéarité et conservant la propriété du minimum à l'état stationnaire pour des contraintes permanentes.

La difficulté d'interprétation la plus importante a été surmontée lorsqu'en 1954, I. PRIGOGINE et l'auteur de cette Note, ont pu établir l'expression appropriée d'un tel critère d'évolution universel, non associé à l'existence d'un potentiel déterminé et applicable dans toute la région non linéaire [2].

Pour les milieux dissipatifs, sa présentation est simple. Elle revient en premier lieu à distinguer deux parts dans l'accroissement de la production d'entropie, soit dans la notation abrégée adoptée plus haut:

$$dP = d_X P + d_J P = J_i dX_i + X_i dJ_i$$

Avec l'aide des bilans de masses et d'énergie, et compte tenu des conditions habituelles de stabilité de l'équilibre $(C_v > 0; (\partial V/\partial p)_T < 0)$, un calcul direct permet d'établir que tout système soumis à des contraintes permanentes obéit au critère d'évolution universel:

$$d_X P = J_i dX_i \leq 0 \qquad (1)$$

le signe d'égalité étant réservé à l'état stationnaire. On obtient d'ailleurs aussi séparément pour un tel état:

$$(d_X P)_{st} = J_i^{st} dX_i = 0 \qquad (2)$$

Quant à dP et $d_J P$, ils n'ont pas de signe défini, sauf bien entendu dans la région linéaire, car alors les lois phénoménologiques correspondantes et les relations d'ONSAGER associées, entraînent directement les égalités:

$$d_X P = d_J P = \frac{1}{2} dP \leq 0 \qquad (3)$$

On voit ainsi comment le théorème du minimum de production d'entropie de la région linéaire résulte directement comme cas particulier du critère d'évolution des processus non linéaires régis par l'inégalité (1).

Toutefois, dans le cas général, une distinction essentielle sépare les deux grandeurs dP et d_xP. La seconde en effet n'est plus une différentielle exacte; elle ne se prête donc pas comme la première à la formulation d'un principe variationnel basé sur l'existence d'un potentiel. Cette constatation n'exclut pas d'autre part, la possibilité pour certaines catégories particulières de processus non linéaires d'une réduction de d_xP à une forme différentielle exacte. Il en résulte que quand une telle réduction est possible, on est conduit à une égalité du type $d_xP = \varepsilon\, d\Phi$, où la nouvelle grandeur Φ désigne un potentiel cinétique, approprié au problème considéré. Il peut alors servir de base à l'établissement d'un théorème analogue à celui du minimum de production d'entropie. En dépit de sa forme générale, donc en l'absence d'un quelconque potentiel cinétique, la loi d'évolution sous sa forme générale (1) permet cependant l'élaboration de critères de stabilité valables dans le domaine non linéaire.

C'est ainsi que pour établir par exemple, la condition de stabilité d'un état stationnaire par rapport à des perturbations infinitésimales, on utilisera la méthode connue par laquelle on exprime que toute évolution issue de cet état, satisfait à la condition

$$\delta_X P \geqslant 0 \qquad (4)$$

où le signe d'inégalité est en contradiction avec celui prescrit par le critère d'évolution (1), et où le symbole δ désigne l'opérateur différentiel associé au déplacement virtuel ainsi considéré.

Avant de rechercher les enseignements qu'un tel critère de stabilité comporte, et pour faciliter son interprétation, notons d'abord quelques expressions remarquables de la condition (4). L'établissement du bilan entropique associé aux équations de perturbation relatives aux petits écarts autour de l'état stationnaire d'un milieu dissipatif soumis à des contraintes permanentes, conduit à la relation:

$$\delta_X P = \frac{1}{2}\frac{d}{dt}\delta^2 S \qquad (5)$$

entre éléments du second ordre. Dès lors, le critère de stabilité (4) prend la forme

$$\frac{d}{dt}\delta^2 S \geqslant 0$$

à tout instant, ce qui permet de le considérer comme une expression directe d'un théorème de LIAPOUNOFF. En effet, la quantité $\delta^2 S$ elle-même, représente une forme quadratique définie négative des variables d'état, par suite des conditions de stabilité de l'équilibre, admises comme dit plus haut, une fois pour toutes $(C_v > 0;\ (\partial V/\partial p)_T < 0;\ \cdots)$.

Cette nouvelle acception du critère permet un rapprochement avec la théorie macroscopique des fluctuations établie par Einstein pour le voisinage de l'équilibre. En effet, à la suite d'une extension de cette théorie aux états stationnaires de non équilibre, la probabilité d'une fluctuation s'exprime directement en fonction de la forme quadratique définie négative $\delta^2 S$, en sorte que la condition de stabilité envisagée ci-dessus, implique nécessairement la régression de toute fluctuation autour de l'état de référence [2].

Une autre expression remarquable du même critère, s'obtient au moyen des relations (1) et (2) utilisées conjointement. On en déduit pour $\delta_X P$, la forme bilinéaire du second ordre, soit dans la notation abrégée adoptée plus haut:

$$\delta_X P = \delta J_i \, \delta X_i \qquad (6)$$

à laquelle on a attribué le nom de production d'entropie d'excès en raison de son importance pour les applications. Le critère de stabilité prend alors en effet, la forme explicite:

$$\delta J_i \, \delta X_i \geqslant 0$$

appropriée au traitement de situations concrètes. On démontre également que sa portée s'étend au cas des processus dissipatifs dépendant du temps et soumis à des contraintes permanentes (stabilité de cycles et d'oscillations).

Comme première illustration montrons que ce critère permet de vérifier directement que dans le domaine linéaire, la condition de stabilité est toujours identiquement satisfaite. En effet, la production d'entropie d'excès se réduit alors à la forme quadratique $L_{ij} \delta X_i \delta X_j$, composée des mêmes coefficients que la production d'entropie proprement dite $L_{ij} X_i X_j$. Elle en a donc aussi le signe essentiellement positif, imposé par le second principe de la Thermodynamique.

En outre, cette même propriété se rattache directement au théorème du minimum de production d'entropie à l'état stationnaire, comme le montre la suite des égalités:

$$\Delta P = J_i^{st} \delta X_i + X_i^{st} \delta J_i + \delta J_i \delta X_i = \delta J_i \delta X_i \geqslant 0$$

compte tenu des relations (2) et (3). Ici, l'accroissement Δ de la production d'entropie à partir de l'état stationnaire s'identifie donc à la production d'entropie d'excès.

Portons à présent notre attention sur les informations que le critère de stabilité fournit concernant le comportement des systèmes dissipatifs dans le domaine non linéaire. Ici, la situation diffère entièrement de celle de la région linéaire, et l'on constate qu'un état stationnaire n'y est plus forcément stable. En effet, les contributions non linéaires font apparaître dans $\delta_X P$, des termes déstabilisants sous la forme d'une quantité soustractive N , ce qui conduit pour le critère de stabilité à une expression symbolique du type:

$$L - CN \geqslant 0 \qquad (7)$$

où C désigne la contrainte imposée, la plus déstabilisante s'il y en a plusieurs. Cette dernière intervient généralement sous la forme d'une grandeur sans dimension. Lorsque C atteint une valeur suffisamment élevée, le signe d'inégalité s'inverse et le comportement du milieu devient instable au delà d'un seuil caractérisé par une valeur critique de la contrainte.

Cet état marginal se situe donc à l'extrémité supérieure de la branche thermodynamique et il en est de même pour les branches successives engendrées éventuellement à la suite de nouveaux seuils critiques, situés à des niveaux de contraintes supérieurs. Au seuil critique, l'état représentatif du système passe d'une branche devenue instable à une nouvelle branche stable. A la suite de ce changement de branche, on dit aussi après cette bifurcation, il n'existe en principe aucune relation entre l'ancien et le nouveau comportement du système, toujours soumis cependant aux mêmes contraintes permanentes. En particulier, la loi de dégradation ordre ⟶ désordre, associée comme nous l'avons rappelé, au théorème du minimum de production d'entropie, ne s'impose plus sur la nouvelle branche. On peut donc s'attendre à rencontrer sur celle-ci des comportements plus structurés, c'est à-dire associés à une évolution désordre ⟶ ordre. Qu'une telle constatation puisse être faite dans le cadre des phénomènes gouvernés par le second principe de la thermodynamique, constitue déjà en soi, une information importante. Elle met un terme en effet, à la prétendue irréductibilité des théories vitalistes, opposant les lois de CARNOT-CLAUSIUS régissant le monde matériel et celle de DARWIN sur l'évolution des espèces. Désormais, l'étude des problèmes liés à l'ordre biologique, comme celui des origines de la vie, à partir des lois de la physique, n'a plus à se préoccuper de cette forme d'opposition.

En résumé, les constatations qui précèdent établissent une distinction très nette entre les comportements des systèmes soumis à des contraintes permanentes, selon que ceux-ci évoluent à petite ou à grande distance de l'équilibre, c'est-à-dire de part et d'autre d'un état marginal critique. Dans le premier cas, le système tend à s'ajuster à ses contraintes afin de réaliser un état aussi voisin que possible de l'équilibre et correspondant donc au désordre maximum.

Au contraire, dans le second cas, le système peut se restructurer sous l'effet des fortes contraintes. Cette constatation rend particulièrement claire la notion d'après laquelle l'écart à l'équilibre constitue une mesure d'ordre. D'où le titre du présent colloque, et l'interprétation des phénomènes marginaux de bifurcation, comme des mécanismes de mutations.

Soulignons cependant que cette considération d'écart à l'équilibre mérite une précision, car elle s'applique aussi à un ensemble de réactions chimiques ou de chaînes réactionnelles très voisines de l'équilibre, sauf l'une d'entre elles. Celle-ci peut dès lors entraîner éventuellement le système dans la région supercritique. Des cas de cette espèce se rencontrent fréquemment dans les problèmes biochimiques.

Les structures dissipatives [2],[5],[6]

Cette expression a été introduite par PRIGOGINE pour désigner la catégorie des comportements structurés engendrés par les processus irréversibles dans la région supercritique. Les causes principales de non linéarité responsables de leur formation résultent principalement de la présence d'étapes catalytiques ou d'effets, similaires du type "feedback" dans les cinétiques chimiques. Cependant, elles proviennent parfois également des effets d'inertie en mécanique des fluides. Observons à ce sujet que dans l'exposé qui précède nous n'avons envisagé pour la simplicité que des processus strictement dissipatifs. Toutefois, la manifestation de phénomènes convectifs avec effets d'inertie, conduit pratiquement aux mêmes conclusions. C'est ainsi notamment que parmi les quelques exemples isolés déjà observés avant la présente classification, figure l'illustration particulièrement éloquente d'une structure dissipative empruntée à l'hydrodynamique et connue sous le nom de problème de BENARD. Elle se rapporte à une couche horizontale de fluide dans le champ de la pesanteur, chauffée par le dessous de manière à maintenir entre les deux faces, un écart de température qui constitue la contrainte de ce système fermé. En faisant croître cet écart, un état critique est finalement atteint mettant fin à la stabilité de la branche thermodynamique représentée ici par l'état de repos. Un mouvement convectif stationnaire prend alors naissance, et constitue l'origine d'une nouvelle branche stable. Il apparaît sous la forme d une juxtaposition de cellules prismatiques verticales à base hexagonale, réalisant un damier régulier sur chacune des faces. La ressemblance avec l'état cristallin est remarquable et offre ainsi un exemple particulièrement édifiant de structure dissipative. Toutefois, pour en donner une interprétation correcte, c'est surtout la distinction avec le comportement du cristal qu'il faut souligner. En effet, ce dernier relève de la classe des structures statiques d'équilibre; il est donc isolable et susceptible ainsi de conservation, alors que la structure dissipative formée par les cellules de BENARD ne peut subsister dans son état stationnaire dynamique qu'en présence des sources extérieures de chaleur, qui seules assurent le maintien des processus dissipatifs nécessaires à sa subsistance.

Depuis l'établissement de cette catégorie nouvelle, à partir de l'étude de son mécanisme de formation, de nombreux autres exemples de structures dissipatives ont été progressivement découverts.

Toutefois, c'est surtout dans le domaine des applications physico-chimiques et biologiques, en y incluant au besoin les phénomènes de transport pour les systèmes non homogènes, que les progrès les plus importants ont été accomplis. C'est qu'en effet, l'hypothèse fondamentale de l'équilibre local convient particulièrement pour de telles disciplines, alors que son application en hydrodynamique, notamment aux fluides non newtoniens nécessite dès le début des adaptations au niveau de l'équation d'état. Il n'en reste pas moins que d'un point de vue général, le concept de structure dissipative met en évidence une originalité essentielle de la thermodynamique des processus irréversibles. Il fait apparaître en effet, à côté des attributs passifs de perte, de gaspillage ou de frottement, réservés régulièrement aux processus dissipatifs, un rôle actif inattendu par leur contribution à l'établissement d'un ordre à grande distance de l'équilibre.

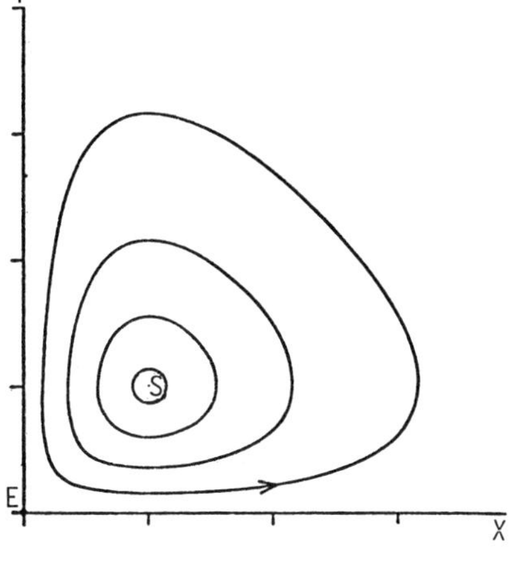

Fig.2 Cycle sous critique prédateur-proie de LOTKA-VOLTERRA dans l'espace des concentrations X,Y

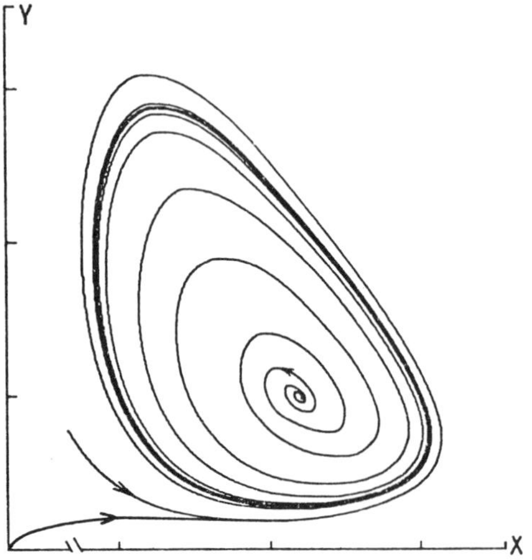

Fig.3 Cycle limite supercritique stable dans l'espace des concentrations X,Y

Parmi les applications aux systèmes physico-chimiques étudiées par l'Ecole de Bruxelles, figure l'étude comparative entre d'une part, le cycle connu prédateur-proie de LOTKA-VOLTERRA dont on a démontré qu'il n'appartient pas à la région supercritique, ne présente donc pas le caractère d'une structure dissipative et comporte d'ailleurs des orbites instables[2], et d'autre part, (Fig. 2 et 3), le cycle limite associé au modèle théorique de cinétique chimique imaginé par LEFEVER et dénommé plus tard "Brusselator"[6]. Ce dernier modèle constitue au contraire, un exemple type de structure dissipative temporelle ou horloge chimique, en milieu uniforme. Des améliorations importantes à ce modèle simplifié ont été apportées ensuite, notamment grâce à des contributions essentielles de l'Ecole de Bordeaux. Des extensions à des systèmes réactions-diffusion en milieu non-homogène, ont fait apparaître l'existence de structures dissipatives spatio-temporelles, sous forme d'ondes ou de quasi-ondes chimiques, tandis que d'autres structures comme celle souvent citée de la réaction de BELOUSOV-ZHABOTINSKY, relative à l'oxydation de l'acide malonique, présentent le caractère stationnaire ou quasi stationnaire d'une structure spatiale consécutive à une transition de phase dynamique.

Il faudrait encore citer les divers cas d'états stationnaires multiples, les successions d'instabilités avec passage en cascade de branche en branche, de même enfin que l'incidence déjà remarquable à présent, des structures dissipatives dans divers problèmes liés à l'ordre biologique. Mais ce serait sortir du sujet de l'exposé, car pour importantes qu'elles soient, ces diverses questions sont étrangères au problème des origines, comme aussi d'ailleurs à celui des perspectives d'avenir en raison même de l'état déjà très avancé de leur développement actuel.

Il reste cependant encore à signaler une autre originalité associée au comportement des structures dissipatives. Une étude détaillée, conduite au moyen des méthodes de l'analyse stochastique, montre qu'aux environs d'un état marginal critique, certaines catégories de fluctuations, cessent d'être résorbées pour disparaître dans l'état moyen, et au contraire, se mettent à croître pour atteindre finalement des dimensions comparables à celle de l'échelle macroscopique.

C'est ainsi que se manifestent les instabilités et que se forment les nouvelles branches. Ces fluctuations géantes interviennent finalement dans la constitution de la nouvelle solution stable et participent donc ainsi en particulier à la formation des structures dissipatives. Le caractère aléatoire de ces fluctuations exclut notamment la possibilité de prévoir, soit le lieu, soit l'instant de leurs manifestations, ce qui introduit un élément de hasard à côté de la solution strictement causale des équations différentielles du problème pour les contraintes imposées. Il en est ainsi notamment, lorsque la théorie mathématique des bifurcations fait apparaître l'existence d'états stationnaires multiples et stables. Le choix de l'état finalement réalisé dépend en partie ainsi d'un certain libre arbitre à l'échelle macroscopique. D'autre part, le passage obligé par une succession de branches en cascade pour réaliser certains états hautement structurés, introduit en outre un élément d'historicité dans l'étude de leur évolution. Sous ces divers aspects, et en raison de leur intérêt épistémologique, les propriétés des structures dissipatives n'ont pas manqué de retenir l'attention des milieux philosophiques.

En bref, le rôle actif de l'irréversibilité, la création d'un ordre par fluctuations, leur caractère aléatoire, l'historicité associée aux processus en cascade, constituent un ensemble de propriétés remarquables et caractéristiques des grands écarts à l'équilibre, qui justifient amplement leur classification dans une catégorie séparée sous le nom de structures dissipatives. Plusieurs de ces aspects intéressent, au-delà de la thermodynamique des processus irréversibles, toutes les disciplines où interviennent les phénomènes collectifs. Notamment la recherche d'instabilités et d'états critiques dans des cas aussi variés qu'en écologie, économie, sociologie, démographie et formation des villes, en résumé, de développement d'inhomogénéités en milieu homogène. Bien entendu, l'absence d'un principe équivalent à la seconde loi de la thermodynamique, et la complexité des interactions à faire intervenir laisse prévoir des difficultés nouvelles. Par contre, les perspectives dans le domaine de la physico-chimie qui intéressent en particulier le présent colloque, permet d'espérer des réalisations plus immédiates.

C'est ce que les exposés qui suivront démontreront probablement, ainsi que la vue d'ensemble sur le sujet que Monsieur NICOLIS présente en conclusion de ces journées.

Références

1 A. Pacault et al. Les réactions chimiques périodiques. Séminaire sur les fondements de la Science. Université Louis Pasteur, Strasbourg 1976

2 P. Glansdorff et I. Prigogine, Structure, Stabilité et Fluctuations Paris, Masson, 1971

3 Max Planck, Initiation à la Physique, traduction du Plessis, Paris, Flammarion, 1971 (Bibliothèque de Philosophie scientifique).

4 I. Prigogine, Introduction à la thermodynamique des processus irréversibles, traduction J. Chanu, Paris, Dunod, 1968

5 I. Prigogine, Structure, Dissipation and Life, Conférence sur "Theoretical Physics and Byology" Cahiers de l'Institut de la Vie Versailles, 1967; North Holland Publ. C°, Amsterdam 1969

6. G. Nicolis et I. Prigogine, Self organization in non-equilibrium systems, Wiley, 1977.

Dissipative Structures in Chemical Systems – Theory and Experiment

M. Marek

With 6 Figures

We shall discuss several experimental observations of nonlinear effects in Belousov-Zhabotinski reaction [1] both in lumped-parameter and distributed parameter systems and compare them with available theoretical predictions.

1. Flow-Through Stirred Cells

Let us consider N flow-through, well stirred, isothermal cells, where a set of R reactions with S chemical species take place. The exchange of mass occurs between the neighbouring cells. The corresponding mass balances can be then written in the form of a set of first order differential equations (usually nonlinear and not necessarily autonomous)

$$V_k \frac{dx_{ik}}{dt} = F_k x^0_{ik} - F_k x_{ik} + \sum_{j=1}^{R} \nu_{ij} R_{jk} V_k + \sum_{\ell=1}^{N} k_{i\ell k}(x_{i\ell} - x_{ik}) \quad . \tag{1}$$

Here $i = \ell,2, \ldots, R$ number of independent reaction components

$j = \ell,2, \ldots, R$ number of independent reactions

$k = \ell, \quad \ldots, N$ number of reaction cells.

V_k denotes constant cell volume, F_k flow rate into and out of the cell, x^0_{ik} inlet concentration of the ith component in the kth cell, ν_{ij} stoichiometric coefficient, R_{ik} reaction rate of the jth reaction in the kth cell, $k_{i\ell k}$ coefficient of mass transport of the ith component between the ℓth and k^{th} cell.

In the Belousov-Zhabotinski (B-Z) reaction we have to consider approximately twenty reaction components and reactions (S,R = 20), cf. [1,3,4,5]. The model by NOYES and co-workers [2,4,5] appears to be most substantiated by chemical evidence among the various models proposed; the model was recently criticized by ROVINSKI and ZHABOTINSKI [6] as inconsistent with available experimental data. Most of the studies of kinetics are based on a batch reactor (i.e., closed system) data. However, the concentration of reaction intermediates can be different in both systems and hence also quasisteady state assumptions used in derivation of kinetic models and overall behaviour can differ. KÖRÖS [7] has found, that the temperature dependence of the reciprocal period of oscillations can be expressed in an Arrhenius form for batch system. We can consider, that under those conditions the length of the period of oscillations is controlled by one kinetic reaction step. We have studied [8] the dependence of the period on temperature in a batch and flow through cells. It was observed, that Arrhenius dependence on temperature holds only for certain values of inlet concentrations and temperature, but that in other cases (see Fig.1) the dependence is far milder in a flow-system. In some cases the temperature dependence can be described by the relation $a \cdot T^{3/2} + b$, which corresponds to the diffusion control of the oscillation period. In a relatively narrow temperature variations common in a living systems we could then consider these oscillations as temperature intensitive and this is the property looked for in the models of "biological clocks". PACAULT and co-workers [9] have observed multiple steady states in a flow-through B-Z system. TYSON [10] has shown, that multiple steady states can be predicted by the Noyes model. We have observed [11] sudden jumps between the oscillatory and steady state solutions and between two oscillatory solutions both with practically the same or widely different amplitudes. In two coupled cells with diffusion type of coupling described by (1), where in the uncoupled cells oscillations with different length of the oscillation period occur (caused by different rate of mixing), coupling can cause appearance of two asymmetric steady states, which can be realized in two different experiments [12], see Fig.2. When the inlet concentration x^0_{ik} to a flow-through cell or temperature is varied periodically, we can observe whole range of characteristic resonance phenomena [13]. In Fig.3 the dependence of the period of oscillations T_p on time is shown in the case, where inlet Ce^{4+} ions concentration is varied (shown in the upper part of the figure). We can observe period (i.e., frequency) modulation in the form of beats.

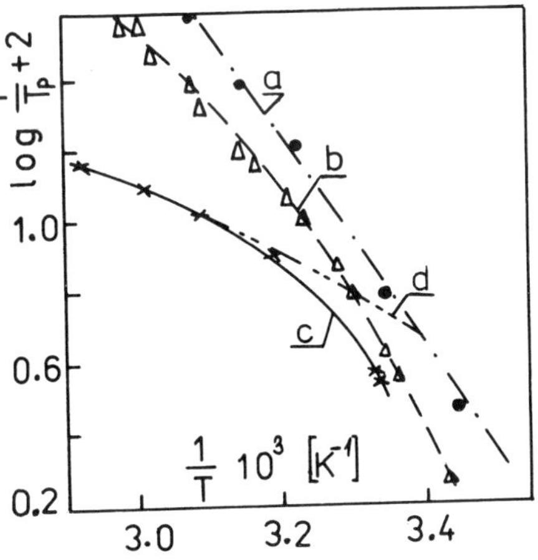

Fig.1 Dependence of the periods of oscillations T_p on temperature
a) batch reactor; malonic acid (MA) - 0.4M; kalium bromate (B) - 0.1 M, sulfuric acid (SA) - 2N; Ce^{4+} - 0.0005 M; activation energy E = 59.5 ± 9.6 kJ/mol.
b) batch reactor; MA - 0.05 M; B - 0.05 M, SA - 6N; Ce^{4+} - 0.001 M.
c) concentrations as in b), flow-through cell; V_k/F_k = 16'30".
d) curve $1/T_p = a \cdot T^{3/2} + b$

If the frequency of modulating signal (e.g., of the inlet Ce^{4+} concentration) is an order of magnitude lower than the carrying frequency (of the oscillations in the cell), then modulation of the carrying frequency is very distinct. We can thus form chemical signals [13]. Several characteristic resonances and synchronizations

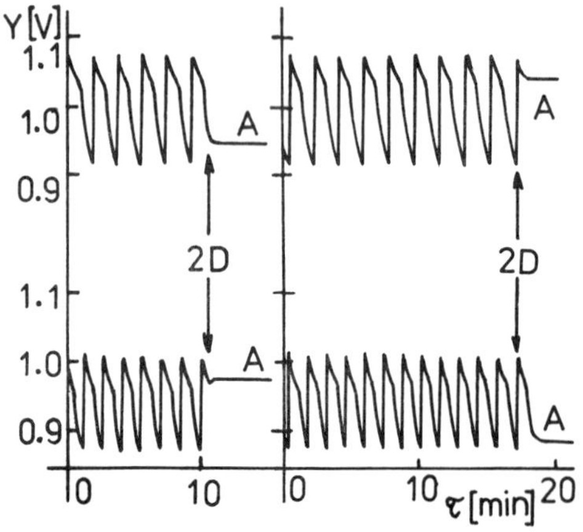

Fig.2 Appearance of asymmetric steady states in two coupled flow-through cells Temperature 301.7 K, MA - 0.05; B - 0.05 M; SA - 3N; Ce^{4+} - 0.001 M. V_k/F_k = 13.8 min; 2D denotes introduction of coupling; upper recording - left cell, T_{p_2} - 94.8 s, T_{pr} = 71.6 s

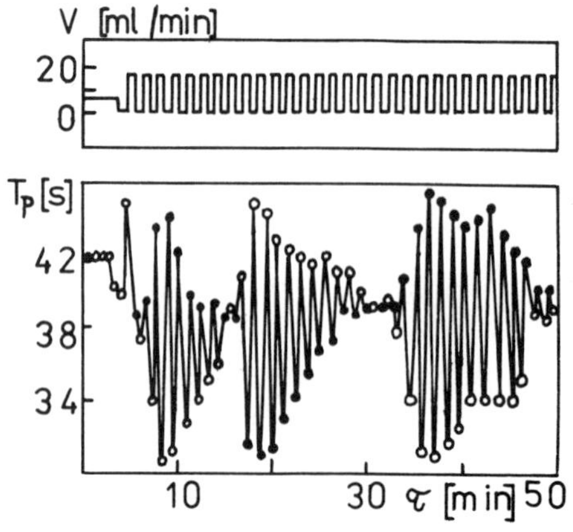

Fig.3 Dependence of period of oscillations T_p - periodic variation of inlet Ce^{4+} B - 0.05 M, Ce^{4+} - 0.001 M, SA - 3N; temperature 305.2 K, rate of mixing 500 r.p.m. V_k/F_k = 10 min

can be observed in two coupled flow-through cells. In Fig.4 the dependence of the periods of oscillation on time for increasing degree of interaction ($k_{ik\ell} = k_{i\ell k}$, see (1), corresponds to 2D, 4D, 6D, 8D) is shown. The period of oscillations in the cell shown in the upper recording is varying chaotically when the cell is isolated. The jumps between two different oscillatory states were observed for the values of concentration and temperature used in the cell. Coupling (with the low intensity, denoted 2D) with the regularly oscillating cell brings stabilitation of the oscillations. The oscillations occur synchronously with the ratio of periods 2:1. The synchronization at this ratio is preserved, when the intensity of coupling is increased to 4D, but the variability of periods increases. At the degree of interaction equal to 6D are the periods synchronized at the ratio 3:2 and variability of periods further increases. The increase of the intensity of interaction to 8D brings total synchronization and stabilization of the periods of oscillations. An amplification of the variability of periods of oscillations at the values of coupling parameters close to synchronization is a characteristic feature observed in most experiments [12]. In theoretical studies, based on mass balances (1), we follow the approach, including choice of a reaction model, construction of bifurcation diagram and simulation of characteristic dynamic phenomena [12], [13].

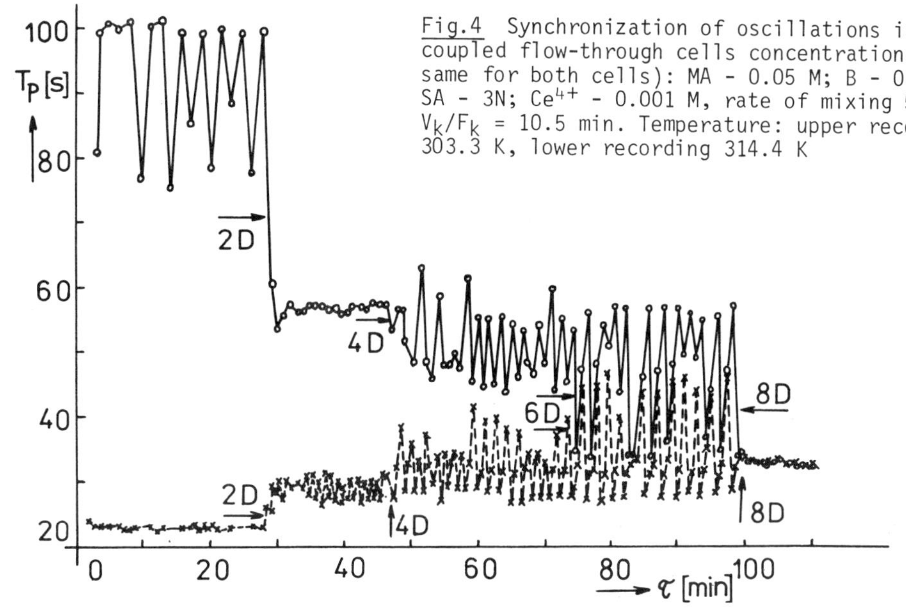

Fig.4 Synchronization of oscillations in two coupled flow-through cells concentrations (the same for both cells): MA - 0.05 M; B - 0.05 M; SA - 3N; Ce^{4+} - 0.001 M, rate of mixing 500 r.p.m. V_k/F_k = 10.5 min. Temperature: upper recording 303.3 K, lower recording 314.4 K

2. Distributed Systems

Let us consider one-dimensional system of the length L, where reaction between components x and y and diffusion (diffusion coefficients D_x, D_y) occurs. Mass balances with zero flux boundary conditions are in the form

$$\partial x/\partial t = (D_x/L^2)\partial^2 x/\partial z^2 + f(x,y) \qquad z\varepsilon\langle 0.1\rangle;\ t = 0 : x = x_0(z),\ y = y_0(z)$$
$$\partial y/\partial t = (D_y/L^2)\partial^2 y/\partial z^2 + g(x,y) \qquad z = 0,1 : \partial x/\partial z = \partial y/\partial z = 0 \tag{2}$$

In experiments performed with a B-Z reaction in a reaction system in the form of the tube with circular crossection, annular crossection and in the torus we have observed both travelling wave regimes and quasistationary monotonic and spatially nonmonotonic profiles [11], [15]. Qualitative comparison of experimental results with the results of simulation will be made. Techniques for construction of the dependence of solution of (2) on parameter (e.g., length L) were developed [16] and applied to various reaction models. Characteristic results can be illustrated on the case of GIERER and MEINHARDT's [17] model for morphogen gradient formation, [here $f(x,y) = \rho_0\rho + c\rho x^2/y - \mu x$, $g(x,y) = c'\rho' x^2 - \nu y$] and are shown in Fig.5. For zero flux boundary conditions more complex profiles can be composed from elementary ones [16]. For higher lengths great numbers of stable spatial profiles with different numbers of maxima can coexist.

In Fig.6 the stationary spatial concentration profile measured for B-Z reaction is compared with the computed profile obtained by composing elementary solutions for Zhabotinski model

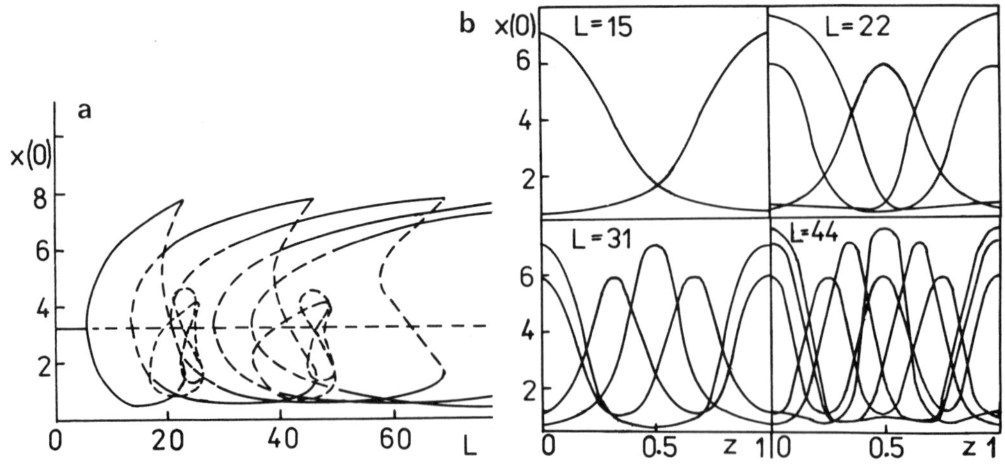

Fig.5 (a) Dependence of the steady state boundary concentrations x(0) on the characteristic length L; $\rho = \rho' = 3.2$, $\rho_0 = 6.10^{-4}$, $c = 0.05$, $c' = 0.025$, $D_x = 0.01$, $D_y = 0.45$.
(b) Characteristic spatial concentration profiles

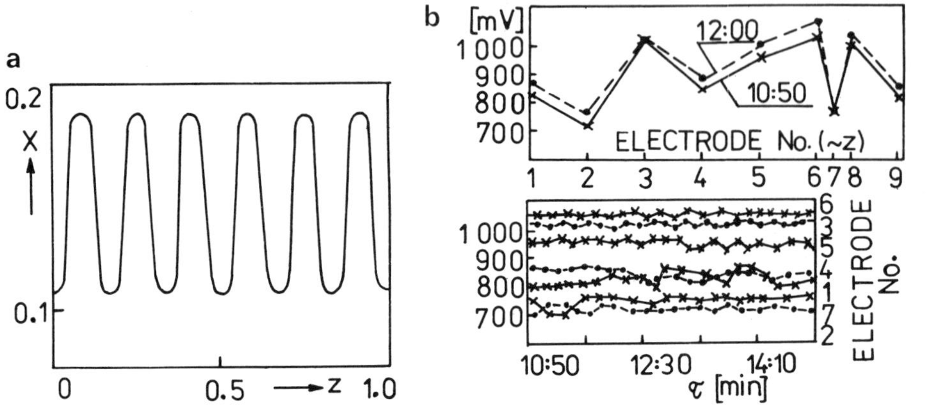

Fig.6 Stationary nonmonotonous concentration profile in the reactor of the toroidal shape; temperature 298.2 K; MA - 0.032, B - 0.01, SA - 3N, Ce^{4+} - 0.001 M.
(a) computed profile, $\alpha = 40$, $\beta = 0.0018$, $\gamma = 0.03$, $\varepsilon = 0.005$, $D_x = 0.0193$, $D_y = 0.0782$
(b) experimental profile

$$\{f(x,y) = \beta y(1 - x) - \gamma x,\ g(x,y) = (1 - x)[1 + \alpha + (y - \alpha)^2]\beta y/\varepsilon + \beta\} \quad .$$

On Comparison of Fig.6.a and b, we can see that experimental profile (b) qualitatively corresponds to a certain sample of the profile (a). The problems of experimental study of the locally stable nonmonotonic spatial concentration profiles remain still mostly unsolved.

References

1 A.M. Zhabotinski: *Concentration Oscillations* (Nauka, Moscow 1974, in Russian)
2 R. Field, R. Noyes, D. Edelson: Int. J. of Chem. Kinetics *7*, 417 (1975)
3 K.J. Wolfe: Arch. Rat. Mech. and Anal. *67*, 225 (1978)
4 R. Field, E. Körös, R.J. Noyes: J. Am. Chem. Soc. *99*, 8649 (1972)
5 R. Field, R.J. Noyes: J. Chem.-Phys. *60*, 1877 (1974)
6 A.B. Rovinskii, A.M. Zhabotinski: Theoret. and Exper. Chemistry *14*, 183 (1978) (in Russian)
7 E. Körös: Nature *251*, 703 (1974)
8 H. Ševčiková, M. Marek: To be published
9 A.M. De Kepper, A. Rossi, M.A. Pacault: C.R. Acad. Sci. Ser. C *283*, 371 (1976)
10 J.J. Tyson: J. Chem. Phys. *67*, 4297 (1977)
11 M. Svobodová, M. Marek: Biophys. Chem. *3*, 263 (1975)
12 M. Filipová, M. Marek: To be published; M. Filipová: MSc Thesis, Prague Institute of Chemical Technology (1978)
13 J. Kretba, M. Marek: To be published; J. Kretba: MSc Thesis,Prague Institute of Chemical Technology (1978)
14 I. Stuchl, M. Marek: Biophys. Chem. *3*, 241 (1975)
15 M. Marek: Paper 2.21, Proc. CHISA Congress, Prague 1975
16 M. Kubíček, M. Marek: J. Chem. Phys. *67*, 1997 (1977)
M. Kubíček, K. Rýzler, M. Marek: Biophys. Chem. *8*, 235 (1978)
17 A. Gierer, H. Meinhardt: Kybernetik *12*, 30 (1972)

Bifurcation Diagram of Model Chemical Reactions

M. Kaufman-Herschkowitz and T. Erneux

With 3 Figures

1. Introduction

Some general principles underlying pattern formation and the onset of temporal oscillations in reaction/diffusion systems can be derived from the detailed bifurcation analysis of nonlinear differential equations of the form:

$$\frac{\partial}{\partial t} X_i = F_i(X_1, X_2, \ldots, X_n; \lambda) + D_i \Delta X_i$$

$$1 \leqslant i \leqslant n$$

F_i is a nonlinear rate function of the concentrations X_i where λ represents a set of characteristic physico-chemical parameters. The second term is Fick's linear law for diffusion.

We focus on the long-time solutions arising in bounded systems with zero flux or fixed boundary conditions. In particular, we investiguate how the bifurcation diagram depends on various intrinsic parameters i.e. kinetic constants, fixed concentrations of major reactants,etc., and on more global features such as size and geometrical shape of the spatial domain. Our purpose is to underline the relevance and potentialities of reaction/diffusion systems to model and understand some important biological problems.

2. Bifurcation analysis

In a bounded system there is a discrete set of distinct asymptotic solutions which emerge from the uniform steady state at discrete values λ_j, j=1,2,3.., of a given bifurcation parameter λ. Depending on the parameter values, the successive primary bifurcating solutions are either all steady state spatial patterns, or all time periodic solutions or alternatively steady states and time-periodic regimes. Bifurcation theory ensures the stability of the first branch when supercritical. The following branches are all unstable when they emerge whatever their direction. Numerical simulations with model systems however, show the existence, in the supercritical region, of a multiplicity of stable and distinct patterns {1}. To explain these observations and also to analyse the related question of multiple choise between several simultaneously accessible states, one must invoke the existence of secondary stability changes together with new secondary branching. We limit ourselves here to illustrate with two examples the kind of information one may expect from a detailed study of the bifurcation equations.

2.1 Steady state patterns

Basically, secondary bifurcations reflect the interactions between two or more neighbouring primary solutions and their appearance is related to the splitting of degenerate primary points by slightly changing 1 or 2 characteristic parameters. Occurence of secondary bifurcations in the case of steady state patterns has been determined by different methods following the ideas e.g. of Mahar and Matkowski {2}, Keener {3}, Matkowski and Reiss {4}. Figure 1 gives, for a one dimensional medium with zero flux boundary conditions, the type of bifurcation diagrams resulting from the interaction of primary patterns emerging at λ_1 and λ_2 , and described in first approximation by:

$$X_i - X_i^{st.} \simeq a_i \cos(m\pi r/L)$$

with respectively m=1 and m=2.

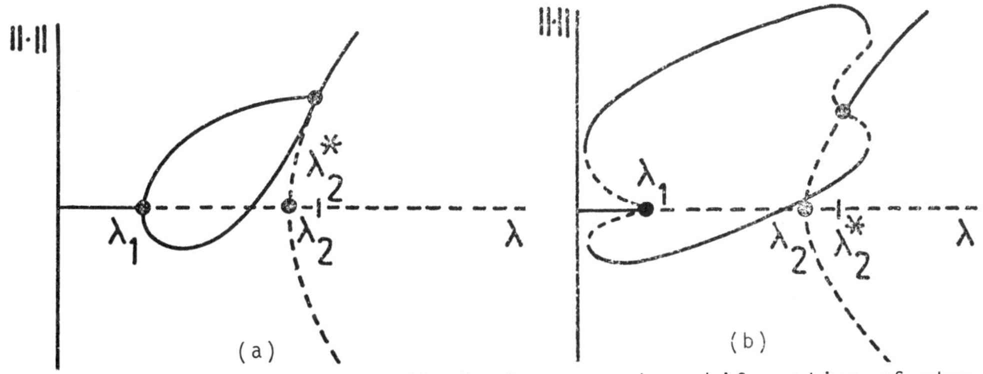

Fig.1 Bifurcation diagrams displaying secondary bifurcation of steady state solutions from a previously established primary pattern. Dotted and full lines denote respectively stable and unstable solutions.

The point of interest is, in the framework of a theoretical approach of morphogenesis, the possibility of smooth transitions (fig.1a) or discontinuous jumps (fig.1b) between polar patterns (m=1) and symmetric patterns (m=2) {5}.

2.2 Spatio-temporal patterns

For a two dimensional circular medium with zero flux boundary conditions, the first bifurcating time-periodic solution is generally a uniform limit cycle solution but the second bifurcation point presents a fourfold multiplicity. Analytical calculations show, for a general reaction scheme, that 2 distinct spatio-temporal solutions with basic dependence $\simeq J_1(k_1 r)$ bifurcate at this point {6}. One of them is a rotating wave and has to be related to the symmetry properties of the circle. The other is a standing wave which recalls the oscillatory behavior observed in one dimension. A small distortion of the circular boundary, although giving rise to a more complex bifurcation diagram, preserves the possibility of rotating and non rotating solutions as long as a secondary bifurcation may exist. Numerical simulations performed with the reaction sequence:

$$A \rightarrow X \quad , \quad B + X \rightarrow Y + D \quad ,$$
$$Y + 2X \rightarrow 3X \quad , \quad X \rightarrow E \quad ;$$

confirm the coexistence of stable travelling waves (fig.2) and stable standing time-periodic regimes (fig.3) with the characteristics described hereabove. {7}

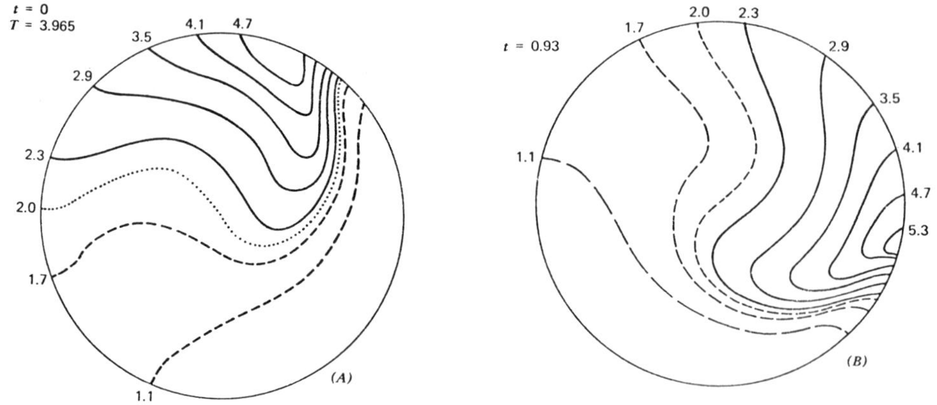

Fig.2 Equal concentration curves for X on a circle of radius R=0.5861 and subject to zero flux boundary conditions. Full and broken lines refer, respectively, to concentrations larger or smaller than the value of the (unstable) uniform steady state. A=2 , D_X=0.008 , D_Y=0.004 , B=5.8 .(a) and (b) describe concentration pattern at 2 stages of the rotating periodic solution.

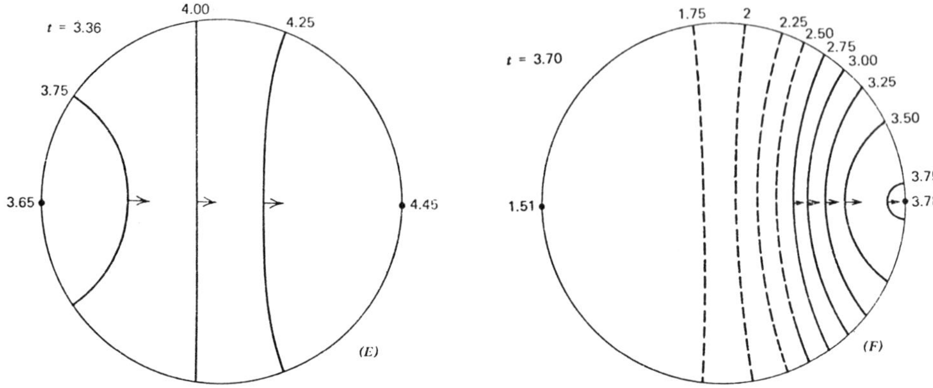

Fig.3 Equal concentration curves for Y at 2 characteristic stages of the periodic regime arising under the same conditions as in Fig.2 but with B=5.4 .

3. Conclusions

The main interest of a detailed bifurcation analysis is to point out to spatial structures which are not revealed by the normal linear stability analysis of the trivial steady state. The two examples here show that reaction-diffusion processes may indeed account for a great variety of non linear regimes which in some cases may be stable simultaneously. They can be reached through different initial conditions or induced by slight modifications of the system's characteristics.

References

1. Herschkowitz-Kaufman,M.:Bull. Math. Biol.,37,589-636 (1975)
2. Mahar,T.J. and Matkowski,B.J.:SIAM J. Appl. Math.,32,394-404(1977)
3. Keener,J.P.:Stud.appl. Math.,55,187-211 (1976)
4. Matkowski,B.J. and Reiss,E.L.:SIAM J. Appl. Math.,33,230-255(1977)
5. Erneux,T. and Hiernaux,J. in preparation.
6. Erneux,T. and Herschkowitz-Kaufman,M.,submitted for publication.
7. Erneux,T. and Herschkowitz-Kaufman,M.:J. Chem. Phys.,66,248-250 (1977)

Nonequilibrium Phase Transitions and Instability Hierarchy of the Laser, an Example from Synergetics

H. Haken

With 10 Figures

§ 1 Introduction and Summary

It is a remarkable, though not quite unfamiliar experience in science that different disciplines independently of each other undergo strikingly similar developments at the same time. This is exactly true for nonequilibrium chemical reactions on the one hand [1],[2] and laser physics on the other [3],[4],[5] . Both fields have in common that in far from equilibrium situations spontaneously well-ordered patterns can arise in an entirely self-organized way out of disordered states. While the corresponding chemical reactions represent rather complex processes, the situation in laser physics is somewhat simpler. Here, one can start from first principles and can exactly control the experimental parameters as well as judge the individual theoretical approaches. This is probably the reason why the laser was the first example, where the occurrence of a nonequilibrium phase transition could be shown in all details. This transition includes a symmetry breaking instability, critical slowing down, critical fluctuations etc. The statistical distribution function of laser light can be calculated explicitly and shows non-Gaussian behavior at laser threshold. Also the impact of fluctuations on other physically measurable quantities such as linewidth and amplitude fluctuations can be determined explicitly and has been checked experimentally in every detail. The laser is a nice example of selforganization. Whereas below laser threshold the atoms emit light wave tracks quite independently, above threshold they show a well organized collective behavior emitting coherently only one giant and nearly infinitely long wave. The laser can serve as a model system for the problem of competition (selection) and co-existence of species. In our case the species consist of photons (light particles) of different kinds. When the laser is pumped still higher it runs through a hierarchy of instabilities in which qualitatively new features occur. For instance at the second instability the infinitely long wave track quite suddenly decays into regular ultra-short pulses. Under different experimental conditions irregular spiking occurs. The corresponding equations are equivalent to the Lorenz model of turbulence in fluids or chaotic motion of nonequilibrium chemical reactions. The laser may also exhibit the formation of certain spatial structures of the lightfield distribution. The above mentioned phenomena put the analogies between the laser and other nonequilibrium systems into evidence. These analogies are not accidental and I unearth their common root. Close to instability points the system can act in two different kinds of modes namely the socalled unstable and the stable ones. The unstable modes serve as order parameters. They slave the stable modes which can be eliminated. The, in general few, order parameters govern the behavior of the system close to instability points. The corresponding disorder-order or order-order transitions can then be classified which explains the profound analogies between seemingly different nonequilibrium systems. Also links to phase transition theory of systems in thermal equilibrium and to bifurcation theory are established in this way.

§ 2 The Laser - a system far from thermal equilibrium

The word "laser" is an artificial word composed of the first letters of "Light Amplification by Stimulated Emission of Radiation". It is a novel light source proposed by Schawlow and Townes [6] which produces light of quite unusual properties. A typical experimental setup of the laser is shown in fig. 1 (cf. [3]). It consists of active material which can be, for instance, a rod of ruby crystal or a gas of laser active atoms. The endfaces are covered by two mirrors which serve to select certain standing lightwaves. The atoms are excited by external pump sources. Consider for instance atoms with only two levels. Then at room temperature the levels are occupied according to the Boltzmann distribution function, the lower level being nearly completely occupied, the upper level being nearly empty. By the pump, the laser atoms are brought into a socalled inverted state in which an appreciable number of atoms is now in their upper states. This new situation can be described by a Boltzmann distribution function with negative temperature.

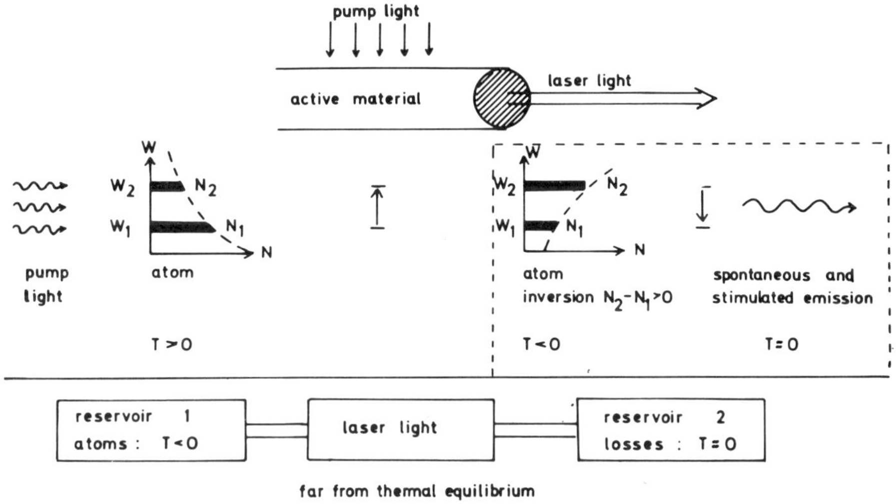

Fig. 1 upper part: the laser device
lower part: occupation numbers of a two-level atom for positive temperature (left) and negative temperature (right)

In fig. 1 (lower part) N is the occupation number of the corresponding levels and W is the atomic energy. The inverted atoms produce first by spontaneous and then by stimulated emission (see below) laser light. Laser light is then emitted through one of the (semitransparent) mirrors and eventually absorbed by materials whose mean thermal energy kT is much smaller than that of a single photon $\hbar\omega$. Thus the external absorbers are practically at a temperature $T \approx 0$. Laser light is a system coupled to two reservoirs namely the atomic system at a negative temperature and the absorber at a temperature $T \approx 0$. Thus the laser is certainly a system far from thermal equilibrium.

§ 3 Theoretical description of the laser [3] +)

We first consider the interaction of the laser field with the individual atoms. We distinguish the individual atoms by an index μ and decompose the laser field E into standing waves:

$$E = \sum_{\lambda} (E_{\lambda} + E_{\lambda}^{*}) \quad (N_{\lambda} \sin k_{\lambda} x) \tag{3.1}$$

The waves are distinguished by an index λ (indicating that the waves differ by their wavelength λ). The complex mode amplitudes are denoted by E_{λ}. The individual standing waves can be occupied by a certain number of photons. We have to distinguish between three different elementary processes between atoms and photons. An excited atom can spontaneously emit a photon. When it is hit by a photon it can emit a second photon by stimulated emission. An atom in its groundstate can absorb a photon. In each case the resonance condition $\hbar\omega = W_2 - W_1$ must be fulfilled. Though in the following I shall avoid writing down extended formulas, I just indicate here the fundamental Hamiltonian describing these processes. This Hamiltonian stems from quantum electrodynamics and can be considered as a first principle Hamiltonian. It reads

$$H = \sum \hbar\omega_{\lambda} E_{\lambda}^{+} E_{\lambda} + \sum_{j,l} W_j (a_j^{+} a_j)_{\mu} \tag{3.2}$$

$$\sum_{\mu,\lambda} (a_1^{+} a_2)_{\mu} \; (g_{\mu,\lambda} E_{\lambda}^{+} + g'_{\mu\lambda} E_{\lambda}) + \sum_{\mu,\lambda} (a_2^{+} a_1)_{\mu} \; (g'_{\mu\lambda} E_{\lambda} + g^{*}_{\mu\lambda} E_{\lambda}^{+})$$

ω_{λ} is the frequency of mode λ in the empty resonator, E^{+} and E are quantized mode amplitudes, $a_{j,\mu}^{+}$ is a creation operator of an electron in state j at atom μ. $a_{j,\mu}$ is the corresponding annihilation operator. The expressions containing g are optical matrix elements for the interaction of the lightwave λ with the atom μ.

To make my paper readable also for scientists not familiar with the second quantization procedure I shall from now on describe the physics more qualitatively. It is vital for an adequate laser theory that the coupling of the atom-field system, which I shall call the proper laser system, to external reservoirs is taken into account. The atoms are coupled to the pump, the lattice vibrations causing incoherent decay etc. The field is coupled to the mirrors and therefore to loss reservoirs. Due to these couplings the laser is a truly open system. The total system is now described by a Hamiltonian containing the proper laser system and the reservoirs. It is a rather long story what can be done with the reservoirs. It can be shown that the reservoir variables can be eliminated. Depending on how this is done we either obtain quantum mechanical Langevin equations or a master equation, both describing damping and fluctuations. The most simple example of such Langevin equations for a field operator E is for instance

$$\dot{E} = (i\omega - \kappa) E + F(t) \tag{3.3}$$

where κ is a damping constant and F(t) a fluctuating force (which is still an operator). The master equation reads

---

+) This chapter is somewhat mathematical. Readers more interested in the physical aspects may skip this paragraph and proceed to § 4.

$$\dot{\rho} = L\rho \qquad (3.4)$$

where ρ is the socalled density matrix and L a linear operator acting on ρ. The original quantum mechanical equations can be further simplified by the method of quantum classical correspondence which allows us to replace quantum mechanical equations by classical equations. Thus the Langevin equation can be replaced by classical Langevin equations or the master equation by ordinary or generalized Fokker-Planck equations. A simple, but not trivial example of such Fokker-Planck equation is

$$\dot{f} = \frac{\partial}{\partial q} (\alpha q - \beta q^3) f + Q \frac{\partial^2 f}{\partial q^2} \qquad (3.5)$$

Lack of space does not allow me to exhibit these methods here in detail. The reader is therefore referred to my handbook article [3].

§ 4 Important control parameters

As we shall see below the properties of laser light depend mainly on two parameters. One is the pump strength which can be manipulated from the outside. The other one is the cavity length. To discuss its impact on laser light let us assume that we have selected a certain atomic material having a certain atomic linewidth. Then it can be shown that for a sufficiently short cavity only one standing wave in the cavity has a frequency falling into the atomic linewidth. Since the atomic transition can support only one mode we shall speak of single mode operation. For a long cavity, however, the distance between frequencies of modes becomes small and many modes fall into the atomic linewidth. Thus, at least in principle, we have to expect multimode operation.

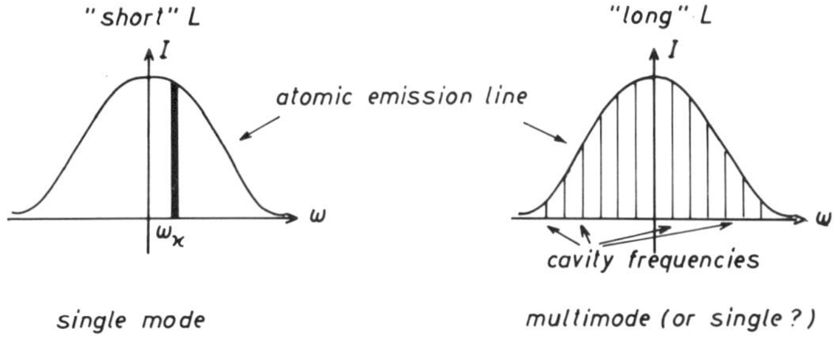

Fig. 2 Mode distribution in the spontaneous emission line.
Abscissa: the light frequency
Ordinate: spontaneous emission intensity

§ 5 Nonequilibrium phase transition of the single-mode laser

We decompose the electric field strength E_{tot} of the laser light as a function of space point x (one dimensional model) and time t as follows

$$E_{tot}(x,t) = \underset{\text{time}}{E(t)}\; e^{i\omega_o t}\; N \sin k\underset{\text{space}}{x} + \text{c.c.} \qquad (5.1)$$

In it E(t) is a classical field amplitude. ω_o is the atomic transition frequency and N sin kx is a standing wave between the two laser mirrors with a certain normalization constant N. As has been shown in laser theory (Haken 1964 [7]) the field amplitude obeys the following equation

$$\dot{E} = (G - \kappa)\, E - C\, E\, |E|^2 + F(t) \tag{5.2}$$

In it G is proportional to the pump power fed into the atomic system, κ is the loss constant. C is a constant depending on the laser material. F(t) is a fluctuating force. The meaning of (5.2) can best be understood when we interpret the laser light amplitude E in a formal manner as the coordinate of a particle q and add in (5.2) an acceleration term $m\ddot{q}$ where the mass m is supposed to be negligibly small. Then (5.2) can be cast into the form

$$m\ddot{q} + \dot{q} = K(q) + F = -\frac{\partial V}{\partial q} + F \tag{5.3}$$

where K(q) is a force acting on a particle and which can be derived from a potential V. The potential V is plotted in fig. 3.

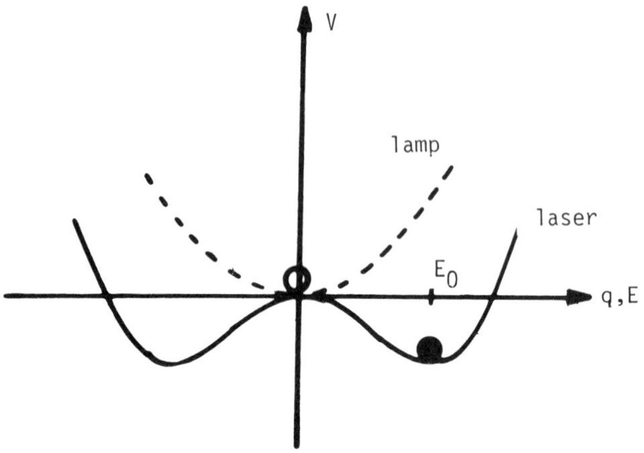

Fig. 3 Potential V as function of field amplitude.
Dashed line: below threshold
solid line: above threshold

The dashed line applies for $G < \kappa$, the solid line for $G > \kappa$. By changing G, i.e. the pump, we can deform the dashed line continuously into the solid line. Quite a number of features which play nowadays an important role in the discussion of nonequilibrium phase transitions have been discussed [7] in the frame of my simple laser equation (5.3). As long as the dashed curve applies, the point $q = 0$ is stable. When the dashed curve is further deformed, $q = 0$ looses its stability. The loss of stability can be either investigated by looking at the linearized equations (5.2) or (5.3), $\dot{E} = (G - \kappa)E$, where $G - \kappa > 0$ indicates instability, or it can be studied by looking at the deformation of V where V plays the role of a Ljapunov function. Beyond this instability point new stable positions of q arise. Of course, loss of stability is a prerequisit for the establishment of a new state. Thus it is not surprising that a number of authors have studied different kinds of stability criteria in the past and present. It must not be overlooked, however, that a stability analysis is just the very first step. What one is actually interested in is the form of the new evolving state and the fluctuations which occur during such transitions. These problems have been entirely solved for the laser and seem to be a lucid example for what can and has to be done in many other non-equilibrium systems. Since the new evolving state can be at $+q_0$ or $-q_0$, but only at one of them, the symmetry is broken i.e. we observe a symmetry breaking instability. When the dashed curve becomes flatter the particle falls down along it more slowly. In the terminology of phase transition theory a critical slowing down occurs [8]. Since simultaneously the restoring force becomes smaller the fluctuations caused by F(t) are more and more effective. We observe critical fluctuations. The theory [7] predicted a dramatic change of the statistical properties of laser light below and above the laser threshold $G = \kappa$. For $G < \kappa$ the emitted light is that of ordinary lamps. It is a random superposition of individual incoherent wavetracks. Above threshold, $G > \kappa$, laser light is amplitude-stabilized with small superimposed amplitude-fluctuations and a slowly diffusing phase.

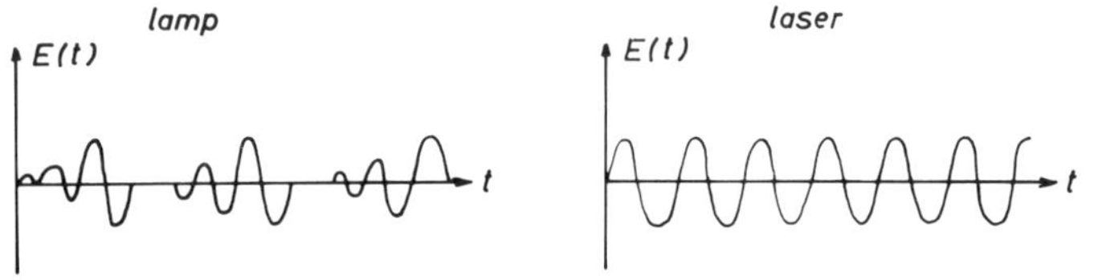

Fig. 4 Left: Below laser threshold, light consists of incoherent wave tracks,
Right: Above laser threshold, an amplitude stabilized wave has evolved.

Quantitative measures for fluctuations are correlation functions of the type

$$< E^*(t') E(t) > \qquad (5.4)$$

and

$$< E^*(t) E^*(t') E(t') E(t) > \qquad (5.5)$$

Both have been calculated from first principles in my 1964 paper below and above the critical point ($G = \kappa$) and by Risken and Vollmer [12] at and close to this point (fig. 5). Since above laser threshold, i.e. $G > \kappa$, the amplitude acquires a nonvanishing value a spatial

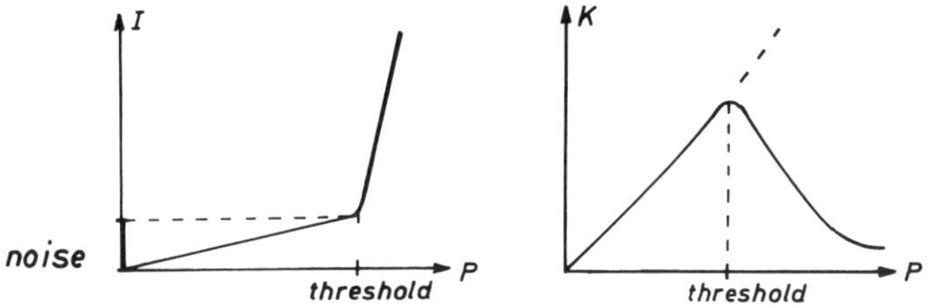

Fig. 5 Left: Emission intensity of the laser mode below and above laser threshold,
right: Intensity fluctuations divided by output intensity of a single mode laser versus pump power.
Note the abrupt change of qualitative behaviour below and above threshold.

pattern indicated by (5.1) of the laser field occurs.

Now consider a situation in which the pump parameter G is changed very quickly so that the dashed curve is nearly infinitely quickly changed into the solid curve. Then the point q = 0 becomes unstable and the amplitude q is driven by fluctuations to a new stable position. Since the fictitious particle falls down the potential hill and is thus accelerated first, we expect that the fluctuations are first enhanced and eventually decay. This was indeed demonstrated both experimentally by Arecchi et al [16] and theoretically by Risken and Vollmer 1967 [14]. Thus also the enhancement of fluctuations in transients, which is presently stressed by a number of authors, has an old root in laser physics.

Since F(t) is a stochastic force, E is a random variable. In the case of eq.(5.2) it is easy to establish an equation for the distribution function of that random variable. It is the Fokker-Planck equation (3.4).

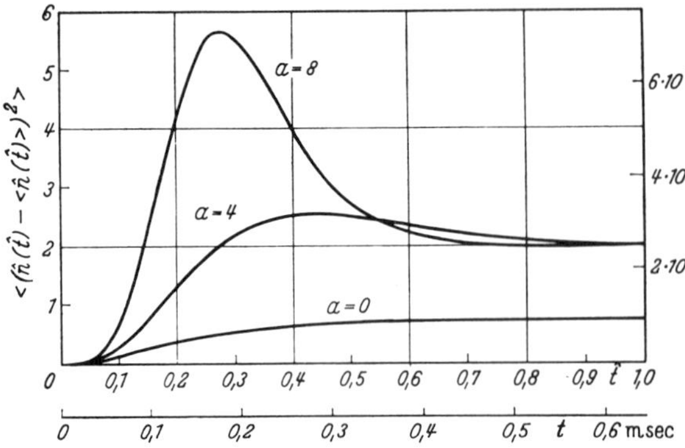

Fig. 6 The transient mean square deviation of the photon number from its average, when no photons are present at the initial time (after Risken and Vollmer (1967))
a: pump parameter

It is straightforward to find its stationary solution which reads

$$f(q) = N \exp(\alpha q^2 - \beta q^4),$$

$$\alpha \propto (G - \kappa)$$

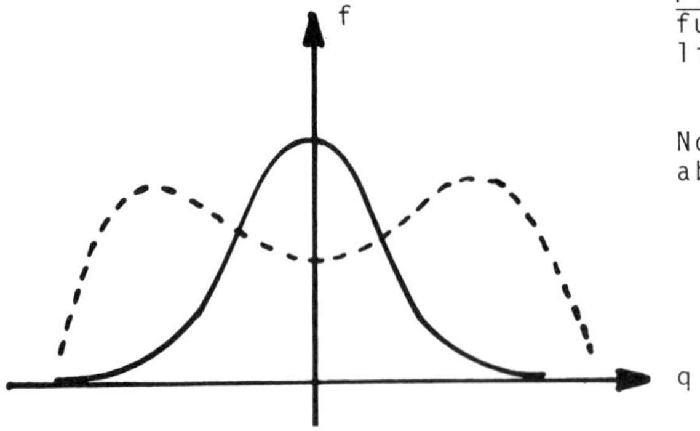

Fig.7a Statistical distribution function as function of laser light amplitude.
Solid line: below threshold
Dashed line: above threshold
Note the non-Gaussian behaviour above threshold.

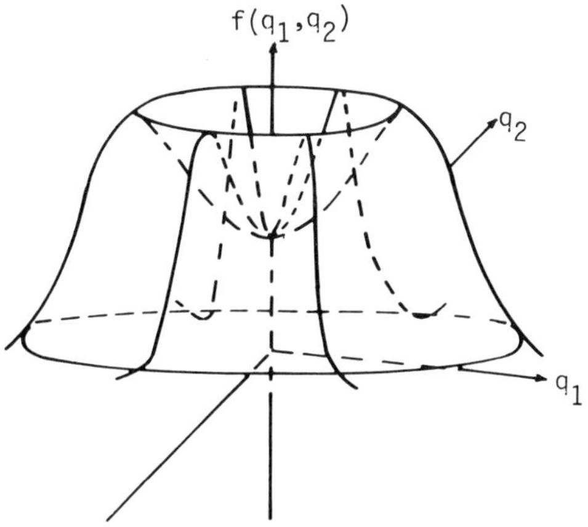

Fig.7b Distribution function of complex laser amplitude taking into account phase diffusion.
Note the probability crater well known in laser physics.

While the dashed curve is nearly Gaussian, apparently a non-Gaussian distribution results close to the transition point (Risken 1965). By measuring the distribution function of photons of a laser the distribution function F can be directly measured and excellent agreement has been found [16]. Thus it can safely be said that laser theory has been experimentally checked including fluctuations in every detail. Though my above laser equation (5.2) is rather simple it has allowed us to make contact with at least three disciplines.

1) The above discussion of the behaviour of the particle in the potential field and the distribution function allows us to establish analogies with phase transition theory.
2) When we plot the equilibrium position q as a function of pump parameter G we obtain the well known bifurcation diagram of bifurcation theory.
3) When we consider qualitatively the change of minima of the potential V with varying pump parameter G we can make contact with catastrophe theory. But our treatment shows quite clearly that a realistic approach must take care of fluctuations which are not covered by catastrophe theory.

§ 6 Nonequilibrium phase transitions of a continuous mode laser [9],[10]

When we let the cavity length go to infinity we have to deal with a mode continuum. Again the Langevin equations and the Fokker-Planck equation have been established (Graham and Haken 1968, 1970) and, among others, the stationary solution of the Fokker-Planck equation has been found. This stationary solution reads

$$f = N \exp\left\{-\int\left\{\alpha |E(x)|^2 + \beta |E(x)|^4 + \gamma |\partial E/\partial x|^2\right\} dx\right\} \qquad (6.1)$$

This distribution function has a striking analogy to that of the pair wave function of the Ginzburg Landau theory of superconductivity and again underlines the resemblance of the laser transition with a phase transition of systems in thermal equilibrium.

§ 7 Hierarchy of laser instabilities: ultrashort pulses and laser light turbulence

We now consider the dependence of the behaviour of laser light as a function of the pump parameter G. For small G, the laser acts as a usual lamp, the output is purely noise. At G = κ, the laser action sets in (see § 3). When we pump the laser still higher beyond a second critical pump power, G_2, the constant wave emission becomes unstable and is replaced by ultrashort pulses. We have treated this instability analytically starting from the full set of laser equations and using a new mathematical method [5]. It is far beyond the scope of this article to describe this method in detail. I just report the result. Depending on laser length (we actually treat a ring laser) we may have, in the terminology of phase transitions, either a first or second order phase transition. In the terminology of bifurcation theory we find an inverted or ordinary bifurcation. The build-up of the laser pulse is shown in fig. 8. The stationary pulse of the lightfield, the atomic inversion and the atomic polarization are shown in fig. 9 for a typical case.

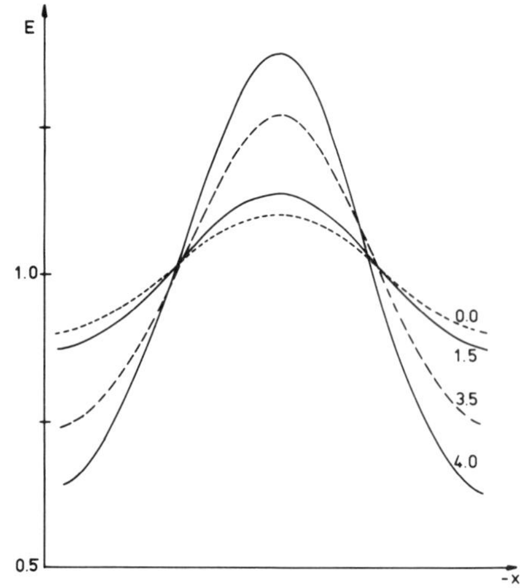

Fig. 8 Build-up of field amplitude (after Ohno and Haken [17]).

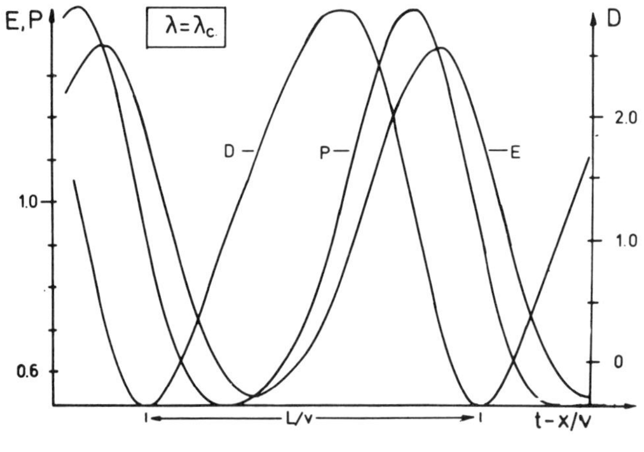

Fig. 9 Shape of stationary pulse of field, atomic inversion and atomic polarization (after Haken and Ohno [17]).

The pulses occur if the damping constant of the field $\varkappa$ is smaller than certain atomic linewidth constants. If $\varkappa$ is bigger and the laser is pumped high enough an entirely new phenomena occurs. If the laser is short enough so that we deal with a single mode laser, the laser equations are equivalent [18] to the Lorenz equations of turbulence [19]. Here an entirely irregular spiking of laser light can be expected as shown in fig. 1o.

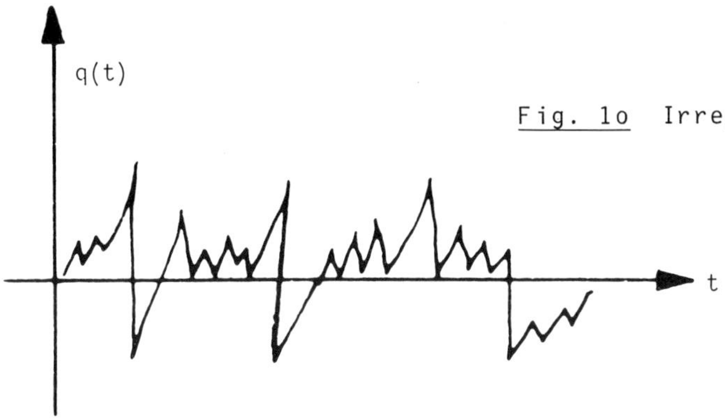

Fig. 1o Irregular motion (schematic)

In the laser equations we have to keep not only the field amplitude but also the atomic inversion and the atomic polarization. By means of these laser equations it has been possible to give an entirely new interpretation to the occurrence of the irregular motion ("chaos") and the socalled strange attractor ([2o] and chapter 12 of my book "Synergetics" 2nd enlarged edition, 1978).

§ 8 Multimode effects [21], [3]

There are many multimode effects of which we discuss only one. When an average over the phase angles of different modes is possible one can derive equations for the photon numbers n of the modesλ alone. Such equations then read

$$\dot{n}_\lambda = (G_\lambda - \kappa_\lambda) n_\lambda - G_\lambda \sum_{\lambda'} C_{\lambda'} n_{\lambda'} n_\lambda \qquad (8.1)$$

Let us consider a situation where at the beginning all n_λ are very small. Then the equations (8.1) first describe an increse of the n_λ's but eventually only one n_λ with the highest gain and the smallest loss survives and all the others die out. Thus the laser provides us with a simple mathematical model for Darwin's principle of the survival of the fittest. In later work Eigen was led exactly to the same equations and discussion when developing his theory of selforganization of matter and of evolution [22].

§ 9 Why is the laser a synergetic system?

In my above article I had to wipe quite a number of individual steps and thoughts under the carpet. Thus I started my discussion of chapter 5 immediately with an equation for the field alone. In reality I had derived this equation using a number of intermediate steps. Originally one has to start with the system of N atoms where typically $N = 10^{14}$ and several field modes. Laserlight is apparently produced by the cooperation of many atoms. While light from thermal sources stems from entirely uncorrelated emission acts of atoms, the unique properties of laser light can be understood only if the selforganized stimulated emission of atoms is taken into account. I have discussed this kind of selforganization at various instances and must refer the reader to other articles of mine [4],[5]. In essence it turns out that the laser field is capable of slaving the behaviour of all atoms thus reducing the enormous degrees of freedom of the total laser system of N atoms and several field modes to a single degree of freedom, namely that of a single field mode. This slaving principle is the key to the understandin of many selforganizing systems. In these systems the cooperation of many subsystems such as atoms, molecules, but also animals, humans or computers is capable of producing macroscopic patterns or functions. These patterns or functions can again be described by very few degrees of freedom whose variables I have called order parameters. The co-operation and competition of order parameters determines the evolving structures. In our above example the field mode was the order parameter. The profound analogies which have become apparent have led us to study these kinds of pattern formations and self-organization processes within a new interdisciplinary field of research which I have called synergetics [23]. Quite a number of synergetic systems, especially from chemistry, are being discussed at this meeting and I am sure the reader will recognize the profound analogies occurring in quite different systems of this kind.

References

1 For recent reviews on chemical instabilities see
A. Pacault, in Synergetics, A Workshop, ed.H.Haken, Springer 1977
G. Nicolis and I. Prigogine, Selforganization in Nonequilibrium Systems, John Wiley, New York, London, Sydney, Toronto, 1977

2 For chemical instabilities as nonequilibrium phase transitions see in particular A. Nitzan, Phys.Rev. A 17, 1513 (1978)

3 H. Haken "Laser Theory" Encyclopedia of Physics, ed.S.Flügge Springer Verlag Berlin, Heidelberg, New York, 197o

4 H. Haken, Rev. Mod.Phys. 47, 67 (1975)

5 H. Haken,"Synergetics, An Introduction" Springer Verlag, Berlin, Heidelberg, New York, second enlarged edition 1978

6 A.L.Schawlow and C.H. Townes, Phys.Rev. 112, 194o (1958)

7 H. Haken, Z. Physik 181, 96 (1964)

8 The analogy between laser threshold and phase transitions has been mentioned, for instance, by H.Haken and W.Weidlich, lectures at Varenna Summer School, 1967.
A detailed account of such phase transition analogies has been given by [9]-[11].

9 R. Graham and H. Haken Z. Physik 213, 42o (1968); 237, 31 (197o)

1o H. Haken, in Festkörperprobleme X p.351 ed. O.Madelung (197o)

11 V. De Giorgio and M.O.Scully, Phys.Rev.A2, 117o (197o)

12 H. Risken and H.D.Vollmer, Z.Physik 2o1, 323 (1967)

13 F.T. Arecchi, M. Asdente, A.M.Ricca, Phys.Rev. 14A, 383 (1976)

14 H. Risken and H.D.Vollmer, Z.Physik 2o4, 24o (1967)

15 H. Risken Z.Physik 186, 85 (1965)

16 F.T.Arecchi and V. De Giorgio in Laser Handbook, ed. F.T.Arecchi, O.E.Schulz-Dubois, North Holland, Amsterdam 1972

17 H. Haken and H. Ohno, Opt. Comm. 16, 2o5 (1976); 26, 117 (1978) Phys.Letters 59A, 261 (1976)

18 H. Haken, Physics Letters 53A, 77 (1975)

19 E.N. Lorenz, J. Atmos.Sci. 2o, 13o (1963)

2o H. Haken and A.Wunderlin, Phys.Letters 62A, 133 (1977)

21 H. Haken and H.Sauermann, Z.Physik 173, 261 (1963); 176, 58 (1963)

22 M. Eigen, Naturwissenschaften 58, 1o, 465

23 H. Haken, lectures given 197o at Stuttgart University

Mechanisms of Chemical Oscillators

R.M. Noyes

A INTRODUCTION

Chemical oscillators are particularly dramatic examples of the processes possible in systems far from equilibrium. Although two different oscillating systems were reported by MORGAN [1] and by BRAY [2] about sixty years ago, most chemists were unaware such reactions existed. Even those who knew of these articles were skeptical of the alleged facts, and it was often asserted that such processes were forbidden by thermodynamics.

This situation changed greatly about twenty years ago after BELOUSOV [3] reported an unequivocal oscillator and ZHABOTINSKY [4] exploited its behavior, while PRIGOGINE [5] demonstrated that such processes were not contrary to thermodynamics after all. The detailed chemical mechanism of this reaction was elucidated by FIELD, KÖRÖS, and NOYES [6], and for six years now the essential chemistry has been well understood.

The Belousov-Zhabotinsky reaction involves the oxidation by acidic bromate of an organic substrate such as malonic acid catalyzed by an appropriate one-equivalent oxidation-reduction couple such as cerium (III-IV). The oxybromine chemistry is quite straightforward [6], but the organic chemistry is complicated [7,8] and not entirely understood. The full chemical mechanism has been modeled successfully by EDELSON et al [9,10], but the reasons for oscillations can be better appreciated by examining a simplified model. The objective of the present manuscript is to demonstrate the diversity of experimental behavior that can be explained by means of that model.

B A MODEL FOR THE BELOUSOV-ZHABOTINSKY REACTION

1 The Model Including Elementary Processes

The model shown here has been presented elsewhere [11]; it is an amplification of the "Oregonator" model originally proposed by FIELD and NOYES [12].

$$A + Y \rightleftharpoons X + P \qquad (F1)$$

$$X + Y \rightleftharpoons 2P \qquad (F2)$$

$$A + X \rightleftharpoons 2W \qquad (F3)$$

$$W + C \rightleftharpoons X + Z' \qquad (F4)$$

$$2X \rightleftharpoons A + P \qquad (F5)$$

$$Z' \longrightarrow gY + C \qquad (F6)$$

In this model, A represents bromate ion, BrO_3^-. W represents bromine dioxide radical, BrO_2. X represents bromous acid, $HBrO_2$. Y represents bromide ion, Br^-. C represents the reduced form of the catalyst, such as Ce(III). Z' represents the oxidized form of the catalyst, such as Ce(IV). P represents bromine in the +1 oxidation state and is an ill-defined mixture of HOBr and brominated organic matter; any differentiation of such species would complicate the model without necessarily adding much to understanding.

Eqs. (F1) to (F5) are intended to represent bimolecular elementary processes taking place in single steps. Proton transfers to and from the solvent water are assumed to be in rapid equilibrium, and these equations ignore any formation or consumption of protons that may take place in the full chemical reactions. Rate constants for these five steps have been selected in the forward direction on the basis of arguments developed elsewhere [6,9,10,13]. Rate constants in reverse directions have been selected so forward and reverse ratios are consistent with thermodynamics. Because X is so unstable, reverse rates are important only for (F1) and (F4).

Eq. (F6) is not an elementary process; it represents the complicated reduction of cerium(IV) by organic matter, some of it brominated. For any particular mixture of organic compounds, the rate is first order in Ce(IV) [7]. By a fortunate accident, the rate in any system depends almost entirely upon the initial concentration of malonic acid independent of the extent of bromination. However, the stoichiometric factor g does depend upon the extent of bromination. The system is particularly suspectible to oscillation when g is near 0.5. Oscillations are impossible when g is less than about 0.25 or more than about 1.20.

2 Elimination of Stoichiometrically Insignificant Intermediates

The intermediate species W and X are thermodynamically unstable and very reactive; their concentrations can be ignored when stoichiometric change in the system is considered.

The concentration of W can be eliminated by forming the combined process (F3-4) = (F3) + 2(F4).

$$A + X + 2C \rightleftharpoons 2X + 2Z' \qquad \text{(F3-4)}$$

Eq. (F3-4) is not an elementary process. If (F3) and (F4) are both irreversible with (F3) rate-determining, (F3-4) becomes mechanistically equivalent to (M3) of the simplified Oregonator [12] model. The mechanistic significance of this process arises because X increases autocatalytically.

The concentration of X can be eliminated to generate the pair of processes (α) = (F1) + (F2) and (β) = 2(F3-4) + (F5).

$$A + 2Y \longrightarrow 3P \qquad (\alpha)$$

$$A + 4C \longrightarrow P + 4Z' \qquad (\beta)$$

3 Explanation of Oscillations

The three processes (α), (β), and (F6) describe the stoichiometry of chemical change in the system. Each is almost irreversible, but the intermediates Y and Z' are sometimes destroyed and sometimes produced. Concentrations of these species could oscillate if times of dominance by different processes were to alternate.

The rate of (α) is proportional to Y, and when this process is dominant X attains a steady state approximated by X_{min}.

$$X_{min} = k_{F1}A/k_{F2} \qquad (1)$$

At such a time, Y will be depleted by the dominance of (α).

If (F3) is rate-determining for (F3-4), then when (β) is dominant the rate is proportional to X and X attains a steady state approximated by X_{max}.

$$X_{max} = k_{F3}A/2k_{F5} \quad (2)$$

The chemistry of bromine is such that X_{max} and X_{min} differ by a factor of about 10^5.

Transition between dominance by (α) and (β) is strongly dependent on Y and takes place whenever that concentration passes through $Y_{critical}$.

$$Y_{critical} = k_{F3}A/k_{F2} \quad (3)$$

If a system is dominated by (α), Y is comparatively large and decreasing, X is approximated by X_{min}, and the rate of (β) is slight. As Y decreases, it eventually attains $Y_{critical}$, and the system switches to dominance by (β). At that time, X increases autocatalytically until it approximates X_{max}, the rate of (β) increases by orders of magnitude, and the greatly increased X destroys the residual Y by (F2) and thereby shuts off (α). However, the Z' produced by (β) reacts by (F6) to produce Y. When the concentration of this species attains $Y_{critical}$, the system will switch almost discontinuously to dominance by (α). The same sequence repeats for each period of the oscillation. Arguments presented elsewhere [6,14,15] show how to determine when a particular system will evolve to a stable steady state and when it will oscillate.

4 Overall Stoichiometric Process

Intermediates Y and Z' are both produced and consumed but never attain significant concentration compared to major reactant A. Net stoichiometric change in the total system is given by (T) = 2g(α) + (β) + 4(F6).

$$(1 + 2g)A \longrightarrow (1 + 6g)P \quad (T)$$

Note that the stoichiometric coefficients in (T) depend upon g and need not even be rational numbers.

C APPLICATION TO VARIOUS BELOUSOV-ZHABOTINSKY SYSTEMS

The principal justification for the above model is its ability to reproduce a large body of exotic experimental behavior. These various applications are summarized here, but space does not permit detailed descriptions.

1 Temporal Oscillations in Uniform Systems

The first discovery of this phenomenon [3] involved repeated almost discontinuous changes in the oxidation state of a metal ion catalyst, often accentuated by use of an oxidation-reduction indicator. Such behavior can be modeled very satisfactorily by integrating the time dependence of the rate equations generated by the model [12,15]. Oscillations are most dramatic when the concentration of X in the (unstable) steady state is about the geometric mean of X_{max} and X_{min}. Such a situation occurs when g is about 0.5 and k_{F6} is small compared to $k_{F1}A$ and $k_{F3}A$.

2 Trigger Wave Propagation

A Belousov-Zhabotinsky solution spread in a thin film may be stable to oscillation but still excitable. If a small region of dominance by (β) is created, a band of oxidation will propagate outward through the medium undamped and at a constant velocity. WINFREE [17] has described the details of the complicated behavior exhibited by these "trigger waves", and FIELD and NOYES [18] have measured their velocities as functions of reagent concentrations. They have also developed a qualitative explanation [19]. SHOWALTER and NOYES [20] have shown that trigger waves can be generated at will by applying a positive electrical pulse to a silver electrode.

The phenomenon can be modeled by the above mechanism if the concentration of X in the (stable) steady state is only a little more than X_{min}. Such a situation occurs when g is about 0.75 and k_{F6} is barely large enough to stabilize the steady state. FIELD and NOYES [14] have demonstrated excitability in such a situation. If the concentration of Y is reduced by 6.0 %, the system returns to the steady state with damped oscillations. If it is reduced by 6.5 %, the system makes an excursion in which Y concentrations range by a factor of 10^5 before the steady state is attained! FIELD [21] has shown that such a disturbance does then propagate as a trigger wave.

3 Complicated Oscillations in Flow Reactors

A continuously stirred tank reactor (CSTR) receives reagent solutions at a constant rate while the same total volume of solution is being withdrawn from the uniform contents of the reactor. Such a system has been studied by several experimenters and probably most thoroughly by SCHMITZ et al [22]. The behavior of a Belousov-Zhabotinsky mixture in such a system is a complicated function of flow rate. If the reagents flow slowly enough, the system resembles a batch oscillator. If the reagents flow rapidly enough, the system goes to a stable steady state resembling a batch reactor during its induction period. In a narrow intermediate range of flow rates, the system exhibits a very complicated pattern of large and small amplitude oscillations. SCHMITZ et al [22] believe this pattern is "chaotic" and does not repeat previous behavior exactly no matter how long the period of observation.

SHOWALTER et al [11] have shown most features of this system can be generated by the model presented above. Parameters g and k_{F6} were chosen so the concentration of X in the (unstable) steady state was only a little less than X_{max}. However, when the experiments indicate chaotic behavior, the computations apparently generate a complex limit cycle with one large amplitude oscillation and five small amplitude ones before the pattern repeats. These computations have been interpreted [11] to indicate that the chaotic behavior observed experimentally is not an inherent consequence of the chemical mechanism but arises from extreme sensitivity to random perturbations in physical parameters.

4 Interaction of coupled reactors

If two oscillating reactors are allowed to influence each other such as by connection through a perforated plate, they may be "entrained" so that they oscillate at a common frequency. Experimental observations of such entrainment have been reported by MAREK and STUCHL [23] and by SAWADA [24]. SHOWALTER [25] has begun to model such systems by providing for interchange of material from two reactors. With small rates of interchange, the oscillators behave independently while at large rates of interchange they do become entrained to a common frequency. The computations have not yet reproduced the observation of SAWADA [24] that even when two reactors are entrained to a common frequency the phase of one oscillator may lag behind that of the other.

5 Bistability Phenomena

GEISELER and FÖLLNER [26] have shown that when cerous ion is oxidized by acidic bromate in a CSTR, the system may exist in two different stationary states for the same conditions of flow of bromate, bromide, and cerous ion. Such a system resembles a Belousov-Zhabotinsky reaction from which the organic substrate has been omitted, and it can be modeled by omiting (F6) from the mechanism presented above. BAR-ELI and NOYES [27] have shown that such a modification does indeed reproduce the kinetic behavior reported by GEISELER and FÖLLNER [26]. They have subsequently [28] explored the regions of one and of two stable stationary states and have shown that slow changes in the rate of bromide ion flow should generate hysteresis effects.

Just such hysteresis has been reported by DE KEPPER, ROSSI and PACAULT [29] for a Belousov-Zhabotinsky system that contained malonic acid in addition to the reagents of GEISELER and FÖLLNER [26]. We are not aware that anybody has yet observed bistability between a stable stationary state and an oscillatory limit cycle making a trajectory around it. However, our model apparently predicts that such bistability should be possible in a stirred flow reactor.

D SUGGESTED MECHANISTIC REQUIREMENTS FOR OSCILLATORS

The preceding section demonstrates our model is successful at describing a very wide range of phenomena. Our success gives us reason to hope our procedures may be useful to develop mechanisms for other chemical oscillators, and it may also give us confidence that principles are available to work out detailed mechanistic explanations of other very complicated chemical systems. The principles as presented here are restricted to temporal oscillations in uniform isothermal chemical systems. We hope they may be useful either to work out mechanisms of oscillators discovered by accident or to search for oscillatory systems not yet known. Probably their greatest importance will be to suggest possible mechanisms for enzyme reactions in complex biochemical systems that are still very poorly understood.

(a) Net chemical change in a system can be represented by an overall stoichiometric process (such as (T) in our model). This process involves conversion of reactants to products and is a balanced chemical equation, although not all coefficients need be rational numbers. The system will contain many other chemical species, but the net change in moles of each of these should be less than a small fraction (such as 0.1 %) of the maximum change in moles of some species in the overall stoichiometric process. Of course the overall stoichiometric process must go in the direction of net decrease of free energy.

(b) The overall stoichiometric process can be generated by linear combination of a set of component stoichiometric processes (such as (α) and (β) in our model). Each of these processes must be describable by a balanced chemical equation in which all coefficients are small integers, but coefficients need not be rational for linear combinations of such processes. Thus (F6) in our model is a composite of at least two component processes. Component stoichiometric processes need not all go in the direction of decreasing free energy, particularly in biological systems. However, we believe the description of an oscillator will require at least three component processes that do go in that direction.

(c) A set of component stoichiometric processes need not be unique, but the best set to describe an oscillator must include formation and destruction of at least two intermediates (such as Y and Z' in our model) that are absent or almost absent from the equation for the overall process. The concentrations of these two or more intermediates can be used to define the phase of oscillations in the system.

(d) The full description of a chemical mechanism is ultimately based on elementary processes (such as (F1) to (F5) in our model) that take place in a single step with one, two, or occasionally three reactant molecules forming one, two, or occasionally three product molecules. If the concentrations of all reactant and product species are known, the directions of elementary processes are determined strictly by thermodynamics even though the directions of component stoichiometric processes are not. In any complicated system, the full set of elementary processes will involve many chemical species that are not included in any convenient set of component stoichiometric processes.

(e) We propose as a working hypothesis that for any oscillatory system there will be a switched intermediate (such as X in our model) that is common to two important component stoichiometric processes (such as (α) and (β)) both of which go with decrease of free energy. These two component processes should generate very different steady state concentrations (such as X_{min} and X_{max} in our model) of the switched intermediate.

(f) The reaction (such as (α)) that generates a small concentration of the switched intermediate should form that species at a rate independent of its concentration (such as (F1)) and destroy it at a rate proportional to its concentration (such as (F2)).

(g) The reaction (such as (β)) that generates a large concentration of the switched intermediate should form that species autocatalytically at a rate proportional to its concentration (such as (F3-4)) and destroy it at a rate proportional to a higher order of that concentration (such as (F5)).

(h) Because thermodynamics prohibits an autocatalytic elementary process, the mechanism of the process analogous to (F3-4) must involve at least one other intermediate (such as W in our model).

(i) Dominance by either of the key component stoichiometric processes (such as (α) and (β)) should usually drive the system toward a critical composition (such as $Y_{critical}$ in our model) at which the rates of first order formation (F3-4) and destruction (F2) of the switched intermediate are equal. The system will then switch process dominance. Additional component processes (such as (F6) in our model) will be necessary to insure that the system passes rapidly through and away from the critical composition before the change of process dominance can drive it back again.

(j) It may or may not be significant that for all the presently known oscillator mechanisms the analogue of (α) involves only molecules with even numbers of electrons while the analogue of (β) involves some species with odd numbers of electrons. Because the sum of an odd number and an even number must be an odd number, intermediates from the analogue of (β) do not affect the occurence of (α).

E MECHANISTIC SIGNIFICANCE FOR KNOWN OSCILLATORS

The above requirements are proposed as working hypotheses. They are all satisfied by the model that has so successfully described the Belousov-Zhabotinsky reaction. They will not apply to all periodic phenomena observed in chemistry. However, more or less conclusive evidence suggests they will be applicable to elucidating the mechanisms of many of the other oscillating systems here mentioned briefly.

(1) KÖRÖS and ORBAN [30] have recently reported a class of organic substrates that will oscillate with acidic bromate without the metal ion catalysis needed in all previously known Belousov-Zhabotinsky systems. The detailed mechanism will be unknown until the chemistry of the brominated organic species is better understood. However, we can expect all steps of our model except (F4) and (F6) will also be applicable to the Körös systems.

(2) BRAY [2] reported oscillations during the iodate catalyzed decomposition of hydrogen peroxide. A detailed mechanism has been proposed by SHARMA and NOYES [31] and fairly successfully modeled by EDELSON [32]. The proposed mechanism is similar to that of the Belousov-Zhabotinsky reaction, but the modeling was complicated by need to describe release of supersaturation by a chemically reactive gas.

(3) BRIGGS and RAUSCHER [33] reported dramatic oscillations in a system containing iodate, malonic acid, hydrogen peroxide, and manganous ion. This reaction is obviously a composite of the Belousov-Zhabotinsky and Bray reactions. The mechanism is not now known, but PACAULT and associates [34-38] have obtained a lot of pertinent information with flow reactors. There is no reason to believe the mechanistic details will differ in principle from those of other oscillators based on bromate and iodate chemistry.

(4) MORGAN [1] reported oscillations in carbon monoxide evolution during the dehydration of formic acid in concentrated sulfuric acid. SHOWALTER [39] has proposed a mechanism consistent with the above requirements. Detailed modeling has not yet been attempted, but we anticipate there may be complications associated with relief of supersaturation here also.

(5) DEGN [40] reported oscillations in gas evolution during the decomposition of ammonium nitrite, NH_4NO_2. SMITH [41] has confirmed the observation, and efforts to elucidate the mechanism are not inconsistent with the above requirements.

(6) Oscillations have been observed during a number of gas phase oxidations and chlorinations. All are highly exothermic reactions. It could be anticipated a priori that the simplest of the observed oscillators would be the combustion of carbon monoxide [42]. The reaction is extremely sensitive to traces of water. PILLING [43] has shown the isothermal steady state in this system is stable to perturbations, and thermal gradients must be invoked to explain the oscillations. Similar restrictions may apply to other gas phase oscillatory systems.

(7) Chemical periodicities in time and space are often observed in heterogeneous condensed phase systems such as at electrodes or in precipitation reactions. The mechanisms involve diffusion along concentration gradients and are very different from the ones discussed above for uniform systems. McBIRNEY [44] has shown how diffusive and thermal gradients may couple to generate banding in crystallized magmas, and SCHMID [45] is attempting to model periodic banding during growth of single feldspar crystals.

(8) Biological systems exhibit manifold periodic phenomena in time and in space. It is still premature to predict whether or not the requirements presented above will be useful for detailed understanding of these reactions.

Acknowledgement. Much of the work described here was supported by the United States National Science Foundation. The manuscript was prepared at the Max Planck Institut für Biophysikalische Chemie while the author was a recipient of a fellowship from the Alexander von Humboldt Foundation.

REFERENCES

1. J.S. Morgan: J. Chem. Soc. 109, 274 (1916)
2. W.C. Bray: J. Am. Chem. Soc. 43, 1262 (1921)
3. B.P. Belousov: Ref. Radiats. Med. 1958, 145 (1959)
4. A.M. Zhabotinsky: Dokl. Akad. Nauk SSSR 157, 392 (1964); Biofizika 9, 306 (1964)
5. P. Glansdorff, I. Prigogine: Thermodynamic Theory of Structure, Stability, and Fluctuations (Wiley-Interscience: New York 1971)
6. R.J. Field, E. Körös, R.M. Noyes: J. Am. Chem. Soc. 94, 8649 (1972)
7. J.-J. Jwo, R.M. Noyes: J. Am. Chem. Soc. 97, 5422 (1975)
8. S. Barkin, M. Bixon, R.M. Noyes, K. Bar-Eli: Internat. J. Chem. Kinetics 10, 619 (1978)
9. D. Edelson, R.J. Field, R.M. Noyes: Internat. J. Chem. Kinetics 7, 417 (1975)
10. D. Edelson, R.M. Noyes, R.J. Field: Internat. J. Chem. Kinetics (in press)
11. K. Showalter, R.M. Noyes, K. Bar-Eli: J. Chem. Phys. (in press)
12. R.J. Field, R.M. Noyes: J. Chem. Phys. 60, 1877 (1974)
13. S. Barkin, M. Bixon, R.M. Noyes, K. Bar-Eli: Internat. J. Chem. Kinetics 9, 841 (1977)
14. R.J. Field, R.M. Noyes: Faraday Symposia Chem. Soc. 9, 21 (1974)
15. R.J. Field, R.M. Noyes: Accounts Chem. Research 10, 214 (1977)
16. R.M. Noyes, R.J. Field: Accounts Chem. Research 10, 273 (1977)
17. A.T. Winfree: Faraday Symposia Chem. Soc. 9, 38 (1974)
18. R.J. Field, R.M. Noyes: J. Am. Chem. Soc. 96, 2001 (1974)
19. R.J. Field, R.M. Noyes: Nature 237, 390 (1972)
20. K. Showalter, R.M. Noyes: J. Am. Chem. Soc. 98, 3730 (1976); a detailed manuscript is in preparation
21. R.J. Field: private communication
22. R.A. Schmitz, K.R. Graziani, J.L. Hudson: J. Chem. Phys. 67, 3040 (1977)
23. M. Marek, I. Stuchl: Biophys. Chem. 3, 241 (1975)
24. Y. Sawada: private communication
25. K. Showalter: private communication
26. W. Geiseler, H.H. Föllner: Biophys. Chem. 6, 107 (1977)
27. K. Bar-Eli, R.M. Noyes: J. Phys. Chem. 81, 1988 (1977)
28. K. Bar-Eli, R.M. Noyes: J. Phys. Chem. 82, 1352 (1978)
29. P. de Kepper, A. Rossi, A. Pacault: C.R. Hebd. Seances Acad. Sci. 283C, 371 (1976)
30. E. Körös, M. Orbán: Nature 273, 371 (1978)
31. K.R. Sharma, R.M. Noyes: J. Am. Chem. Soc. 98, 4345 (1976)
32. D. Edelson, R.M. Noyes: J. Phys. Chem. (submitted)
33. T.S. Briggs, W.C. Rauscher: J. Chem. Education 50, 496 (1973)

34. A. Pacault, P. de Kepper, P. Hanusse, A. Rossi: C.R. Hebd. Seances Acad. Sci. 281C, 215 (1975)

35. P. de Kepper, A. Pacault: C.R. Hebd. Seances Acad. Sci. 282C, 199 (1976)

36. P. de Kepper: C.R. Hebd. Seances Acad. Sci. 283C, 25 (1976)

37. J.-C. Roux, C. Vidal: C.R. Hebd. Seances Acad. Sci. 284C, 293 (1977)

38. C. Vidal, J.-C. Roux, A. Rossi: C.R. Hebd. Seances Acad. Sci. 284C, 585 (1977)

39. K. Showalter, R.M. Noyes: J. Am. Chem. Soc. 100, 1042 (1978)

40. H. Degn: European Molecular Biology Organization Workshop, Dortmund, October 4-6, 1976

41. K. Smith, R.M. Noyes: unpublished

42. P.G. Dickens, J.E. Dove, J.W. Linnett: Trans. Faraday Soc. 60, 539 (1964)

43. M.J. Pilling, R.M. Noyes: Internat. J. Chem. Kinetics (submitted)

44. A.R. McBirney, R.M. Noyes: J. Petrology (in press)

45. P. Schmid, R.M. Noyes: unpublished

Chemical Oscillations During the Oxidative Bromination of Some Aromatic Compounds with Bromate

M. Orbán and E. Körös

With 7 Figures

Among the few oscillatory chemical reactions proceeding in solution the BELOUSOV-ZHABOTINSKY /BZ/ reaction has been studied more thoroughly. The BZ reaction is essentially the catalytic oxidation and bromination of a variety of aliphatic compounds - mostly dicarboxylic acids and diketones - with acid bromate. Detailed investigations revealed that the occurrence of chemical oscillation is due to the existence of two kinetic states in the system, and the transition from one state to the other is controlled by the bromide ion concentration [1] . Extensive experimental investigations disclosed that all components of the BZ system, but bromate, can be substituted. It is a widely accepted view that such types of reactions require a catalyst.

KUHNERT and LINDE were the first to show that temporal chemical oscillations occurred even in the absence of a catalyst, when an aryldiazonium salt was oxidized by acid bromate [2] . Recently our attention has been directed to the aromatic compound, bromate and acid /ABA/ systems [3] and found that during the oxidative bromination of phenol and aniline, and at least more than 30 of their derivatives with acid bromate temporal chemical oscillations were detectable [4] . Redox potential and bromide ion concentration oscillations, and periodicity in the rate of heat evolution were recorded [3,4] . With some systems /e.g. gallic acid, pyrogallol, 4-aminobenzene-sulphonic acid/ period colour change is observable.
Experiments performed so far indicate that a delicate balance among a variety of redox systems is required for the occurrence of chemical oscillation. This means that the concentration of the reactants, their concentration ratio and the acidity of the reaction mixture should be properly adjusted. With most ABA systems chemical oscillation eventuates in the following concentration ranges: aromatics 0.02-0.002 M, bromate 0.025-0.1 M and sulphuric acid 0.5-2.0 M.

With all reacting ABA systems the overall reaction exhibit three well-distinguishable phases: 1/ preoscillatory period during which among others quinone-type compound/s/ and at least one bromoderivative accumulate /this period lasts from a few seconds to hours depending on the composition of system and the conditions involved/, 2/ oscillatory period during which two kinetic states are alternatively preferred /controlled by the bromide concentration/, 3/ post-oscillatory period during which the oxidation and bromination reactions continue to proceed, however, the conditions prevailing in the reacting system fall in short of the requirements of the chemical oscillation.

The shape of the oscillatory curves exhibits a bewildering variety. Some typical recordings are shown on the figures. As regards the frequency of oscillations, a period time of about 12 minutes was measured during the reaction of 3-hydroxibenzaldehyde with acid bromate at 20°C, and as low as 1.7 seconds in the pyrogallol, bromate and perchloric acid reacting system at 45°C. This latter is the highest frequency recorded for any oscillatory system containing bromate. The frequency of oscillation in all ABA systems increases with the concentration of the acid. The change in frequency, however, is not definite by increasing either the concentration of the aromatics or that of the bromate.

Chloride ion is an inhibitor for the oscillation above $5x10^{-4}$M, and bromide added to the reacting mixture during the oscillatory period decreases the frequency of the next oscillation. Other oxidizing agents /e.g. IO_3^-, ClO_3^-, MnO_4^- and $C_2O_7^{2-}$/ do not bring about oscillation during their reaction with aromatic compounds.

Preliminary investigations on the phenol, bromate and sulphuric acid system using gas-chromatographic technique for identification revealed that immediately after the start of the reaction quinone type compounds and bromoderivatives are formed. At the onset of chemical oscillation unreacted phenol was already not present in the solution. After the termination of the oscillation /6-10 oscillations were recorded/ the progress of the reaction continued and the amount of higher /di-, tri-/ bromoderivatives increased. The reaction was not complete even after 24 hours.

Concerning the mechanism of the uncatalysed oscillatory reactions a strong resemblence to the FKN mechanism describing the BZ reactions is discernible 1 . Here again the peculiar chemistry of bromate gives rise to chemical oscillation. The bromide ion concentration oscillation during the course of the reaction makes us think that bromide ion which is the control intermediate is one of the products of the reaction of a bromoderivative and an aromatic radical. This latter is presumably formed in the following hydrogen abstraction reaction:

$$BrO_2^{\bullet} + HOC_6H_5 \longrightarrow {\bullet}OC_6H_5 + HBrO_2$$

/The BrO_2 being the product of the BrO_3^- + $HBrO_2$ + H^+ 2BrO_2 + H_2O reaction./ Beyond that the radical is supposed to generate bromide ion, it can undergo different oxidative coupling, oxidation and bromination reactions. This has as a result a rather involved stoichiometry unlike to the most thoroughly investigated malonic acid, bromate, cerium /III/ and sulphuric acid BZ reaction. Our efforts are directed to try to detect aromatic radical/s/ either by ESR or by cyclic voltametry.

It is also noteworthy that the activation energy of chemical oscillation /E / in the ABA systems falls into the range characteristic for the BZ reactions, i.e. between 60-70 kJ/mol [5] . /E.g. E=60, 64 and 67 kJ/mol for phenol, pyrogallol and gallic acid, respectively./

The absence of a catalyst is the reason that the ABA systems are rather sensible to the chemical conditions. Namely, the catalyst in the BZ systems has a function also of portioning the amount of bromate reacting in a single period.

Many points mentioned above await for experimental verifications. Keeping this in view extensive investigations have started in our laboratories on ABA systems containing phenol, pyrogallol and gallic acid, respectively.

Redox potential (a) and log Br^- concentration (b) against time curves at 20 °C

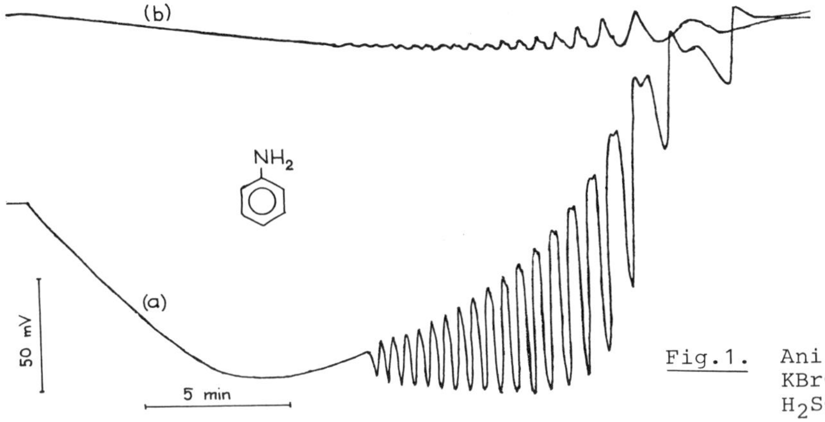

Fig.1. Aniline: 0.002M
$KBrO_3$: 0.025M
H_2SO_4: 2.0M

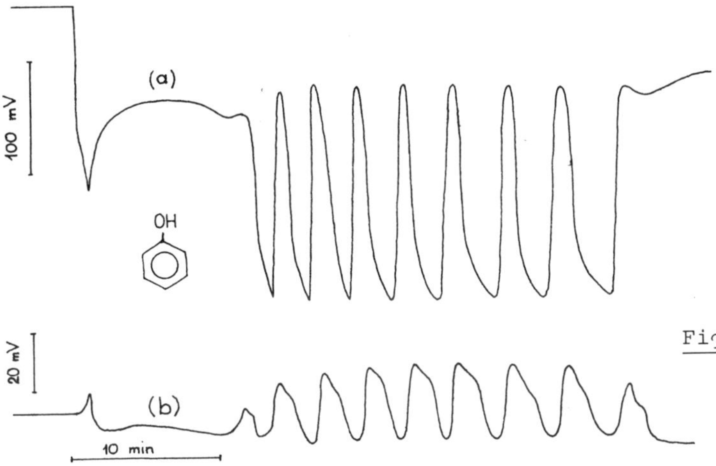

Fig.2. Phenol: 0.003M
$KBrO_3$: 0.025M
H_2SO_4: 1.0M

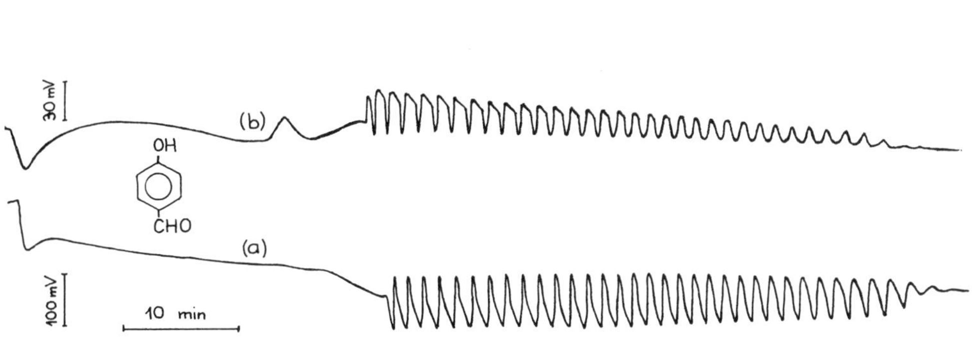

Fig.3. 3-Hydroxibenzaldehide:0.02M, $KBrO_3$: 0.1M, H_2SO_4: 1.5M

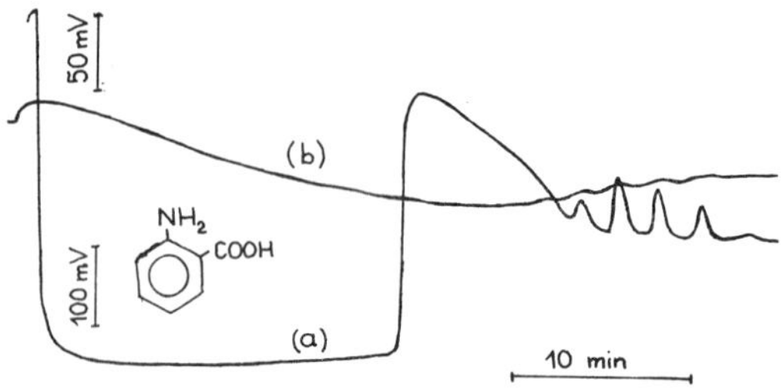

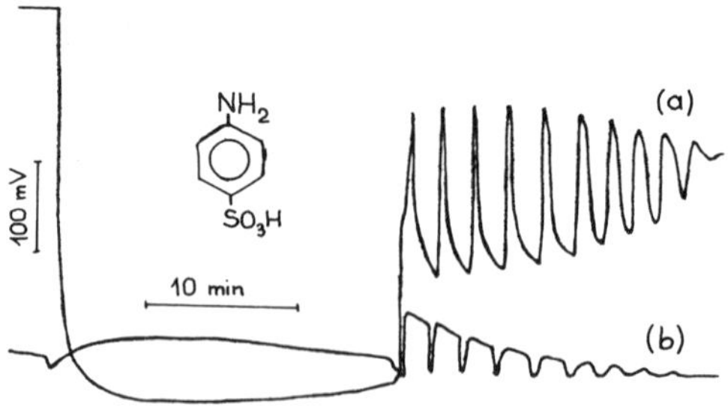

Fig.4. 2-Aminobenzoic acid:0.0074M, $KBrO_3$: 0.05M, H_2SO_4: 1.0M

Fig.5. 4-Aminobenzene-sulfonic acid: 0.023M, $KBrO_3$: 0.1M, H_2SO_4: 1.5M

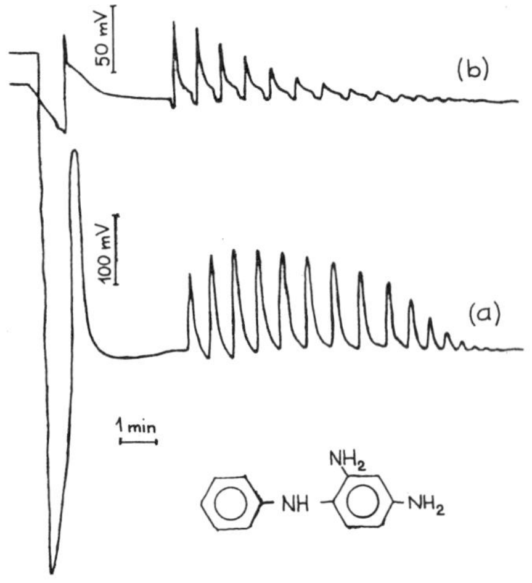

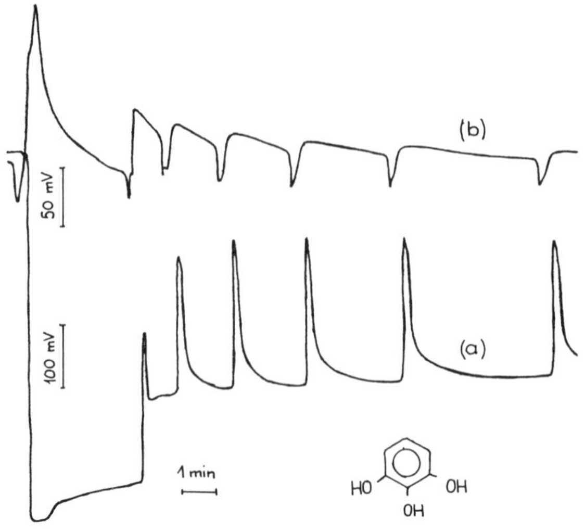

Fig.6. 2,4-Diamino-diphenylamine: 0.02M, $KBrO_3$: 0.1M, H_2SO_4: 1.5M

Fig.7. 1,2,3-Trihydroxibenzene:0.04M, $KBrO_3$: 0.1M, H_2SO_4: 1.5M

References

1 R.J. Field, E. Kőrös and Noyes: J. Am.Chem. Soc., 94, 8649 /1972/
2 L. Kuhnert and H. Linde: Z. Chem., 17, 19 /1977/
3 E. Kőrös and M. Orbán: Nature, 273, 371 /1978/
4 M. Orbán and E. Kőrös: J. Phys. Chem., 82, 1672 /1978/
5 E. Kőrös, M. Burger, Zs. Nagy and M. Orbán: Acta Pharm. Hung., 48, 172 /1978/

Quantitative Study of a Chemical Oscillation

J.-C. Roux and C. Vidal

With 4 Figures

1. Introduction

The continuous-fed open reactor developed in our laboratory [1] allows the steady observation of any oscillating reaction over a very long time. Taking advantage of the perfect stability of the oscillations thus obtained, we have designed an apparatus for a study of the intermediate species involved in such periodic reactions. A full description has appeared elsewhere [2], so we shall only present the results obtained during the study of the BRIGGS and RAUSCHER reaction [3] under the following set of experimental conditions :

$[H_2O_2]_o$ = 1.1 M ; $[KIO_3]_o$ = .019 M

$[CH_2(COOH)_2]_o$ = .013 M ; $[MnSO_4]_o$ = .004 M

$[HClO_4]_o$ = .057 M ; T = 25°C ; τ = 4.8 min

2. Results

The time-dependent optical density of the reacting medium was measured with a ZEISS PMQ II spectrophotometer. In the course of the reaction oxygen release gives rise to numerous bubbles which cross the optical beam and make the spectrophotometric signal noisy. However, repeated storage and accumulation of the signal by a computer enhance the signal to noise ratio at will, provided the phase relation between oscillations is not lost. This operation, repeated at different wavelengths, yielded the results shown in Fig.1.

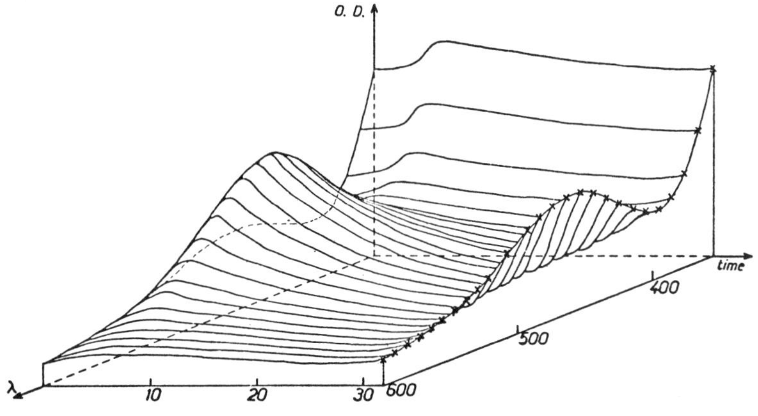

Fig.1 Temporal oscillations of the optical density of the solution at different wavelengths and intersection (+) with a plane perpendicular to time axis

It is obvious that crossing between the stored temporal oscillations of optical density and a plane perpendicular to the time axis provides in turn the absorption spectrum of the solution at a given time (Fig.1). We did not succeed in reconstituting this spectrum by combining I_2, I_3^- and iodo-malonate spectra unless we took into account a fourth component whose absorption spectrum is wavelength independent (Fig.2).

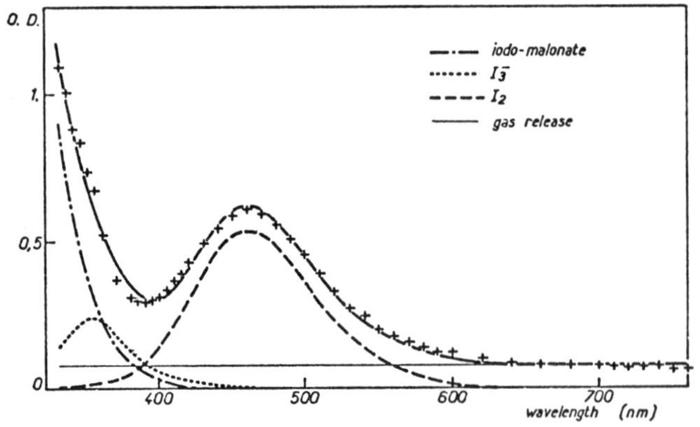

Fig.2 Absorption spectrum computed (——) from the four identified components compared with experimental values (+)

Time dependence of the concentrations was established by least-squares fits at successive points along the time scale. It appears that the level of the continuous absorption varies ; hence it originates in a species involved by the oscillation. Independent checks show that this absorption is accounted for by oxygen bubbles. The temporal oscillations of the four species thus identified are plotted on Fig.3, together with those of temperature (chromel-alumel thermocouple), dissolved oxygen (Radiometer O_2- sensitive cathode with correction for response time) and the quantity $p_{I^-} = -\log_{10}[I^-]$ (Philips specific-ion electrode).

We outline two out of the several experimental facts : (i) the solution is always highly supersaturated in O_2 ; (ii) concentration maxima and concentration minima do not overlap. Taking into account the flows through the reactor we can reach, from balance equations and subsequent numerical calculation [4], the overall rate of production and consumption by the chemical reaction itself. Such information, available all along the oscillation, is obviously helpful in checking a reaction scheme. The rates so obtained are presented in Fig.4.

3. Discussion

Although a slight variation of temperature is observed, it seems likely that the oscillations occuring in the BRIGGS and RAUSCHER reaction (B.R.) originate in a chemical mechanism involving some feedback [5]. Since several reactants used in this reaction appear also in the BRAY and/or the BELOUSOV-ZHABOTINSKII (B.Z.) ones, a comparison might be instructive. However, the comparison is not so easy to make because the phase relations between concentration extrema of intermediate species for the latter two reactions are not yet established with a good accuracy.

In the BRAY and the B.R. reactions, O_2 is produced when I^- concentration is low. In both cases this fact is easily understandable if competition occurs between steps (1) and (2) when the concentration of HIO is sufficiently high :

$$HIO + I^- + H^+ \longrightarrow I_2 + H_2O \qquad (1)$$

$$HIO + H_2O_2 \longrightarrow H_2O + O_2 + I^- + H^+ \qquad (2)$$

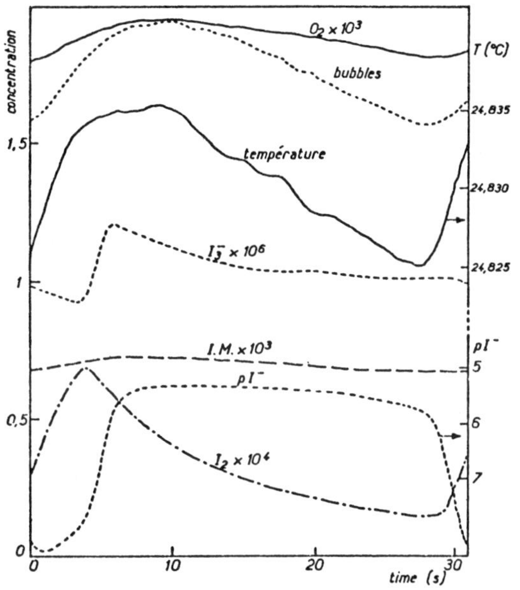

Fig.3 Temporal oscillations of temperature (upper right scale) and of identified species (left scale : concentrations ; lower right scale : p_{I^-} ; bubbles : arbitrary unit)

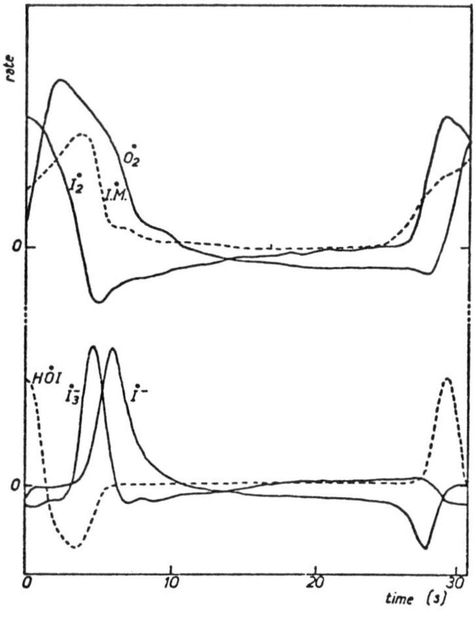

Fig.4 Variation of the overall rates of production and/or consumption of the identified species. One vertical unit represents (mole l^{-1} s^{-1}) :

$[\dot{HOI}]$: 3.10^{-9}

$[\dot{I_3^-}]$: 3.10^{-8}

$[\dot{I^-}]$: 3.10^{-7}

$[\dot{I_2}]$ and $[\dot{IM}]$: 3.10^{-6}

$[\dot{O_2}]$: 5.10^{-6}

$[\dot{HOI}]$ is calculated assuming the equilibrium

$I_2 + H_2O \rightleftarrows HOI + I^- + H^+$

always established

Nevertheless, because step (1) is very rapid we expect that I^- formed by (2) is consumed by (1) : I_2 and O_2 would be therefore produced simultaneously. Such a situation is observed in the B.R. reaction (Fig.4) but does not seem to occur in the BRAY reaction. Here is the first, striking difference in the reduction phase of iodate. The second phase of the BRAY reaction, which is assumed to produce O_2 rests on the oxidation of iodine to iodate by H_2O_2. In the B.R. reaction this phase is likely of less importance, since our results show that the overall production of iodomalonate during one oscillation represents 80 % of the I_2 consumption according to the step :

$$I_2 + CH_2(COOH)_2 \longrightarrow I^- + CHI(COOH)_2$$

Finally, the nature of the instability proposed by SHARMA and NOYES [6] for the BRAY reaction is irrelevant for the B.R. reaction because it rests mainly on O_2 production during the oxidation of I_2. Although the two reactions involve closely-related pools of chemicals, their mechanistic features are too different to be accounted for by the same reaction scheme.

The analogy between the B.R. and B.Z. reactions appears to be somewhat deeper. The concentration (mean level) of the halogeno-malonate is high in both cases and O_2 consumption is observed during one phase of the oscillation. The explanation of this last fact, already proposed for the B.Z. reaction [7] (namely the oxygen scavenging of the organic radicals that appear during bromo-malonic acid oxidation), is probably valid in the case of the B.R. reaction. Yet we could not detect any oscillation of Mn^{++} concentration, either by light absorption of Mn^{+++}, or by EPR [8], during this reaction, whereas periodicity of the Mn^{+++} and Mn^{++} concentrations is displayed by these two techniques in the B.Z. reaction [9]. Moreover, the "Oregonator", proposed by FIELD and NOYES [10] to fit the main experimental features of the B.Z. reaction, predicts a destruction phase of the halogeno-malonate which is not observed in the B.R. reaction (Fig.4.).

Thus the B.R. reaction calls for a specific scheme which must take into account the following peculiar features : (i) simultaneity of O_2 and I_2 production, (ii) occurence of an O_2 consumption phase, (iii) no oscillation in the Mn^{++} concentration, and (iiii) no disappearance of iodo-malonate.

References

1 P. De Kepper, A. Pacault, A. Rossi, C.R. Acad. Sc., C.282, 199 (1976)

2 J.-C. Roux, S. Sanchez, C. Vidal, C.R. Acad. Sc., B.282, 451 (1976)

3 T.S. Briggs, W.C. Rauscher, J. Chem. Educ., 50, 496 (1973)

4 C. Vidal, J.-C. Roux, A. Rossi, C.R. Acad. Sc., C.284, 585 (1977)

5 C. Vidal, P. De Kepper, A. Noyau, A. Pacault, C.R. Acad. Sc., C.285, 357 (1977)
C. Vidal, A. Noyau, Nouv. J. Chim. (in press)

6 K.R. Sharma, R.M. Noyes, J. Am. Chem. Soc., 98, 4345 (1976)

7 J.-C. Roux, A. Rossi, C.R. Acad. Sc., (in press)

8 P. De Kepper, private communication

9 C. Vidal, J.-C. Roux, A. Rossi, to be published

10 R.J. Field, R.M. Noyes, J. Chem. Phys., 60, 1877 (1974)

Etude cinétique de la réaction de Bray

G. Schmitz and H. Rooze

With 3 Figures

ABSTRACT

The kinetics of the BRAY reaction (hydrogen peroxide decomposition catalysed by the iodate-iodine couple) has been studied in a closed reactor provided with a pump circulating the solution through the cell of spectrophotometer. The measures have been done in the following conditions :

T = 60°C ; pH = 1 ; (IO_3^-) = 0.05 to 0.4 mole/l ; (H_2O_2) = 0.01 to 0.1 mole/l

The rate of iodine formation, the maximum concentration reached during a period, the rate of iodine decomposition and the minimum concentration reached have been measured. These values have been correlated with the concentrations of iodate (near constant) of hydrogen peroxide (measured calorimetrically in samples taken during the oscillations) and of iodide (measured with an Orion selective electrode).

The results obtained are discussed according to a kinetic scheme based on the mechanism of the iodate-iodide-iodine reaction. This mechanism has been completed with the reactions of hydrogen peroxide as simply as possible in order to explain the origin of the oscillations without introducing unrelated complications.

Introduction

La première observation d'une réaction oscillante en phase homogène a été faite par BRAY et CAULKINS en 1917 [1]. Dans une solution acide de peroxyde d'hydrogène et d'iodate de potassium ils ont observé une périodicité de la vitesse de dégagement d'oxygène et de la concentration en iode. Certains auteurs ont attribué l'origine de ces oscillations à des phénomènes hétérogènes, par exemple l'entraînement de l'iode par l'oxygène produit [2] ,mais actuellement leur caractère homogène est bien établi. Une revue récente concernant les oscillations en phase homogène a été faite par COOKE [3] .

La réaction globale peut être décomposée en deux phases. La première, que nous appellerons phase A, correspond à la réduction de l'iodate suivant (1) et la deuxième, phase B, à l'oxydation de l'iode suivant (2).

$$2IO_3^- + 5H_2O_2 + 2H^+ = I_2 + 5O_2 + 6H_2O \quad (1)$$

$$I_2 + 5H_2O_2 = 2IO_3^- + 2H^+ + 4H_2O \quad (2)$$

La somme de (1) et (2) donne la dismutation du peroxyde d'hydrogène (3).

$$2H_2O_2 = 2H_2O + O_2 \quad (3)$$

La production d'oxygène pendant les phases A et B est supérieure à celle prévue par (1) et (2), c'est à dire que la dismutation (3) se produit tout au cours du temps. Il est remarquable que la vitesse de cette production soit plus grande pendant la phase B que pendant la phase A.

Trois mécanismes ont été proposés pour cette réaction, le premier par LIEBHAFSKY et coll. [4], le deuxième par l'un de nous [5] et le troisième par SHARMA et NOYES [6]. Il existe entre notre modèle et celui de LIEBHAFSKY certaines similitudes résultant d'une même idée de base, l'importance de complexes additifs du type I_2O_2 comme intermédiaires réactionnels. Le modèle de SHARMA et NOYES par contre fait intervenir des intermédiaires radicalaires.

Technique Expérimentale

Le réacteur, contenant environ 80 ml de solution, est placé dans un thermostat à 60°C et est pourvu d'une agitation magnétique. Les réactifs utilisés sont de la qualité "pro analysi" et la force ionique est ajustée à 0.5M avec du $NaClO_4$. Pour la mesure de la concentration en iode, une pompe péristaltique dérive en continu une faible fraction du volume du réacteur vers la cuvette d'un spectrophotomètre Beckman DBGT, maintenue également à 60°C. La concentration en iodure est suivie dans le réacteur à l'aide d'une électrode spécifique et le pH est mesuré par une électrode de verre. La référence au calomel est reliée à la solution par un pont au $NaClO_4$. La concentration initiale en H_2O_2 est connue par standardisation de la solution mère et son évolution est suivie en analysant des prises de 0.5 ml par colorimétrie à l'oxalate de titane.

Les concentrations en IO_3^- et IO_3H existant dans la solution ne peuvent pas être calculées avec précision à partir des quantités d'iodate de sodium et d'acide perchlorique introduites. En effet la constante d'acidité de l'acide iodique n'a pas été mesurée à 60°C et la valeur 0.1 que nous avons utilisée résulte de l'extrapolation de résultats obtenus entre 0°C et 30°C [7]. De plus il faut tenir compte de formes complexes telles que $H(IO_3)_2^-$ [8]. La présence d'iodate augmentant le pH de la solution, celui-ci ne peut pas non plus être calculé avec précision. Quant à sa mesure, bien que reproductible, elle est malheureusement entachée d'une erreur due aux différences de potentiels de jonctions liquides.

Résultats Expérimentaux

La fig. 1 donne un exemple de mesure simultanée des concentrations en iode, peroxyde d'hydrogène et iodure. Que ce soit au cours du temps ou d'une expérience à l'autre, une diminution de la concentration en peroxyde d'hydrogène provoque une diminution des vitesses de formation et de disparition de l'iode ainsi que des valeurs maximales et minimales atteintes par l'iode et par l'iodure. L'amplitude des oscillations diminue et leur période augmente légèrement.

Le domaine de concentrations en acide perchlorique où l'on observe des oscillations est très étroit et dépend de la concentration en iodate. Pour des acidités trop faibles la concentration en iode augmente sans apparition de la phase B. Pour des acidités trop fortes la concentration en iode passe par un seul maximum puis décroit régulièrement. A pH constant une augmentation de la concentration en iodate entraine une augmentation des vitesses de formation et de disparition de l'iode et une diminution de ses valeurs maximales et minimales. La période et l'amplitude des oscillations diminuent.

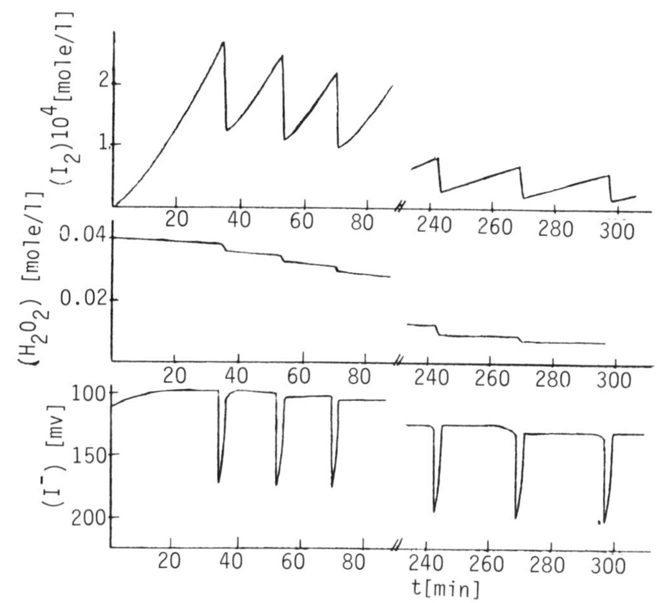

Fig. 1 Evolutions au cours du temps pour des concentrations initiales valant : $(H_2O_2) = .040$; $(NaIO_3) = .10$; $(HClO_4) = .0625$; $(NaClO_4) = .34$ mole/l.

La concentration moyenne de l'iode, calculée par $2(I_2)_{moyen} = (I_2)_{max} + (I_2)_{min}$, est une estimation de la concentration stationnaire instable autour de laquelle les oscillations se produisent. Il s'agit donc d'une mesure quantitative importante pouvant être facilement confrontée aux prédictions d'un modèle cinétique. Elle diminue avec le pH, elle augmente légèrement avec la concentration en iodate à pH constant et varie avec la concentration en peroxyde d'hydrogène suivant une loi d'ordre compris entre 0.5 et 1 (fig. 2). On ne tend vers l'ordre 1 rapporté antérieurement [9] que pour les concentrations élevées.

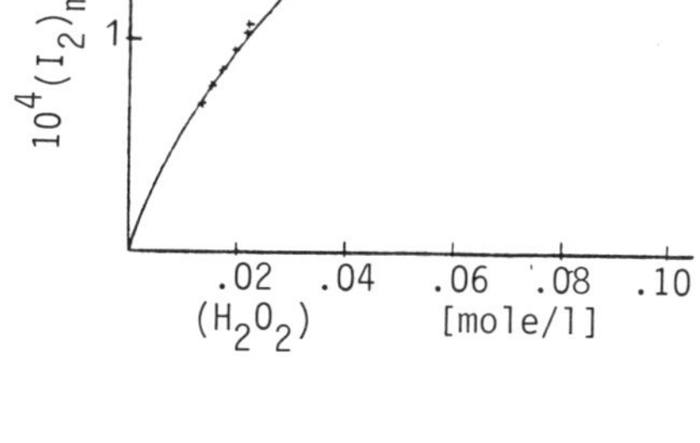

Fig. 2 Variation de $(I_2)_{moyen}$ avec (H_2O_2) si $(NaIO_3) = .10$; $(HClO_4) = .0625$; $(NaClO_4) = .34$ mole/l.

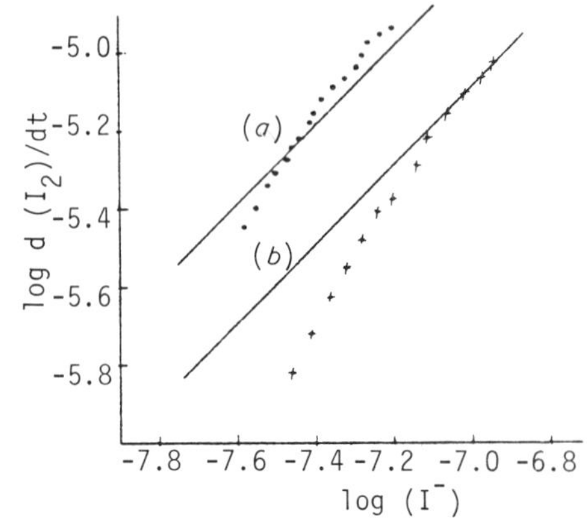

Fig. 3 Vitesses mesurées en phase A (O et +) et vitesses calculées pour la réaction de Dushman (—).
a : $(NaIO_3) = .20$; $(HClO_4) = .0625$; $(NaClO_4) \cong .24$ mole/l.
b : $(NaIO_3) = .10$; $(HClO_4) = .0625$; $(NaClO_4) \cong .34$ mole/l.

Nous avons comparé les vitesses mesurées pendant la phase A aux résultats cinétiques obtenus par LIEBHAFSKY et coll. [7] pour la réaction de DUSHMAN avec de faibles concentrations en iodure. L'accord est très bon (fig. 3) pour des concentrations en iodure de l'ordre de 10^{-7} mole/l Les valeurs indiquées ont été calculées par extrapolation de la droite d'étalonnage, $\log(I^-)$ - potentiel de l'électrode spécifique, obtenue avec des solutions étalons contenant de 10^{-2} à 10^{-6} mole/l d'iodure ainsi que .05 mole/l d'$HClO_4$ et .45 mole/l de $NaClO_4$ pour minimiser l'erreur due aux potentiels de jonctions liquides. La déviation systématique observée sur la fig. 3 pour les faibles concentrations en iodure résulte vraisemblablement de la non-linéarité de la réponse de l'électrode dans ce domaine.

Modèle Cinétique

Le modèle que nous proposons ici est certainement une simplification de la réalité. En effet notre but est de dégager les réactions qui sont à l'origine de l'aspect essentiel de la réaction de BRAY, son caractère oscillant. On peut arriver ainsi à une meilleure compréhension du phénomène en négligeant provisoirement ses aspects accessoires et en évitant de nombreuses hypothèses plus ou moins arbitraires.

Ayant constaté qu'il y a une grande similitude, peut-être une identité, entre la cinétique de la phase A et celle de la réaction iodate-iodure, nous commençons par écrire un modèle pour cette réaction. Pour cela, dans le cadre précisé ci-dessus, nous adoptons un symbolisme simplifié. Par exemple l'écriture IO_3H désigne indifféremment les formes particulaires de l'iodate, IO_3H, IO_3^- ou d'autres. Un aspect essentiel de notre modèle est l'intervention de complexes additifs du type I_2O_2 ($I_2O_3H_2$ dans le modèle de LIEBHAFSKY [4]) dont l'existence peut être considérée comme prouvée, bien que de façon indirecte [10 à 15] .

$$IO_3H + HI = I_2O_2 + H_2O \tag{4}$$

$$I_2O_2 + H_2O = IO_2H + IOH \tag{5}$$

$$IO_2H + HI = I_2O + H_2O \tag{6}$$

$$I_2O + H_2O = 2IOH \tag{7}$$

$$IOH + HI = I_2 + H_2O \tag{8}$$

La réaction (8) est pratiquement toujours en équilibre, ses constantes cinétiques étant très grandes [16] .

Les résultats de MATSUZAKI, SIMIC et LIEBHAFSKY [17] montrent l'importance de (9) pour l'oxydation du peroxyde d'hydrogène.

$$IOH + H_2O_2 \longrightarrow HI + O_2 + H_2O \qquad (9)$$

Ayant une réaction où H_2O_2 joue le rôle de réducteur, la façon la plus simple d'obtenir un modèle pour la réaction de BRAY consiste à n'écrire en plus qu'une seule réaction où il joue le rôle d'oxydant. Il est remarquable qu'il suffise d'admettre (10) pour obtenir des oscillations.

$$I_2O + H_2O_2 \longrightarrow IO_2H + IOH \qquad (10)$$

Nous avons établi par les méthodes classiques les conditions d'instabilité de l'état stationnaire correspondant aux réactions (4) à (10). Dans ces conditions un traitement du modèle à l'aide d'un calculateur analogique a donné des courbes d'évolution de l'iode et de l'iodure au cours du temps parfaitement semblables à celles obtenues expérimentalement.

Une description intuitive des oscillations prévues par notre modèle peut être résumée comme suit. Pendant la phase A la concentration de l'iodure, consommé par (4), (6) et (8) et réformé par (9), est relativement grande. IO_2H est maintenu petit par la réaction (6) et IOH par l'équilibre (8). Tant que IOH est petit, I_2O est consommé principalement par (7). Au cours du temps l'augmentation de I_2 entraine celle de IOH et par suite celle de I_2O à cause de la réversibilité de (7). La fin de la phase A approche lorsque la réaction (10) devient importante. En effet, produisant du IO_2H elle fait diminuer HI et accélère l'augmentation de IOH. Cette augmentation se répercutant sur I_2O le phénomène a une allure autocatalytique. On obtient une chute brutale de HI tandis que IO_2H et IOH atteignent leurs valeurs maximales. Le sens d'évolution des réactions (4), (5), (7) et (8) est inversé et la phase B commence. La production d'oxygène due à (9) est maximale conformément aux faits expérimentaux.

Pendant la phase B la diminution de I_2 entraine, du fait de l'équilibre (8), celle de IOH et cela d'autant plus que l'iodure produit par (4), (8) et (9) augmente. La vitesse de (9) d'ordre un par rapport à IOH diminue moins vite que celle de (-7) d'ordre deux. I_2O diminue et la concentration de IO_2H chute car il est produit de moins en moins vite par (10) et consommé de plus en plus vite par (6). Il en résulte une augmentation rapide de HI et l'inversion du sens des réactions (4), (5), (7) et (8). On a une nouvelle phase A.

Notre modèle en sept réactions seulement permet d'expliquer les aspects essentiels de la réaction de BRAY. Au point de vue quantitatif certains détails restent à régler. Par exemple nos résultats concernant la variation de la concentration moyenne de l'iode en fonction de celles de l'iodate et du peroxyde d'hydrogène semblent indiquer qu'il faut tenir compte de la réaction $IO_2H + H_2O_2 \longrightarrow IOH + O_2 + H_2O$ en conformité avec d'autres travaux [17] . Nous sommes cependant persuadés que notre modèle simple, déduit de ce que l'on connait des réactions halogénates-halogénures-halogènes, constitue la clef du problème, le moteur des oscillations découvertes par BRAY.

Références

1. W.C. Bray, J. Am. Chem. Soc. 43, 1262 (1921)
2. M.G. Peard et C. F. Cullis, Trans. Faraday Soc. 47, 616 (1951)
3. D.O. Cooke, Prog. Reaction Kinetics 8 (3), 185 (1977)
4. I.Matsuzaki, T. Nakajima et H.A. Liebhafsky, Faraday Symp. 9 ,5 5 (1974)
5. G. Schmitz, J. Chim. Phys. Chim. Biol. 71, 689 (1974)
6. K. Sharma et R.M. Noyes, J. Am. Chem. Soc. 98, 4345 (1976)
7. R. Furuichi, I. Matsuzaki, R. Simic et H.A. Liebhafsky, Inorg. Chem. 11, 952 (1972)
8. A.D. Pethybridge et J.E. Prue, Trans. Faraday Soc. 63, 2019(1967)
9. H.A. Liebhafsky et L.S. Wu, J. Am. Chem. Soc. 96, 7180 (1974)
10. W.C. Bray, J. Am. Chem. Soc. 52, 3580 (1930)
11. A. Skrabal, Z. Elektrochem. 40, 232 (1934)
12. H. Taube et H. Dodgen, J. Am. Chem. Soc. 71, 3330 (1949)
13. J. Sigalla, J. Chim. Phys. Biol. 55, 758 (1958)
14. A.F.M. Barton et G.A. Wright, J. Chem. Soc. A, 2096 (1968)
15. A.F.M. Barton, H.N. Cheong et R.E. Smidt, J. Chem. Soc. Faraday I 72 (3), 568 (1976)
16. M. Eigen et K. Kustin, J. Am. Chem. Soc. 84, 1355 (1962)
17. I. Matsuzaki, R. Simic et H.A. Liebhafsky, Bull. Chem. Soc. Japan 45,3367 (1972)

Nonequilibrium Transitions Induced by External Noise

R. Lefever and W. Horsthemke

With 2 Figures

1. Introduction

Typically, the usual description of far from equilibrium systems is based on a set of ordinary or partial differential equations

$$\partial_t x = f(x, \beta) \tag{1}$$

giving the spatio-temporal evolution of some systemic internal variables x as a function of some parametric variables β. Traditionally in dealing with these equations one assumes that the environment contains no sources of randomness susceptible to transform some of the β's into fluctuating quantities. The environment is static and all parameters are well defined numerical constants. In many complex experimental or natural situations however these ideally deterministic conditions are not realized and a non negligible amount of "external noise" is always present. Drastic qualitative changes in macroscopic properties may then be observed. Our objective here is to report on some noise induced transition phenomena which occur already in rather simple systems. To be concrete, we shall discuss the influence of external noise on a model system. We will show that as the intensity of fluctuations increases the deterministic stability properties become irrelevant to predict the behavior of the internal systemic variables: new transition phenomena become possible. We shall comment on the class of systems to which the model belongs. More details concerning the results discussed here can be found in a recent series of papers (1), (2), (3), (4).

2. Noise induced phase transition in a model system

We consider the phenomenological equation:

$$dx/dt = \alpha + x(1 - \theta x) - \beta x/(1 + x) \tag{2}$$

in which α, θ and β are dimensionless parameters; α is related to some unimolecular process which produces the compound x at a constant rate; θ has the meaning of the inverse of a carrying capacity in the Verhulst sense; β may be thought of as the maximum activity at which the " substrate" x can be consumed in a Michaelis-Menten type of reaction (for the biological significance of this model see (4), (5).

We investigate the steady state properties of (2) when β_t fluctuates around a deterministic value β with a variance σ. We assume that the correlation time is very short compared to the macroscopic time scale so that we can make the idealisation of Gaussian white noise. We associate with (2) the Ito-stochastic differential equation:

$$dx_t = (\alpha + (1 - \theta x)x - \beta x/(1 + x))dt + \sigma x dW_t/(1 + x) \tag{3}$$

The following Fokker-Planck equation is equivalent to (3):

$$\partial_t p(x) = - \partial_x\big((\alpha + (1 - \theta x)x - \beta x/(1 + x))p(x)\big)$$

$$+ \frac{1}{2}\sigma^2 \partial_{xx}\big((x/(1 + x))^2 p(x)\big)$$

$$= - \partial_x\big(f(x)p(x)\big) + \frac{1}{2}\partial_{xx}\big(G(x)^2 p(x)\big) \tag{4}$$

and its stationary solution reads:

$$p_s(x) = N \exp \frac{2}{\sigma^2}\Big(- \alpha/x + (\alpha + 2 - \theta - \beta)x + \frac{1}{2}(1 - 2\theta)x^2$$

$$- \frac{1}{3}\theta x^3 + (2\alpha + 1 - \beta - \sigma^2)\ell n\ x + \sigma^2 \ell n\ (1 + x)\Big) \tag{5}$$

It is easily verified that 0 and ∞ are natural boundaries. The extrema x_m of (5) can be calculated from:

$$f(x_m) - \frac{1}{2} d_x G^2(x) = 0 \tag{6}$$

The results of this analysis are displayed in Fig.1. The solid curves represent the steady state solutions of the deterministic rate eq. (2) for several values of α. To demonstrate the effect that external noise can fundamentally modify the macroscopic behaviour, we choose such a value for α that in the deterministic case

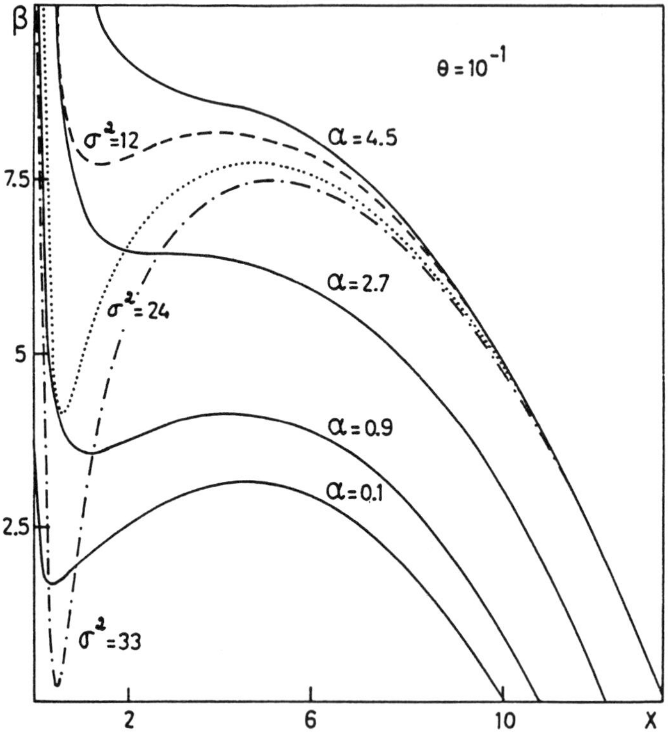

Fig.1 Solid curves give the steady state solutions of (2) as a function of β. Broken curves give the extrema of the probability density (5) as a function of β, for α = 4.5 and various values of the variance.

the system has only one steady state for each value of β, i.e. it is above the critical value $\alpha_c = 2.7$. The broken curves of Fig.1 represent the solutions of (6), i.e. the extrema of the stationary probability density, for the numerical value $\alpha = 4.5$.

It is found that even though the system is above the critical point, the stationary solution of the Fokker-Planck equation has three extrema (two maxima and one minimum) if the variance is within a certain range of values. This behavior is shown more in detail in Fig.2. If the variance is sufficiently small, as an example $\sigma^2 = 3$ was chosen, $p_s(x)$ has one extemum, a maximum which corresponds to the deterministic steady state x_0. Increasing the variance has the effect that above a certain value of σ the stationary probability density acquires an additional extremum in the neighborhood of $x = 0$. The height of this peak grows with σ and finally the maximum near x_0 disappears. For the values chosen for α, θ and β this happens for $\sigma^2 \approx 33$, as can be seen from Fig.1 and Fig.2. This example clearly shows that by increasing the strength of the external noise, without changing its mean value, the system can be made to undergo a phase transition well above the deterministic critical point.

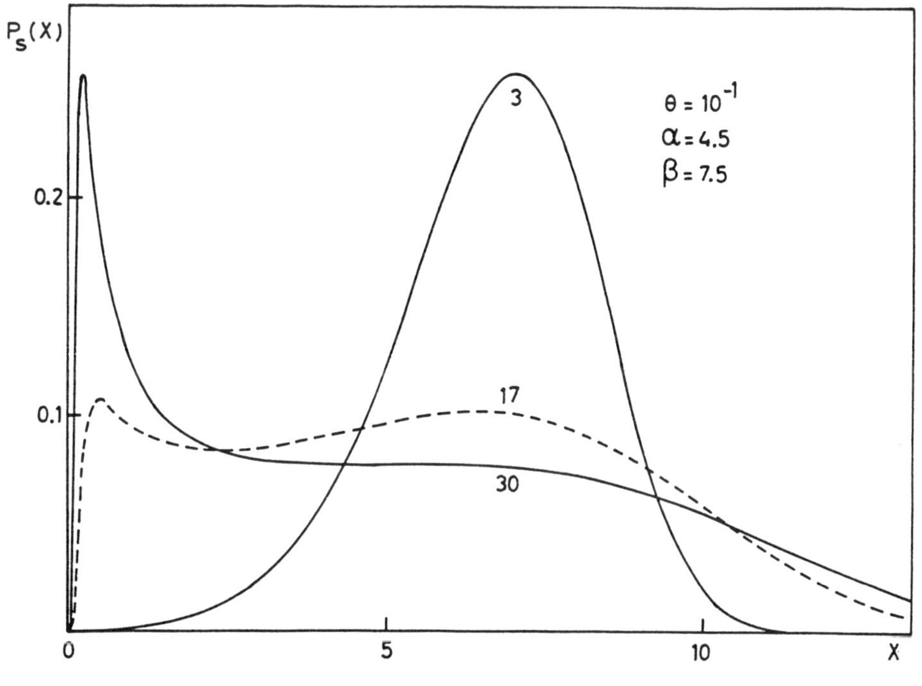

Fig.2 Probability density versus x for three values of the variance.

It is also quite interesting to look at the behavior of this transition in the particular case where $\alpha = 0$. We observe that for x small the stationary density behaves like:

$$p_s(x) \approx x^{\frac{2}{\sigma^2}(1 - \beta) - 2}$$

and its properties summarize as follows: (i) If $\beta < 1 - \sigma^2$, the distribution is integrable over $[0,\infty)$ and the stationary point $x_0 = 0$ of the Ito-SDE is a natural boundary. The most probable value of x is finite. (ii) $\beta = 1 - \sigma^2$ is a transition point at which the nature of the probability distribution changes abruptly.

The stationary point x_0 is unstable from the right for $\beta < 1 - \sigma^2/2$ which implies that the zero boundary is natural. (iii) The point $\beta = 1 - \sigma^2/2$ is a soft transition point. For $\beta > 1 - \sigma^2/2$, the distribution is no longer integrable over $[0,\infty)$ and the stationary point x_0 is stable. The stationary density is completely concentrated at zero as a Dirac δ-function.

3. Conclusions

These results clearly exemplify that the incorporation of noise into a phenomenological description does not amount to a simple refinement of the usual deterministic treatments. Really new perspectives are opened on mechanisms of self-organisation which are largely unexplored. In this respect we would like to mention particularly three aspects: First, the biological significance of these phenomena has to be evaluated for a broader class of systems than the ecological systems which up to now have principally attracted the attention on the importance of noise. For example, the functioning of many biochemical pathways, of the immune system or of neuronal networks takes place in environmental conditions which can hardly be considered as constant. In view of such results as those reported above, the usual point of view that biological systems strive towards a homeostatic state in which environmental fluctuations play no significant role may perhaps be questioned. Second, we would like to emphasize that the general class of systems the behavior of which strongly depends on the effect of noise, has been characterized mathematically. The basic requirement is the existence of a finite or semi-infinite invariant set for the x state space on which the stationary density remains concentrated. This condition is satisfied in many real systems where for physical reasons the acceptable values of the x state variables necessarilly remain bounded. Third, it has been demonstrated that the same kind of phenomena could be described in the case of real noise (3).

References

1. W. Horsthemke and M. Malek-Mansour: Z. Physik B24, 307 (1976)
2. W. Horsthemke and R. Lefever: Phys. Letters 64A, 19 (1977)
3. L. Arnold, W. Horsthemke and R. Lefever: Z. Physik B29, 367 (1978)
4. R. Lefever and W. Horsthemke: Bull. Math. Biology, to appear
5. R. Garay and R. Lefever: J. Theor. Biol. 73, (1978)

Experimental Evidence of Noise-Induced Transitions in an Open Chemical System

P. De Kepper and W. Horsthemke

With 4 Figures

Recent theoretical studies of simple chemical schemes suggest that external noise can deeply modify the macroscopic behaviour of the system [1]. Details of this analysis can be found in the contribution of R. LEFEVER-W. HORSTHEMKE in this issue. With the exception of analogical electrical circuit simulations done by KABASHIMA et al. [2] no experimental test of these theoretical results has been carried out. In the following we will report experimental results obtained in the BRIGGS-RAUSCHER (B.R.) [3] oscillating chemical reaction which agree with the theoretical predictions.

The experiments have been performed in a steady flow stirred tank reactor. Under these conditions the B.R. reaction exhibits multiple steady states behaviour, transitions from oscillating states to non oscillating states, etc..., depending on the values of the constraints [4,5]. This reaction is photosensitive and since it is relatively easy to construct a fluctuating light source with a correlation time short compared to the macroscopic time scale we decided to choose as an external fluctuating constraint an incident light intensity. The experimental set up is shown in figure 1.

A first set of experiments was performed to study a bistable situation as a function of light intensity. The results are displayed in fig.2. The full drawn curve describes the situation when the noise generator is switched off whereas the broken line curve describes the fluctuating situation (in this case I denotes the mean intensity). We find that for a given fixed set of the other constraints, which are given in fig.2, the system displays a bistable situation as a function of the non fluctuating light intensity I, where A is an oscillating state (vertical straits denote de amplitude of the optical density of oscillations) and B an non oscillating

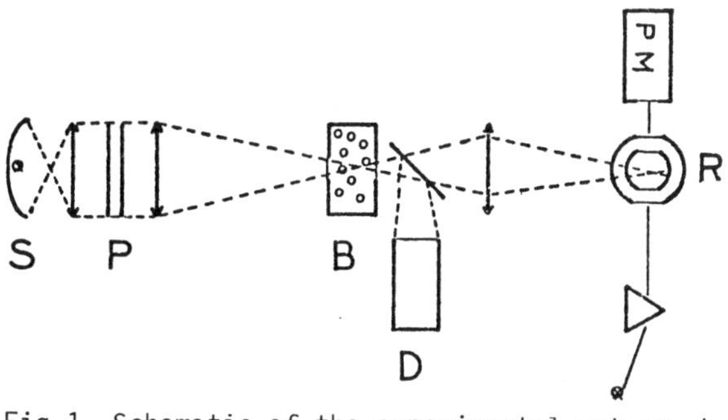

Fig.1 Schematic of the experimental set up. L is a white light source. P denotes a pair of polarisers used to vary the light intensity. B is the noise generator which consists of a box containing small polystyrene balls dancing in a turbulent air stream. This device produces a noise with an almost gaussian distribution of relative variance of about 13 % and an exponentially decreasing correlation with a characteristic time of about 0.05 second. D is a light detector which allows to monitor the mean light intensity. R is the stirred tank reactor. Lens are used to focalise the beam in the box B and in the reactor R.

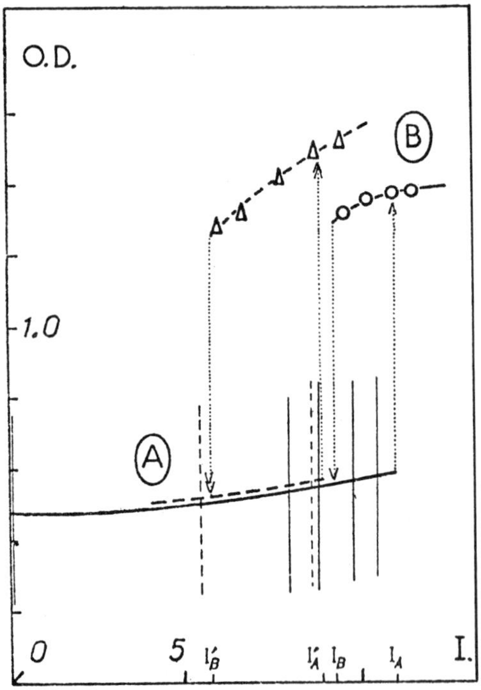

Fig.2 Bistability. Optical density (O.D.) at 460 nm as a function of the light intensity I (non fluctuating condition in full curves and fluctuating conditions in broken line curves).
Constraints values $[KIO_3]_0$ = 0,047 mole l^{-1}, $[H_2O_2]_0$ = 1,1 mole l^{-1}, $[HClO_4]_0$ = 0,055 mole l^{-1}, $[MnSO_4]_0$ = 0,004 mole l^{-1}, $[CH_2(COOH)_2]_0$ = 0,026 mole l^{-1}, T_0 = 25°C, résident time τ = 3,8 min

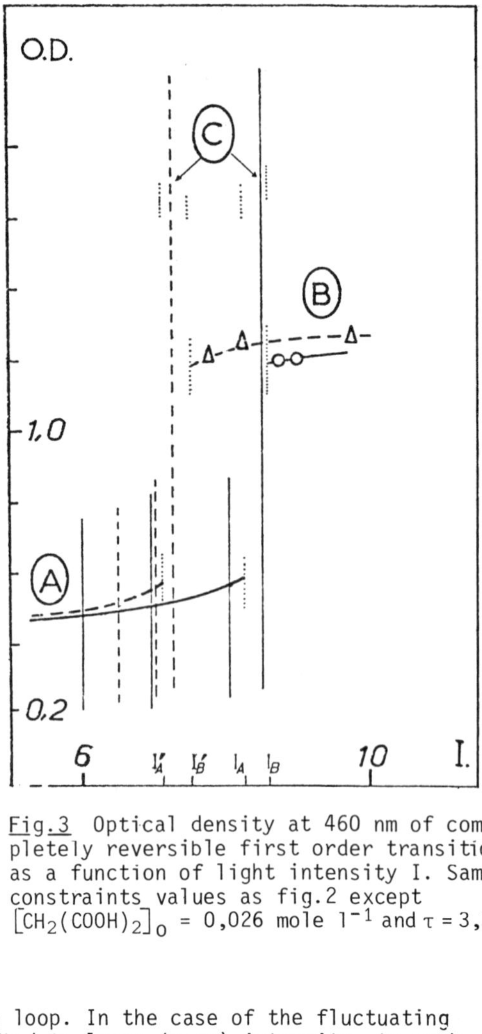

Fig.3 Optical density at 460 nm of completely reversible first order transitions as a function of light intensity I. Same constraints values as fig.2 except $[CH_2(COOH)_2]_0$ = 0,026 mole l^{-1} and τ = 3,3min

state. I_B I_A is the width of the hysteresis loop. In the case of the fluctuating intensity the region of bistability is shifted to lower (mean) intensity, to such an extent that there is no overlap with the non fluctuating situation. Furthermore the hysteresis loop I'_B I'_A is enlarged by about a factor 2. The fact that the two regions of bistability are separated from each other implies the existence of noise induced transitions for values of the light intensity included between I'_A and I_B. Since the gap is rather narrow it is not quite convenient from the experimental point of view to look directly for this phenomenon for this set of constraints. A noise induced transition was clearly seen in another experiment for slightly changed values of the constraints as is shown in fig.3. This figure depicts a situation beyond the critical point of bistability : two stable states can no more be observed for a given fixed set of constraints values. Here as a function of light intensity the simple oscillating state A changes to a non oscillating state B through a small zone of complex oscillation C. These transitions are completly *"invertible"* [5]. The temporal evolution of theses states, characterized by their optical density (O.D.) at 460 nm, for different values of the light intensity in non fluctuating and fluctuating conditions is schemed fig.4. As can be noticed, fig.3, for values of I included between I'_B and I_A a noise induced transition from an oscillating state A to a non oscillating state B and vice versa is expected. This was experimentally verified for I = 8 units, fig.4, by switching on or off the noise generator B and keeping the mean light intensity constant.

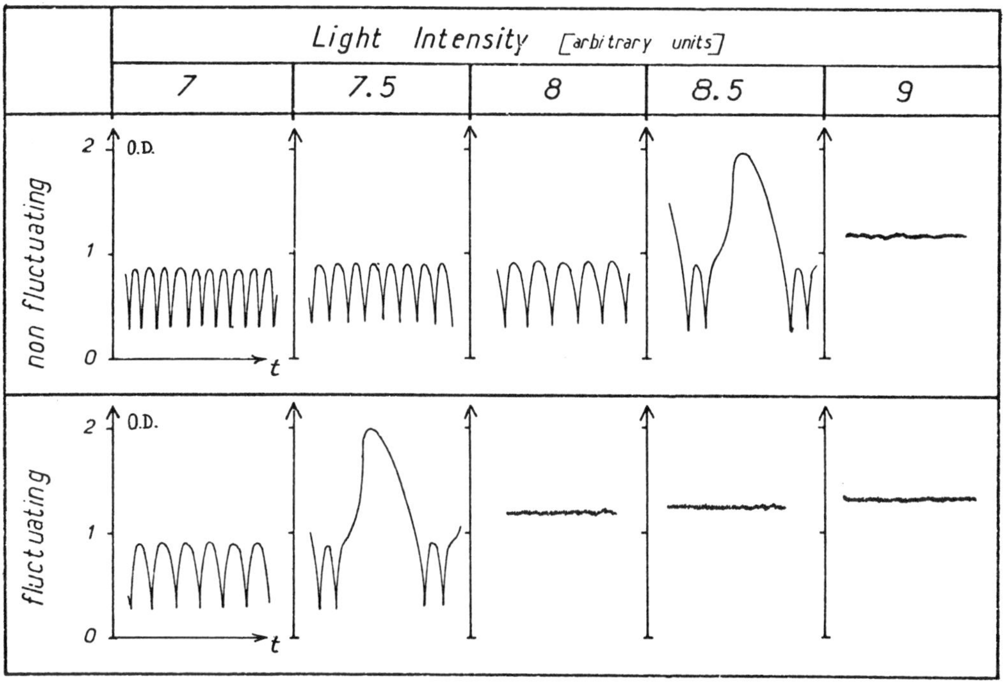

Fig.4 Optical density at 460 nm versus time for different values of the light intensity I for fluctuating and non fluctuating conditions. Same experiment as in Fig.3

All these experimental results clearly support the theoretical predictions on the influence of external noise obtained by studying simple chemical schemes under the influence of a gaussian white noise [1]. Of course, in the experiments a *"real noise"* was generated. The qualitative agreement between experimental and theoretical results shows that the idealization of white noise is justified. The observed phenomena demonstrate the importance of external noise for the macroscopic behaviour of real systems. We think that these results are of considerable interest in biological and other natural systems which are normally coupled to a fluctuating environment.

References

[1] W. Horsthemke and M. Malek-Mansour, Z. Physik B 24, 307 (1976)
W. Horsthemke and R. Lefever, Phys. Lett. 64 A, 19 (1977)
L. Arnold, W. Horsthemke and R. Lefever, Z Physik B 29, 367 (1978)

[2] S. Kabashima, S. Kogue, T. Kawakubo and T. Obada, *submitted to* J. Phys. Soc. Japan

[3] T.S. Briggs and W.C. Rauscher, J. Chem. Educ. 50, 496 (1973)

[4] A. Pacault, P. De Kepper, P. Hanusse and A. Rossi, C.R. Acad. Sc. 281C, 215 (1975)
P. De Kepper, A. Pacault and A. Rossi, C.R. Acad. Sc. 282C, 199 (1976)
P. De Kepper, C.R. Acad. Sc. 283C, 25 (1976)

[5] A. Pacault, P. Hanusse, P. De Kepper, C. Vidal and J. Boissonade, Accounts Chem. Res. 9, 438 (1976)

On Measures of Stability and Relative Stability in Systems with Multiple Stationary States

I. Procaccia and J. Ross

With 1 Figure

Nonequilibrium systems driven far from equilibrium, which have nonlinear rate mechanisms with feedback loops, may become unstable and may have available multiple stationary states. It is of interest, therefore, to consider the stability of a given stationary state and the relative stability of two or more stationary states for given conditions [1-5]. KOBATAKE has considered this problem [6] for the transitions between two stationary states in a porous charged membrane. He suggested that the integral of the (inexact) differential, $\delta_x P$, of the entropy production with respect to the forces x may serve as a criterion for relative stability. He used the experiments of U. FRANCK, displayed on a graph of current vs. voltage across a glass filter separating solutions of the same NaCl concentration but at different pressures. KOBATAKE analyzed the complex hydrodynamics equations applicable to the system and displayed his theoretical results on a plot of the same (normalized) coordinates [6]. In Fig.1, we reproduce the two plots from KOBATAKE'S paper, superimposed on each other and arbitrarily fitted to one another such that the maxima of the middle curves, and the location on the abscissa of the experimental and theoretical coexistence point, coincide. The area under the theoretical curves is the integral $\int \delta_x P$; hence, the equivalence of the two shaded areas on each curve corresponds to the coexistence condition

$$\int_{x_1}^{x_3} \delta_x P = 0,$$

where x_1 and x_3 are the extreme values of I* in the integration. The prediction of the two other coexistence conditions is reasonable and the purpose of this presentation is to search a theoretical construction for KOBATAKE'S suggestion. GLANSDORFF and PRIGOGINE have pointed out [1] that the differential $\delta_x P$ is negative semidefinite and may serve as an evolution criterion.

We briefly review here our work [7,8] on the issue of relative stability in chemical systems. First we present a thermodynamic approach and then discuss a measure of relative stability based on a stochastic analysis.

The thermodynamic analysis requires the assumption that at any given time the nonequilibrium system under consideration has an entropy which is maximum subject to stated constraints. For a chemical system the constraints are the concentrations of chemical species as determined from the given macroscopic equations of the kinetic system. We define the entropy of the system to be

$$S = \sum_{\tilde{x}} P_{\tilde{x}} \ln \frac{P_{\tilde{x}}}{g_{\tilde{x}}} \quad , \tag{1}$$

where $P_{\tilde{x}}$ is the joint probability of finding x_1 molecules of species 1, etc., and $g_{\tilde{x}}$ is the degeneracy of a given state. Maximization of the entropy subject to the constraints of given concentrations at a given time yields $P_{\tilde{x}}$.

We consider next the power necessary to maintain a nonequilibrium state. In order to do so we first introduce the maximum available work DS associated with the transition from a nonequilibrium state of probability $P_{\underset{\sim}{X}}$ to a chosen equilibrium state of probability $P^{o}_{\underset{\sim}{X}}$,

$$DS = \sum_{\underset{\sim}{X}} P_{\underset{\sim}{X}} \ln \frac{P_{\underset{\sim}{X}}}{P^{o}_{\underset{\sim}{X}}} \quad . \tag{2}$$

We emphasize the importance of choosing an equilibrium rather than a stationary state as a reference state. If we define $\lambda_r \equiv \mu_r - \mu_r^o$ as the difference in chemical potential of the rth species in the nonequilibrium state, μ_r, and the equilibrium state, μ_r^o , then we obtain for the maximum available work

$$DS = \sum_r \lambda_r X_r \quad , \tag{3}$$

where X_r are macroscopic concentrations. The dissipation function is

$$P(t) = \sum_r \lambda_r \frac{dX_r}{dt} \tag{4}$$

and the sum extends over all species.

We now seek a thermodynamic equation of motion for the nonequilibrium system from a variational principle; we use the function [9,10]

$$W(\underset{\sim}{\lambda},\underset{\sim}{X}) = \lambda_o(\underset{\sim}{X}) + DS(\underset{\sim}{X}) + \sum_r \lambda_r X_r \tag{5}$$

in which λ and $\underset{\sim}{X}$ are independent variables. When the Lagrange multipliers $\underset{\sim}{\lambda}$ have the values found by maximizing the entropy subject to the constraints of the concentrations, then the function $W(\underset{\sim}{\lambda},\underset{\sim}{X}) = 0$. Next we introduce the power dissipation

$$\pi \equiv \frac{dW}{dt} \tag{6}$$

from which we obtain the extremum condition

$$\delta_X \pi \equiv \left(\frac{\partial \pi}{\partial X_r}\right)_{\underset{\sim}{\lambda},\dot{\underset{\sim}{X}}_r} = 0 \quad . \tag{7}$$

The variation $\delta_X \pi$ is

$$\delta_X \pi = \sum_r \left[\frac{d}{dt} \frac{\partial P}{\partial \dot{X}_r} - \frac{\partial P}{\partial X_r}\right] \delta X_r \quad , \tag{8}$$

and therefore the thermodynamic equation of motion, corresponding to the given macroscopic equations for the concentrations as a function of time, is Lagrange's equation for the entropy production

$$\frac{d}{dt}\left(\frac{\partial P}{\partial \dot{X}_r}\right)_{X_r} - \left(\frac{\partial P}{\partial X_r}\right)_{\dot{X}_r} = 0 \tag{9}$$

or, equivalently,

$$\frac{d\lambda_r}{dt} = \left(\frac{\partial P}{\partial X_r}\right)_{\dot{X}_r} . \tag{10}$$

Thus the condition for stationarity is

$$\left(\frac{\partial P}{\partial X_r}\right)_{\dot{X}_r} = 0 . \tag{11}$$

If the entropy production with respect to variation in all X_r is minimal, then we have a stable stationary state. If that variation is maximal with respect to changes in one of the concentrations, then the state is unstable. Therefore, the necessary and sufficient condition for marginal stability is

$$\left(\frac{\partial^2 P}{\partial X_r^2}\right)_{\dot{X}_r} = 0 . \tag{12}$$

The structure of (9) suggests a measure of relative stability. The entropy production is not a potential function; however, the driving force in the thermodynamic equation of motion is $(\partial P/\partial X_r)_{\dot{X}_r}$. Hence, we propose that the integral

$$\int_{X_1}^{X_3} \left(\frac{\partial P}{\partial X_r}\right) dX_r \tag{13}$$

may serve as a measure of relative stability of two stable stationary states with concentrations $X_r = X_1, X_3$. If the integral is positive, then state 1 is more stable; if negative, then state 2. At coexistence of states 1 and 2 the integral is zero.

A stochastic description provides an alternative approach to the issue of relative stability. If we consider two stable stationary states at given common conditions (pump parameter), then the rates of transition between the two states is a measure of relative stability. The rates themselves can be determined by means of the concept of first passage time from one subspace (stochastic region of stationary state) to another. Coexistence of two stationary states is then given by the equivalence of the two mean first passage time, one each for transition from one stationary state to the other.

The calculation of mean passage times requires the assumption of a stochastic model equation and can be done for both discrete models (master equations) and continuous equations (FOKKER-PLANCK)[12]. For 1-dimensional systems in both cases the ratio of mean first passage times, in the thermodynamic limit, is essentially identical to the ratio of the stationary probabilities of occupying the stationary states. Thus this ratio of passage times is indeed a measure of the relative stability.

In the case of a 1-dimensional FOKKER-PLANCK equation with a constant diffusion coefficient, we have

$$\frac{\partial P(x,t)}{\partial t} = \frac{\partial}{\partial x}\left[F(x)P(x,t)\right] + \frac{K}{2}\,\frac{\partial^2 P(x,t)}{\partial x^2} \quad . \qquad (14)$$

The condition for relative stability is found to be the integral $\int_{X_1}^{X_3} \frac{F(x)}{K}\,dx$.

If this integral is positive, then state 2 is more positive than state 1, and vice versa.

In our work we have used a particular stochastic model (14). Other stochastic as well as deterministic criteria for coexistence are available. For the simple one variable Schlögl model [12] criteria of coexistence may be obtained from: 1) comparison of the relative heights of the probability distribution as calculated from the solution of the "birth and death" master equation [11]; 2) the equating of the integral

$$\int_{X_1}^{X_3} F(x)[D(x)]^{-1}\,dx$$

to zero where F(x) and D(x) are the drift and diffusion term, respectively, in the FOKKER-PLANCK equation [13]; 3) the equating of the integral

$$\int_{X_1}^{X_3} F(x)dx$$

to zero as obtained from deterministic considerations [12]. In Table 1 we list the values of the pump parameter for the predictions of the various criteria for coexistence. The last entry in the table indicates the range of the pump parameter for which multiple stationary states exist for the given values of the parameters[11].

Table 1. Predicted values of the coexistence pump parameters for the Schlögl model based on various theories.

Master Equation	755	916
$\int\frac{F(x)}{D(x)}\,dx$	747	907
$\int\frac{\partial P}{\partial x}\,dx$	743	894
$\int F(x)dx$	735	875
	710 820	840 1050

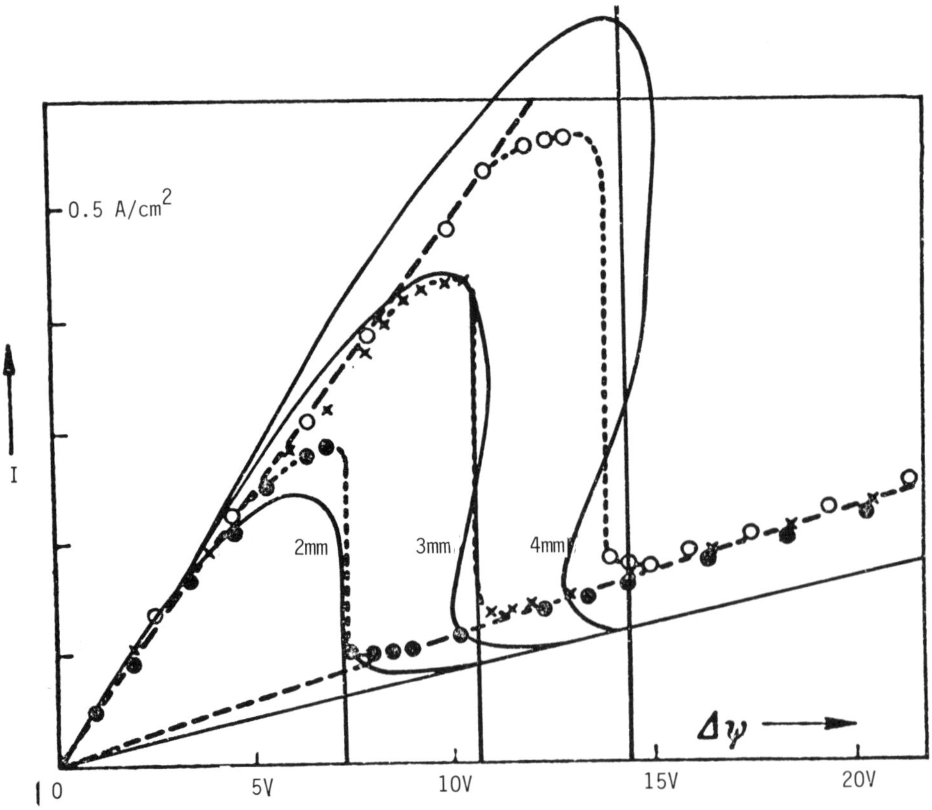

Fig.1 Superposition of two graphs taken from [6]. A plot of current vs. voltage for a system consisting of two NaCl solutions of the same concentration separated by a glass filter with the two solutions at different pressures. The points represent experimental measurements; the dotted line connects the experimental points; the solid line is a calculation.

A comparison of the coexistence criteria, other than the thermodynamic one, with the experiments reproduced in Fig.1 has not been made. It is clear that experiments are needed on systems for which such comparison can be made readily.

Acknowledgement. We thank P.Y. Kahana for help with the calculations.

References

1. P. Glansdorff and I. Prigogine, Thermodynamic Theory of Structure, Stability and Fluctuations, (Wiley-Interscience, N.Y., 1971).

2. R. M. Noyes and R. J. Field, Ann. Rev. Phys. Chem. 25 (1974) 95.
3. R. Schmitz, in Chemical Reaction Engineering Reviews, Advances in Chemistry Series 148 , Am. Chem. Soc., Washington, D.C. (1925), 156.
4. P. Hanusse, J. Ross and P. Ortoleva, Adv. Chem. Phys. 00 (1978) 317.
5. G. Nicolis and I. Prigogine, Self Organization in Nonequilibrium Systems (Wiley-Interscience, N.Y. (1977).
6. Y. Kobatake, Physica 48 (1970) 301.
7. I. Procaccia and J. Ross, J. Chem. Phys. 67 (1977) 5558.
8. I. Procaccia and J. Ross, J. Chem. Phys. 67 (1977) 5565.
9. L. Tisza, Ann. Phys. 13 (1961) 1.
10. R. D. Levine, J. Chem. Phys. 65 (1976) 3302.
11. I. Matheson, D. F. Walls, and C. W. Gardiner, J. Stat. Phys. 12 (1975) 21.
12. F. Schlögl, Z. Phys. 243 (1971) 303, 446.
13. K. Matsuo, K. Lindenberg and K. E. Shuler, J. Stat. Phys., to be published.

Stochastic Simulation of Chemical Systems Out of Equilibrium

P. Hanusse

With 4 Figures

1. Introduction

As they do in many other fields, numerical techniques can play an important role in the development of our knowledge of chemical systems evolving far from equilibrium. When the macroscopic aspect of their behavior is the only one under consideration, classical numerical integration techniques give us the solution of dynamical equations. Indeed, concentrations are basically the variables that describe the state of the system and systems of nonlinear differential equations result as a complete description of the dynamics of the system.

This kind of simulation has been extensively used [1]. It has been recognized that this description is incomplete particularly when concentration fluctuations play a determining role, that is, near an instability point. In this context, a stochastic theory is required to incorporate a description of such fluctuations [1,2]. Then, our knowledge of the state of the system resides in the probability that the system be in a given state of particle numbers, and, equivalently, in the infinite set of its moments. From the stochastic picture of the processes that occur in the system we derive a *"master equation"* [1]. Since no general explicit solution of this equation is at hand, it is particularly important to have at our disposal a numerical technique that gives us an exact solution of any master equation at least of the kind we have to deal with when studying chemical systems. Monte-Carlo simulation is such a technique.

2. Simulation Schemes

Since the birth and death formalism that led to the master equation defines a random walk in the particle number space, we only have to simulate the same random walk on the computer. To do this several simulation schemes may be used. Their relative efficiency depends on the computer used and on the problem that is treated. The simplest one is the one closest to the familiar picture of a box containing various kinds of beads from which a bead or a pair of beads is randomly picked and exchanged by a different one, depending on the *"reaction scheme"* that is being simulated [3]. In this way we sample the concentration of a given species. Alternatively, one can sample the probability of a given process, i.e. a given elementary reaction, per unit time, including the identity process. These probabilities at a given time are evaluated according to the prescription of the stochastic theory [5,6]. The randomly selected process is carried out and the procedure repeated. Finally a third scheme may be used if the process is Markovian, which is the case here. For such a process the waiting time in a given state is known to be distributed exponentially [3]. One first chooses randomly which process will occur according to its relative rate r_i/R, $R = \Sigma r_i$, where r_i is the rate of process i, and then evaluate, again randomly, how long the system will stay in that new state. This waiting time is given by $t = -1/R \text{ Log } T$, where T is a uniformly distributed random number in $]0,R]$. Diffusion can also be taken into account by discretizing the space variable, considering an ensemble of identical coupled cells [6].

Starting with an ensemble of systems in a given state and letting them undergo the prescribed random walk, allows us to calculate ensemble averages and obtain the moments of the distribution function which obeys the master equation in any given situation.

3. Examples of Applications

We have applied this technique to the study of a variety of model systems and problems. The results seem very promising. New phenomena have been observed and we consider that even classical behaviors of such systems, like limit cycle for instance or others, could be fruitfully revisited using this technique that gives a new picture of them. The short movie film that we present illustrates this point. It consists in a collection of phenomena, some already extensively studied, some still to be investigated more carefully. It is to be considered as a starting point to more detailed studies. Quantitative details on these calculations may be found elsewhere [6,7].

3.1 Limit cycle and inhomogeneities. A limit cycle is a well-known dynamical feature of chemical system evolving far from equilibrium, at least as far as deterministic properties are concerned. We have considered the following model system : $A \to X$, $2X \to 2Y$, $Y+Z \to 2Z$, $X+Z \to B$, [6,7] that lead to a *"normal"* limit cycle. By this we mean that the normal mode analysis of the stability predicts instability for long wavelength modes only. This is the typical case of an oscillation in a well-stirred reactor. Now let chemical species diffuse in a one dimensional space. As said before, no particular spatial effect is expected from the stability analysis of the uniform stationary state. Unexpectedly, beside a loss of long range uniformity due to the finite range diffusion (of the order $(DT)^{1/2}$, D diffusion coefficient, T period of the oscillation), we observe that a short wavelength coherent phase modulation in space is superimposed to the overall limit cycle oscillation (Fig.1). Fourier analysis of the concentration profile clearly confirms this already visible observation. This phenomenon points out a path of investigation in which very little is known : the study of the stability of a limit cycle to spatial disturbances. Indeed, the stability of uniform steady state has been almost solely considered so far.

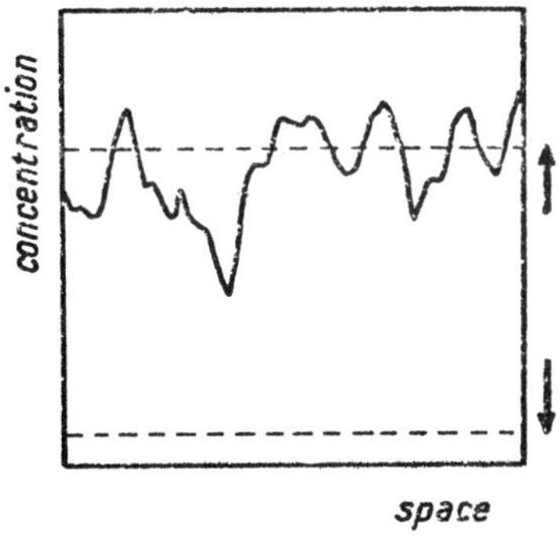

Fig.1 Concentration profile in a non-stirred oscillating system. Dashed lines indicate the extremal position of the average concentration during the overall oscillation. Null flux boundary conditions.

Now let us consider the same situation with a limit cycle oscillation in a given cell, but instead of coupling a cell to each of its two neighbors (diffusion in a one dimensional space) we couple each cell to 2Xn *"Right and left"* neighbors. This amounts to increasing the range of interaction. Then we consider the system near the oscillating - non-oscillating transition point in the oscillating region. We observed that given the coupling constant (analogous to the diffusion coefficient), the unstable stationary state associated to the limit cycle can be stabilized if n is large enough. This is an evidence of a *"mean field"* effect [1] which changes the stability character of the steady state. Is the transition point only shifted or is the nature of transition changed from soft or *"second order"* to hard or *"first order"* ? What could be the role of dimensionality ? We are working on this very interesting questions.

3.2 Oscillating spatial structures. We consider now the case when the uniform steady state is stable to uniform perturbations (when stirred), but unstable to some finite wavelength disturbances and this in an oscillating way : concentration is oscillating both in time at a given place in space, and in space at a given time, more or less about the steady state. In general the dynamics is very *"chaotic"* ; so much that one is immediately tempted to speak of *"turbulence"*, although we are aware of the difficulty to found any evidence of chaos on numerical results. The main feature is the existence of a small number of locations in space where concentration does not oscillate, we call them fixed points, between which a wavelike motion propagates from a transmitter point to a receiver one, unless oscillation is in phase everywhere so that no propagation occurs (Fig.2). Such a picture does not last very long and the fixed points change place quite suddenly as overwhelmed by incoming waves. No asymptotic stable motion seems to develop. In some cases a stable (although weakly) structure of the *"vibrating string"* type may be observed [8].

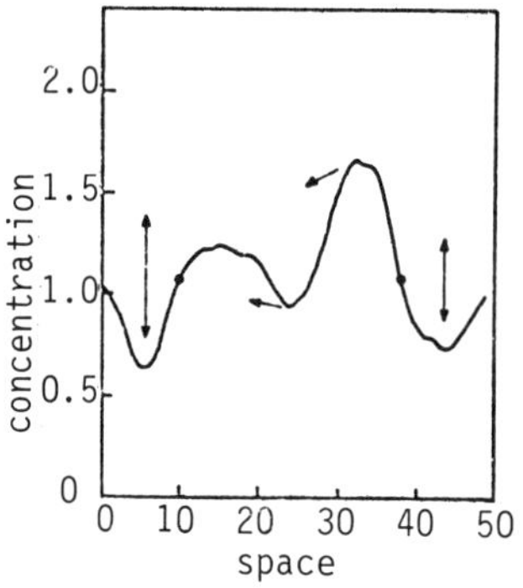

Fig.2 Oscillating structure. The dots denotes fixed points. Arraws indicate the direction of propagation or oscillation. Fixed boundary conditions.

Models of chaos in chemical systems are known [9]. A good prescription to construct one is to couple two identical strongly nonlinear oscillators with an adequate switching mechanism. Here we can figure the system as an ensemble of coupled subsystems. The interesting point is that, if chaos there is, it is obtained by coupling subsystems that would be perfectly stable if isolated (stability to long wavelength perturbations). Although chaos has been mainly studied with models with a few variables, for obvious reasons, this suggests that non-uniform reaction-diffusion systems could be even better candidates for chaos observations than expected, by the only virtue of diffusion. The fact, so obvious to a chemist, so natural, that for a chemical reaction to achieve *"properly"* the reactor has to be *"well-stirred"* may sometimes have something to do with this.

3.3 Fixed spatial structures. The same model system can also exhibit fixed spatial structures. This is obtained when finite wavelength modes are unstable in a non-oscillating way. Various kinds of structures may appear, symmetric or polar and several wavelengths are possible. We always start the system in the uniform stationary state and let fluctuations develop. The structure profile (Fig.3) emerges macroscopically from the noise about the uniform state without any apparent hesitation with its final wavelength (however, in some cases rearrangement, i.e. change of wavelength, may occur during the late stages). This is quite surprising if one realizes that the wavelengths that are observed are not, and by far, in the unstable region. This means according to the deterministic theory of stability that a disturbance from the uniform stationary state with such a wavelength should diminish in time. In terms of bifurcation theory one could suspect that a secondary bifurcation is responsible for this effect, but one would expect that unstable non-uniform patterns appear first before stable ones emerge. What is happening in the system during the early stages of evolution ? The answer to this question resides in the spectrum of fluctuations and this points out again, if necessary, the importance of the stochastic point of view. Indeed, Fourier analysis of the spatial correlation function shows that at the beginning of the evolution the only contributing modes are those expected (*"unstable wavelengths"*), and that gradually contributions build up at the wavelength of the structure that is going to appear. Finally, only one peak is left at this very wavelength, even well before anything shows up at a macroscopic scale. We think that this is most striking : all the *"power"* in the fluctuation spectrum is transferred from the excited unstable modes to the final stationary one as a result of a stochastic process in which no macroscopic structure is involved.

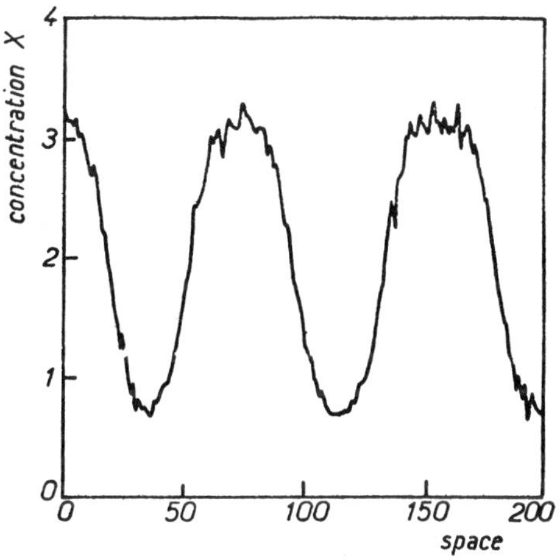

Fig.3 Concentration profile of a fixed spatial structure. Null flux boundary conditions

3.4 Fluctuations and bistability-nucleation process. We now turn to a different model system ($A+X \rightleftarrows 2X$, $X+Y \rightleftarrows Z$, $Z \rightleftarrows Y+B$; [10]) which admits two stable stationary states for particular values of constraint parameters. We first assume a homogeneous description so that the total number of particles of each two species (for this model) are the only relevant response variables. We start with an ensemble of two hundred such systems in one of the stationary state and let them get distributed over the all space of particle numbers. At stationary state this ensemble represents the stationary distribution solution of the master equation. This distribution is bimodal : two clouds of points concentrate more or less about the particle numbers corresponding to the macroscopic stable stationary states. Note that in this simulation method we have to deal, in the present case, with four hundred variables, whereas a direct numerical calculation of the stationary distribution from the master equation considering, for instance, a particle number space of 200 x 200 particles would require to keep track of 4×10^4 values of the distribution function ; moreover, numerical artifacts due to the truncation of the variable space are know to appear [11]. The Monte-Carlo simulation proves comparatively very efficient.

As expected the first moment is single-valued in all the parameter space. No bistability remains in the homogeneous stochastic description [7a]. Clearly this is incomplete and diffusion has to be taken into account. Therefore, we add a one dimensional diffusional interaction between the previous systems. Then the picture changes completely. A bimodal distribution among different values of particle numbers is no longer possible as a stationary solution. Because of diffusion homogeneity is maintained at first. But we observed that after a while a small region with higher concentration (Fig.4) may appear and, again thanks to diffusion, develop in the system. This is nothing else than a nucleation process, a much easier (probable) way to go from a uniform state (the metastable one) to another uniform state (the strictly stable one) through a transient non-uniform regime. The picture is completely analogous to a first order equilibrium phase transition.

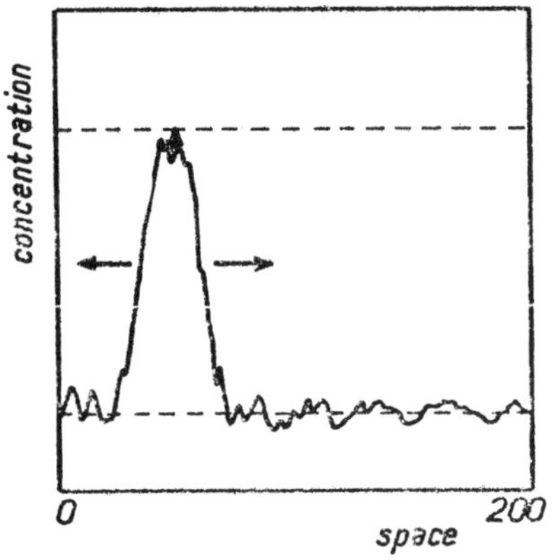

Fig.4 Schematic picture of nucleation. Dashed lines represent the average concentration of the two uniform stationary states. A nucleus is developing from the lower state and will extend (arrows) to the entire system. The upper state is more stable than the lower one.

4. Conclusion

On the one hand the examples that we have presented remind us of the large variety of exciting phenomena which stochastic description casts a new light on. On the second hand it shows the capabilities of the stochastic simulation technique which should be able, in principle, to deal with most of the pending questions, either to reveal the phenomena and problems we have to work on, or to help to develop concepts, analytic theories methods and models, since, at the end, we have to be able to predict and not only describe, or at least to describe the *"generality"* rather than the event, like the nucleation, that happened once and which is recorded in the movie picture we have presented.

References

[1] G. Nicolis, I. Prigogine, *Self-organization in non-equilibrium systems*, Wiley Interscience (1977)

[2] D. Mc Quarrie, in Suppl. Series in Appl. Prob.-Methuen, London (1967)

[3] P. Hanusse, C.R. Acad. Sc. Paris, 277C, 93 (1973) & Dr.Ing. Thesis Univ. of Bordeaux I (1973)

[4] S. Karlin, *A first Course in Stochastic Processes*, Academic Press, N.Y. french translation, Dunod Ed., p. 209. (1969)

[5] Lindblad, H. Degn, Acta Chem. Scand., 21, 791 (1967)

[6] P. Hanusse, Ph.D. Thesis, University of Bordeaux I (1976)

[7] (a) P. Hanusse, J. Chem. Phys. 67, 1282 (1977) ; (b) A. Pacault, in *Synergetics*, a workshop, H. Haken Ed., Springer-Verlag, 147 (1977)

[8] P. Hanusse and A. Pacault, Proc. 25th Int. Meeting Soc. Chim. Phys., P. Barret Ed., Elsevier (1975)

[9] O. Rössler, Z. Naturforch, 31a, 1664 ; 31a, 259 ; 31a, 1168 (1976)

[10] B. Edelstein, J. Theor. Biol., 29, 57-62 (1970)

[11] J.S. Turner, Adv. Chem. Phys. XXIX, 63-83 (1975)

On Membrane Potentials and Their Measurements

J. Chanu

More than a century ago, the major importance of electrical properties of biological membranes was recognized and many evidences were experimentally pointed out.

In spite of numerous works of great quality on the matter, it seems that no comfortable agreement has been reached between electrochemical background and physiological point of view, especially in the membrane potential field.

Our main emphasis here is precisely an analysis on electrochemical basis involved in membrane potential measurements excluding any development on voltage clamp methods.

As a matter of fact, the elementary step of membrane potential theory begins in electrochemistry with isothermal concentration cells with liquid junctions. It is well known the e.m.f. of such cells results from two contributions : an electrode contribution expressed through a Nernst character term and a junction contribution given by Non-Equilibrium Thermodynamics (but already known forty five years ago) and called diffusion term.

As long as a porous membrane system - artificial or living membrane - can only play the role of a diffusion layer, the e.m.f. keeps the same structure in relation with the socalled *passive transport*.

In order to get the specific contribution of the membrane system, we commonly use two electrodes with junction instead of first or second king electrodes. Thus, the Nernst term could theoretically vanish at least when both solutions bathing the membrane walls contain the same electrolyte at different concentrations.

Indeed in biology, the membrane systems are quite sophisticated. The electroneutrality on each side of the membrane is achieved in a rather complicated way. In spite of the use of liquid or flowing junction electrodes, a Nernst term - certainly much larger than the specific membrane contribution (*e.g.* G.H.K. equation) - arises in experimental data.

REMARK : If the biological membrane exhibits in addition a *specific activity* (facilitated diffusion or active transport), the previous analysis fails as a direct consequence of a new contribution of chemical character in the general transport equations.

---

[1] *Abstract of the given lecture.*
For the references, see for example "Non-Equilibrium Thermodynamics and Biology" to appear in Topics in Bioelectrochemistry (1979).

Measurement and Interpretation of Membrane Potentials Under Conditions Simulating the Ionic Environment of Biological Membranes

M. Delmotte, A. Rêjou-Michel and M. Villardi

The biological membrane divides two media of different compositions. If the latter are time-permanent, the system made of the membrane and both media is in non-equilibrium steady state in spite of the matter transference.

Moreover, recent advances of Thermodynamics of Irreversible Processes and, first of all, the dissipative structure idea led us to elaborate a specific experimentation {1,2}. The aim of the latter is the study of open systems made of one membrane set under conditions simulating the ionic environment of biological membranes. Experiments show that the membrane potential is not only characteristic of the membrane nature but mostly of imposed non-equilibrium conditions. So, this membrane parameter characterizes the steady state types.

1. Experimental evidence of steady state types

In our experiments, we distinguish two steady states types which are successively performed with the same membrane during the same experiment {3}. In first experiment phasis, c_h and c_ℓ ionic concentrations are automatically clamped in a diffusion-reaction cell, on both sides of a membrane. Because of a very efficient mixing, the concentrations keep their c_h and c_ℓ clamped values as near as possible to the membrane walls {4}. Besides, the solutions are thermostated at 20.00 ± 0.005°C. For this phasis, the potential difference between both media is recorded continuously. This difference is the so-called membrane potential $\Delta\Psi_{mb}$.

The second phasis is triggered by the concentration servomechanism and forced mixing switching off. We observe a membrane potential evolution. This potential does not evolve to its equilibrium value characterized by a null potential difference corresponding to the concentrations equalization. On the contrary, it always evolves to a new potential : transition potential $\Delta\Psi_t$, near by the liquid junction potential $\Delta\Psi_{\ell j}$. $\Delta\Psi_t$ can be larger or smaller than $\Delta\Psi_{mb}$ and consequently the evolution can be positive or negative. The transient state lasts at least for 48 hours before the potential decrease. Although this potential is quasi-steady during a long time, we call it transition potential.

In summary, the c_h and c_ℓ are constant during the two phasis of experiments: artificially clamped for the first phasis or quasi-constant because of transport reduction during the second phasis {5}. In both cases, the membrane system is always in a steady state, so, we distinguish two types of steady states.

In phasis 2, the steady state is characterized by
- a liquid junction potential non membrane-dependent,
- a very weak transport flux,
- very weak local gradients inside the membrane and in the region close to it.

So this steady state is characterized by a weak non-equilibrium.

In phasis 1, the steady state is characterized by
- a membrane potential c_h and c_ℓ concentration dependent and membrane-dependent,

- an important transport flux membrane-dependent too,
- important local gradients.

So, this steady state is characterized by an important non-equilibrium.

2. Development of the different potentials

Both state types are recognized by the membrane potential :
a potential difference non membrane-dependent and only concentration-dependent;
a potential difference membrane-dependent and concentration-dependent.

Electrical developments always lead to the expression :

$$\Delta\Psi_{mb} = \Delta\Psi_{\ell j} + \Delta\Psi_{sm}$$

where $\Delta\Psi_{sm}$ is the specific membrane system contribution. This contribution disappears during the transient state (steady state phasis 2). Moreover, we measure directly $\Delta\Psi_{sm}$ by the difference between transition potential and membrane potential; it is the so-called effect of constraints release (e.c.r.) :

$$\Delta\Psi_{sm} = -\text{ e.c.r.} \quad .$$

In the case of inert membranes (e.g, cellulose membranes), an electrical development agrees with experimental results by means of diffusion potentials {6}. $\Delta\Psi_{sm}$ expression is :

$$\Delta\Psi_{sm} = \frac{RT}{\mathcal{F}}(\Delta t_m - \Delta t) \text{ Log } \frac{c_i}{c_e}$$

where c_i and c_e are the local concentrations on the membrane walls and Δt_m and Δt anionic and cationic transference numbers difference inside the membrane and aqueous solution, respectively.

In the case of more biological membranes (reticulated albumin), we must take into account immobilized charges inside the membrane and two Donnan potentials at the membrane-boundary layers interfaces {7} :

$$\Delta\Psi_{sm} = \frac{RT}{\mathcal{F}}\left[(\Delta t_m - \Delta t) \text{ Log } \frac{c_i}{c_e} - (1 - \Delta t_m)\frac{\mathcal{M}}{6c_i}\left(\frac{c_i}{c_e} - 1\right)\right]$$

if the negative immobilized charge density $\mathcal{M}$ is much weaker than c_i and c_e and if the main electrolyte is $CaCl_2$.

In the case of an eventual chemical flux (active membranes) $\Delta\Psi_{sm}$ expression has an additional term. $\Delta\Psi_{sm}$ is clearly c_i and c_e dependent, and the membrane potential depends on environment and mixing conditions.

In short, the membrane potential depends on three components :
- membrane nature,
- c_h and c_ℓ concentrations,
- strict membrane environment.

3. Conclusion

Membrane dissipative structures characterized by the possible existence of several fluxes for the same constraint lead to multi-values of membrane potential. These structures can appear only in far from equilibrium (experiment phasis 1). So, our experimentation allows to distinguish the different steady state types and proves the non-equilibrium conditions dependence of the membrane potential.

References

1. R. Lefever and J.P. Changeux, C.R. Acad. Sci., 275, p. 591-594, 1972.

2. M. Delmotte, Thèse d'Etat, Université Paris VII, 1975.

3. A. Réjou-Michel, M. Villardi and M. Delmotte, Bioelectrochem. and Bioenerg. (to be published, 1978).

4. N. Lakshminarayanaiah, *Transport Phenomena in membranes*, Academic Press, New York, 1969.

5. M. Delmotte and J. Chanu, Sciences et Techniques, 50, p. 9-14, 1977.

6. D.A. Mac Innes, *The Principles of Electrochemistry*, Reinhold Publishing Co. New York, 1939.

7. J. Koryta, *Ion Selective Electrodes*, Cambridge University Press, 1975.

Temporal and Special Patterns in Biochemical Systems

B. Hess

The observating of oscillating enzyme reactions brought the first direct experimental evidence, that biological systems can function beyond some threshold of instability, the source of which is the highly nonlinear kinetic prevailing in biochemical processes, arising from the intrinsic feedback coupling of such processes and furthermore from the allosteric enzymes which control cell metabolism in a cooperative response to small changes of controlling ligands. Recent results demonstrate in oscillating glycolysis of yeast a tightly controlled pulse propagating along the glycolytic reaction pathway, which can be described by the nonlinear feedback kinetics of master enzyme, phosphofructokinase in the reaction chain. This system responds to phase shifting, stochastic and pulsed subtrate perturbation, in the latter case with a subharmonic mode, and illustrates general mechanism of possible frequency modulation in biological systems. Similar properties have also been observed in the case of oscillating adenylate cyclase, responsible for the period-signalling system in Dictyostelium discoideum during development. For both cases the relationship between chemical reactivity and transport terms will be discussed.

Abstract of the scheduled lecture. Unfortunately Professor Hess fell ill and could not give this lecture.

Secondary Effects in Soret-Driven Instability

M.G. Velarde

With 6 Figures

1. Introduction

Some time ago, I developped(with R.S. Schechter)a theory concerning the influence of the Soret effect on the thermohydrodynamic stability of a horizontal binary fluid layer heated from below or otherwise /1,2,see also 3,4/. The theory has had nice experimental verification /5,6/. The present report aims at further ellaborating in the understanding of the same problem, a Soret-driven convective instability. Results are reported here relative to the nonlinear regime together with a discussion of some secondary phenomena like the influence of rotation, surface tension tractions,compressibility,Dufour effect, etc. For the basic problem, references, and relevant equations we address the reader to the earlier papers/1,2/.

2. Critical slowing down in Soret-driven convection

Following some recent work/7/which uses Landau's theory/8/for single component layers, we have studied critical effects in the neighborhood of the transition point of an arbitrary Lewis number fluid layer heated from below or above, when the Soret effect is operating.For the case of heating from below the binary liquid , and simple boundary conditions(b.c.)-stress-free, impervious and heat conducting plates-typical results found are depicted in Fig. 1. They correspond to a first-order approximation in $\epsilon = (\tilde{R} - \tilde{R}_c)/\tilde{R}_c$ and various values of the Soret separation.
The agreement between our predictions and some recent experimental results obtained by Giglio(private communication)on macromolecular solutions seems fairly good. Further details on this subject may be found in a forthcoming report/9/.

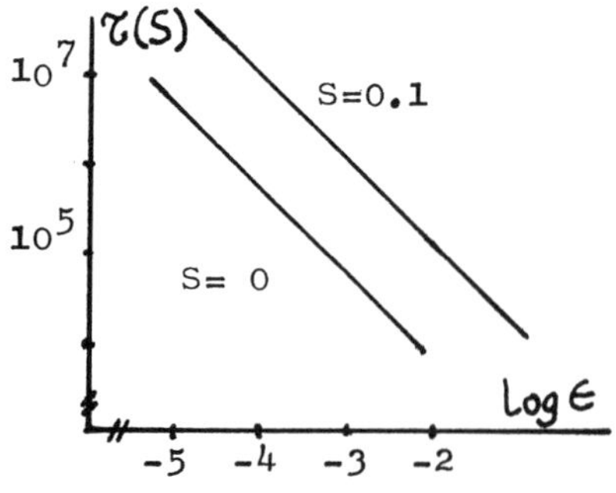

Fig. 1. Characteristic time for a layer thickness d =.6cm with $d^2/\varkappa$ =320 s. S denotes the Soret separation.

S=.1 $\quad \tau = 1966.81\ \epsilon^{-1}$

S= 0 $\quad \tau = 21.83\ \epsilon^{-1}$

3. A simple non-Boussinesquian correction

A case of practical interest is one where the mass diffusion coefficient depends on concentration. Earlier it was suggested/10,11/that asymmetric b.c. would yield first-order corrections whereas for symmetric ones this non-Boussinesquian effect would correct the critical temperature gradient to second-order only. We have confirmed this conjecture by studying the simplest case of linear dependence.

We have taken the approximation $D = D_o\left[1 + b(N_1 - N_1^o)\right]$ for the case of vanishing small Lewis number($D/\varkappa \ll 1$). b is a parameter and N_1 is the mass-fraction of ,say, component 'one'(the heavier). The subscript 'o' accounts for the obvious meaning of reference values. The asymmetry studied comes from the Soret mass flux at the boundaries. We have taken rigid, and heat conducting plates with the lower one being B-pervious(where B is a parameter: B = 0,permeable; $B = \infty$, impervious)and the upper one impervious. Thus the maximum asymmetry corresponds to B = 0. Typical results found are depicted in Fig. 2.

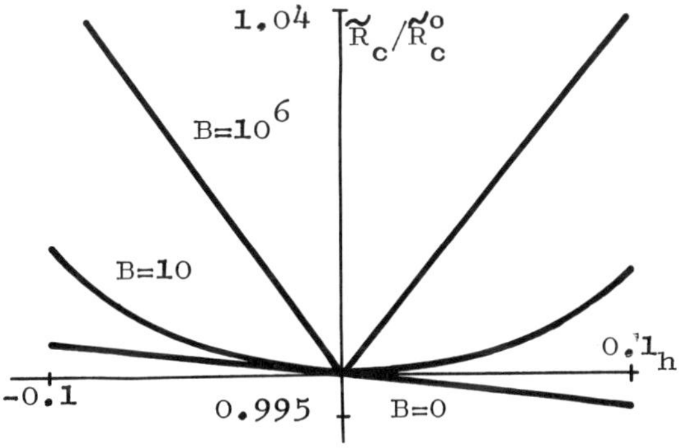

Fig. 2. Normalized Rayleigh number *versus* non-Boussinesquian parameter h. $h \sim b$. $\tilde{R}_c^o = \tilde{R}_c(h=0)$. $B=10^6$ is practically infinity.

Fig. 3 shows the influence of B upon the corresponding critical Rayleigh number/1/. Further details on this part may be found in a forthcoming report/12/.

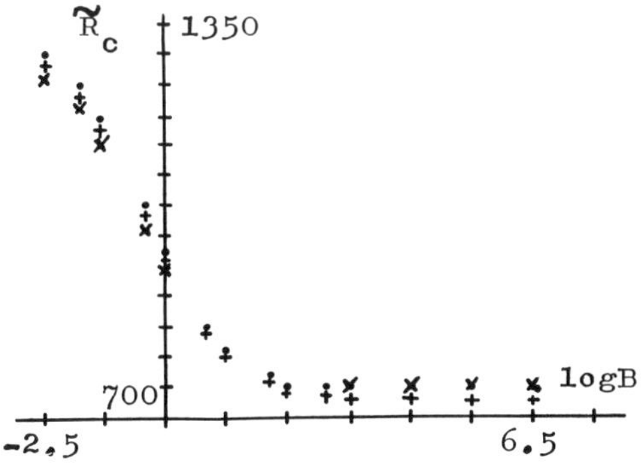

Fig. 3. Rayleigh number *versus* permeability of boundary.

+ correspond to h=0
• h=-0.1
x h=+0.1

At low B + are between • and x.For higher B the x go onto •(second-order effects dominate).

4. Role of surface tension inhomogeneities

Another interesting effect is the eventual influence of impurities in a floating zone crystal growth experiment carried in the reduced-gravity environment of a space craft. Without containers , and the existence of free surface open to the ambient air there is the possibility of Marangoni-Bénard instability/8/. Fig. 4 shows a typical result of instability in a two-component liquid layer heated from 'below' at vanishing gravity. M and E are the two ,thermal and concentrational Marangoni numbers /13/. Both,steady transitions and overstability are predicted and experiments by Schwabe/14/may very well be related to our theory.

5. Effect of 'rigid' uniform rotation of the container

Uniform rotation of the container usually plays a stabilizing role in (rotationless) potentially unstable layers heated from below. Thus rotating the container in the appropriate manner may very well allow measuring the Soret constant, by the thermogravitational method, in regions of temperature difference where the existence of convective instability in the rotationless case precludes such measuremment. Fig. 5 depicts some typical findings for the simple case of rigid, permeable, and heat conducting boundaries. R and T are respectively the Rayleigh and Taylor numbers /15/. Further details on this subject can be found in a forthcoming report /16/.

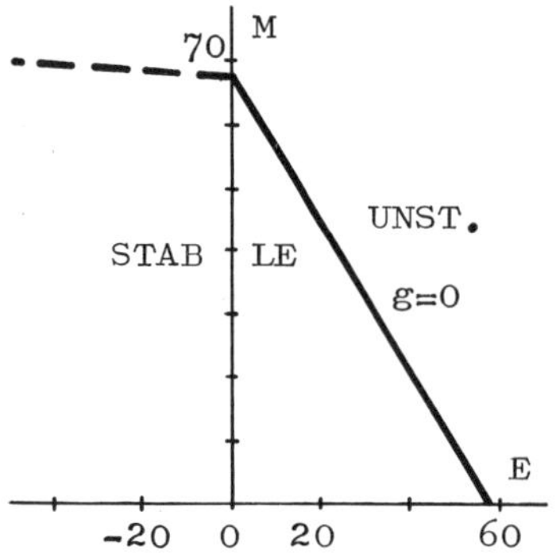

Fig.4. Stability diagram in the absence of gravity field. The heavy and dotted lines separate respectively stable motionless states from steady convection and overstability. M is always positive but E can take positive and negative values.

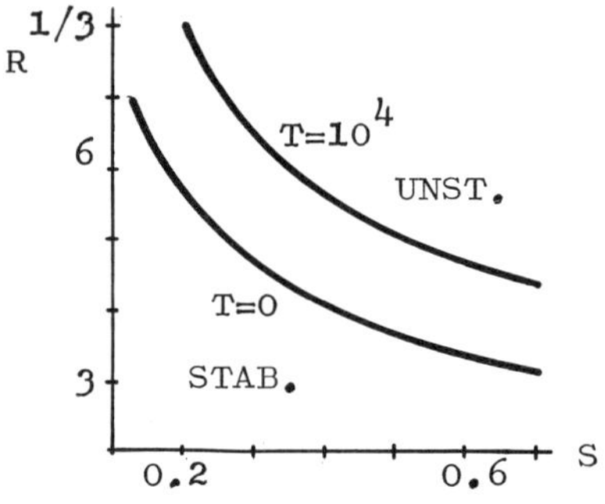

Fig.5. Stability diagram of Soret-driven convection with rotation of the container. T is the Taylor number,and S denotes the Soret separation. R is the Rayleigh number. Diagram refers to steady transitions only.

6. The binary gas layer

For a binary gas mixture, an order-of-magnitude analysis shows that the Dufour effect /17/ comes into the problem together with some other secondary phenomena(compressibility,adiabatic corrections, viscous dissipation,etc.). The Lewis number (D/κ)couples the two cross-transport processes, Soret and Dufour, as in gases such number is of order unity. The other phenomena appear due to the fact that the Gruneisen constant(which incorporates the thermal expansion coefficient and the isothermal compressibility)is also about one , and on the other hand the Dissipation number(which measures the extent to which compression work and frictional heating influence the energy balance in the layer)may have non negligible values.This latter paramenter depends on the scale of the expected motions, and it also controls the adiabatic temperature corrections. The influence of all these non-Boussinesquian effects, together with the Dufour transport has been studied /8,18/. It appears that unless the layer thickness is large enough all the gas-type corrections are rather unimportant. They are important, however, for atmospheric convection /19/. For steady transitions, Fig. 6 accounts for the influence of Dufour transport on the Soret-driven instability/see also 20/. ε denotes the Dufour constant, albeit some adimensionalization factors.

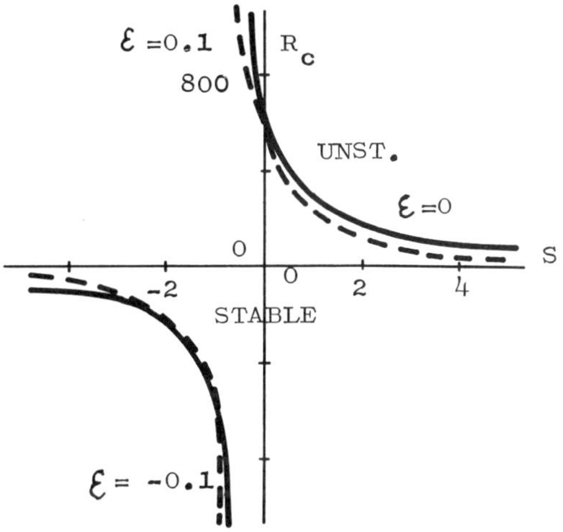

Fig. 6. Influence of Dufour effect upon Soret-driven convection(other gas-type corrections disregarded). ε is a measure of Dufour effect. Heavy and dotted lines correspond respectively to vanishing Dufour and correc tion at $|\varepsilon|$ =0.1, for both ways of heating. Diagram refers to steady transitions only.

7. Acknowledgments

This research has been sponsored by the Instituto de Estudios Nucleares (Spain).

8. References

1. M.G. VELARDE, R.S. SCHECHTER, Phys. Fluids 15 (1972) 1707
2. R.S. SCHECHTER,M.G. VELARDE,J.K. PLATTEN, Advs. Chem. Phys. 26 (1974) 265
3. D.T.J. HURLE,E. JAKEMAN, J. Fluid Mech. 47 (1971) 667
4. J.C. LEGROS, J.K. PLATTEN,P. POTY, Phys. Fluids 15 (1972) 1383
5. A. SPARASCI, H.J.V. TYRRELL, J. Chem.Soc.(London)Faraday Trans. I 71 (1975) 42
6. M. GIGLIO,A. VENDRAMINI, Phys. Rev. Lett. 39 (1977) 1014
7. J. WESFREID,Y. POMEAU, M. DUBOIS,C. NORMAND,P. BERGÉ, J. Phys.(Paris) 39 (1978) 725
8. C. NORMAND,Y. POMEAU,M.G. VELARDE, Revs. Mod. Phys. 49 (1977) 581
9. J.C. ANTORANZ,M.G. VELARDE,Report in preparation
10. M.G. VELARDE, in Lecture Notes in Physics, vol. 72, Springer-Verlag, Berlin,Heidelberg, New York (1978),p.91
11. D.S. ROJA,B.A. FINLAYSON, A.I.Ch.E. Journal 16 (1970) 876
12. A. CORDOBA,M.G. VELARDE, Report in preparation
13. J.L. CASTILLO,M.G. VELARDE, Phys. Lett. 66A (1978) 489, and Report in preparation

14. D. SCHWABE,A. SCHARMANN,F. PREISSER,R. OEDER, J. Crystal Growth 43 (1978) 305
15. J.C. ANTORANZ,M.G. VELARDE, Phys. Lett. 65A (1978) 377
16. J.C. ANTORANZ,M.G. VELARDE, Phys. Fluids (submitted)
17. S.R. de GROOT,P. MAZUR, Non-Equilibrium Thermodynamics, North-Holland, Amsterdam,(1962)
18. R. PEREZ-CORDON,M.G. VELARDE, J. Phys.(Paris)36 (1975) 591. M.G. VELARDE, R. PEREZ-CORDON, ibidem 37 (1976) 177
19. P.L.G. YBARRA,M.G. VELARDE, Report in preparation
20. G. VANDERBORCK,J.K. PLATTEN, Rev. Gen. Thermique 190 (1977) 693.

Velocity Field in the Rayleigh-Benard Instability: Transitions to Turbulence

M. Dubois and P. Bergé

With 9 Figures

When an horizontal layer of pure fluid, depth of which is d, is submitted to a temperature gradient ΔT, as shown on Fig.1, motion sets in, when ΔT exceeds a critical value ΔT_c. The properties of this motion are related to the Rayleigh number

$$R_a = \frac{\alpha g . \Delta T \, d^3}{\nu \kappa}$$

where α, ν and κ are respectively the volumic expansion coefficient, the cinematic viscosity and the thermal diffusivity of the fluid : the Rayleigh number takes into account the different mechanisms involved in the convective motion : buoyancy forces, viscous damping, and thermal relaxation, according to the fact that, here, we are dealing only with fluid layers under rigid-rigid horizontal boundaries. (In this case, $Ra_c = 1707$).

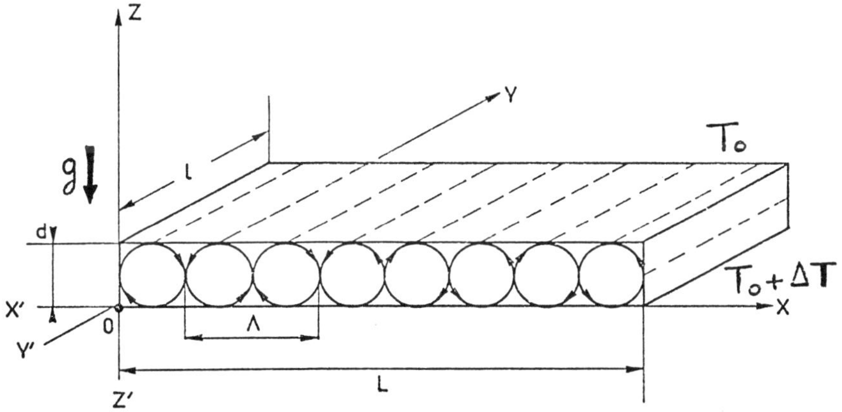

Fig.1 Schematic representation of the convective structure in a rectangular cell. (L>ℓ). Rolls are parallel to the short side Y'Y.

So the motion can be characterised by a well defined threshold; moreover, it exhibits a well-defined periodic structure, geometry of which depends on the properties of the fluid and on the lateral boundary conditions. We present here, through velocity measurements [1], the properties of the convective motion in high Prandtl number fluids, when the Rayleigh number is increased. ($Pr = \nu/\kappa > 100$, except in the case of reported measurements in a water layer).

1. Properties near the threshold

A. *Boussinesq case*

When the fluid properties are weakly dependent on the temperature, we are in the Boussinesq case. In a rectangular cell, under ideal conditions (good thermal conductivity of the horizontal boundaries, great extension of the fluid layer etc ...) the convective structure consists, near the threshold, on two-dimensional rolls, whose axes are parallel to the short side of the cell (see Fig.1).[2][3]. The velocity field can be studied through the dependences of the two components V_x or V_z of the velocity, versus x or z. For exemple Fig.2 gives a good illustration of the periodicity of the motion, such as

$$V_{\substack{x\\z}}(z) = [V_{\substack{x\\z}}(z)] \sin\left(\frac{2\pi x}{\Lambda} + \varphi_{\substack{x\\z}}\right)$$

Λ is the wavelength of the convective structure ; near the threshold $\Lambda = \Lambda_c = 2d$.

If we look at the variation of $[V_{\substack{x\\z}}]$ with R_a, we obtain an experimental law, as shown on Fig.3, which is fitted by the following relation

$$[V_{\substack{x\\z}}] = {}^oV_{\substack{x\\z}} \left(\frac{R_a - R_{a_c}}{R_{a_c}}\right)^{0.5} .$$

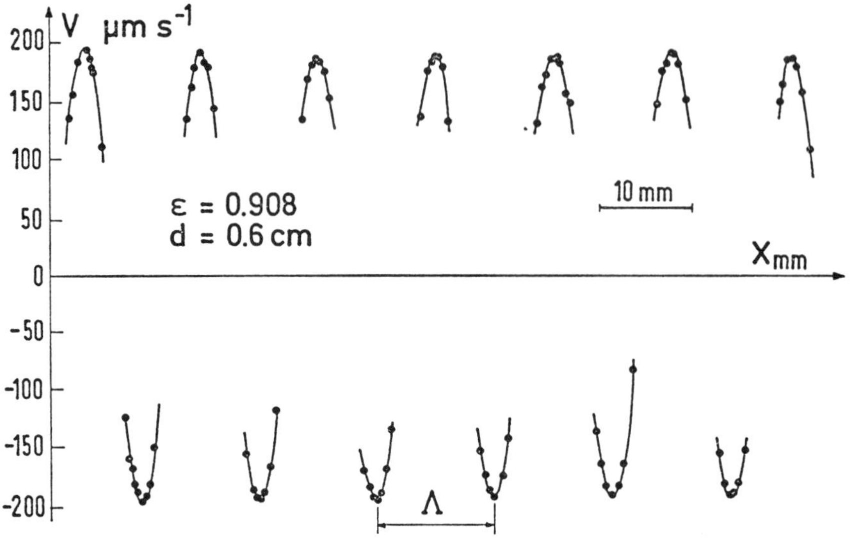

Fig.2 Velocity field (here through the V_x component), measured in a layer of silicone oil (ν = 0,56 stoke at 22 C, Pr ≃ 490) $\varepsilon = (R_a - R_{a_c})/R_{a_c}$.

We are in presence of a normal bifurcation, which presents a great analogy with a 2^d order phase transition. This behaviour agrees very well with a Landau-Hopf picture which is described in details in [4]. The amplitudes of the velocity components ${}^oV_{\substack{x\\z}}$ can be calculated [5][6] ; the experimental results are in good agreement with the calculated ones.

When $\Lambda = \Lambda_c$, ${}^oV_z \simeq {}^oV_x = 1.24\, a_c^2 \frac{\kappa}{d}$

where $a_c = \frac{2\pi d}{\Lambda_c} = 3.117$.

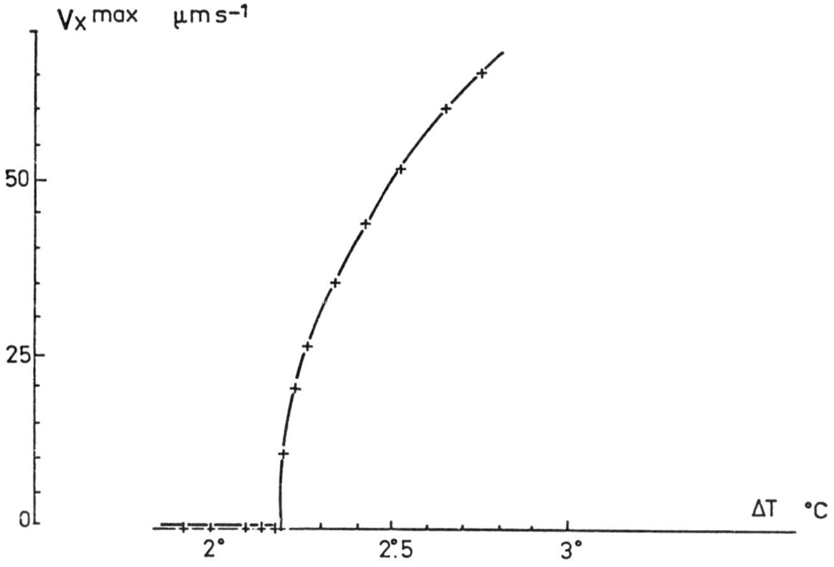

Fig.3 Dependence of the Fourier amplitude V_x max versus $\Delta T(\Delta T_c = 2°18)$. The full line corresponds to a parabolic law. The measurements have been performed in a layer of silicone oil (d=1cm, ν=1.06 stoke at 25C, Pr $\simeq 10^3$).

In the case of a layer of silicone oil, with $\kappa = 1.14.10^{-3} cm^2\ s^{-1}$, and d = 1cm, the experimental measurements give ${}^{o}V_z = 140 \pm 5\ \mu ms^{-1}$, to compare to the calculated value ${}^{o}V_z \simeq 135\ \mu ms^{-1}$.

When we increase the R_a value, second $\Lambda_c/2$ and third $\Lambda_c/3$ spatial harmonics develop and are mixed with the dominant fundamental velocity mode described above [3]. Their amplitudes vary as indicated on Fig.4 and in good agreement with the theoretical prediction.

B. Non-Boussinesq case

When the properties of the fluid are highly temperature dependent or non linear versus T, we may expect to have a dissymetric dissipative structure, related to the dissymetric properties of the fluid layer. This has to lead to an hexagonal pattern [7][8][9].

Water near 4 C exhibits such a dissymetric property, as we know that its density varies as

$$\rho = \rho_o\ [1-\beta(T-T_o)^2]$$

$$T_o \simeq 3°98 \text{ and } \beta = 8.1.10^{-6}.$$

If we consider a water layer, temperature of which is T_o at the top plate and $T_o + \Delta T$ at the bottom one, the driving forces are greater at the bottom, and near the threshold, we found an hexagonal pattern, with ascending motion in the center of the hexagon. This is illustrated on Fig.5 through the velocity measurements of the V_z component in the mid height plane of the cell. The V_z spatial dependence is in good agreement with the theoretically expected profile [10][11].

$$V_z = \frac{1}{3}[V_z]\left[4\cos\left(\frac{a}{4}\sqrt{3}\ x+y\right) \times \cos\left(\frac{a}{4}\sqrt{3}\ x-y\right) \times \cos\frac{a}{2}\ y-1\right]$$

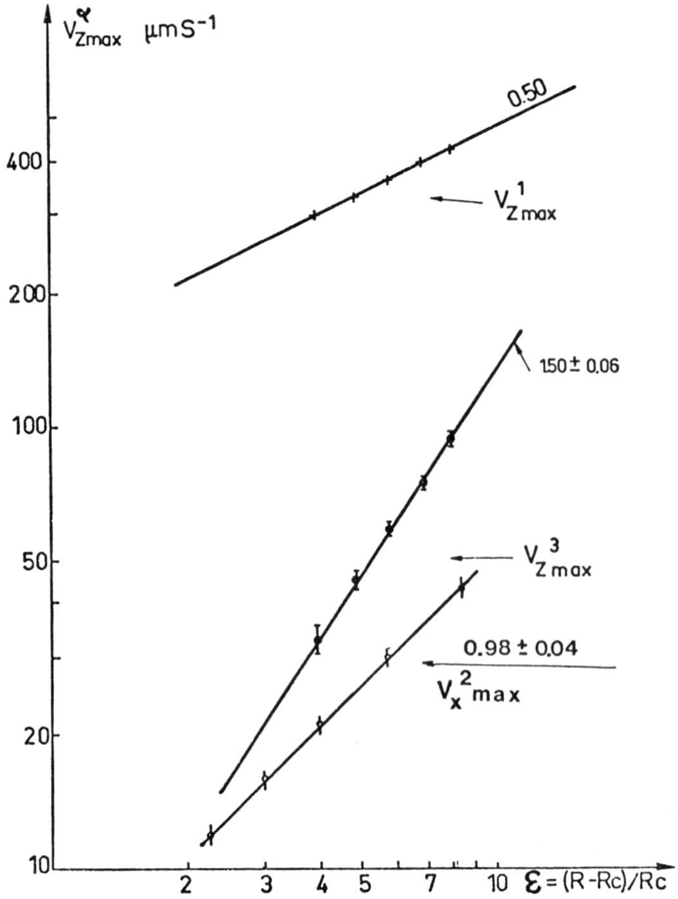

Fig.4 Variation of the maximum Fourier amplitudes of the fundamental mode and its harmonics versus ε. $V^{(1)}$ corresponds to Λ_c , $V^{(2)}$ and $V^{(3)}$ to the second and third harmonics.

where a = 4πd/3L , L being the length of a side of an hexagon. In the case of such a structure $[V_z]$ varies as $^sV_z + {}^oV_z \quad (R_a - R_{a_c})/R_{a_c}$ near the threshold. This implies a jump of the velocity amplitude at R_{a_c} and an hysteresis of the convective motion [11] . When R_a is increased further, the hexagonal pattern is transformed into two dimensional asymmetric rolls as shown on Fig.6. The wavelength is practically Λ_c = 2d and the maximum ascending velocity has always a greater amplitude than the descending velocity. The transformation hexagons ⇆ rolls is hysteretic.

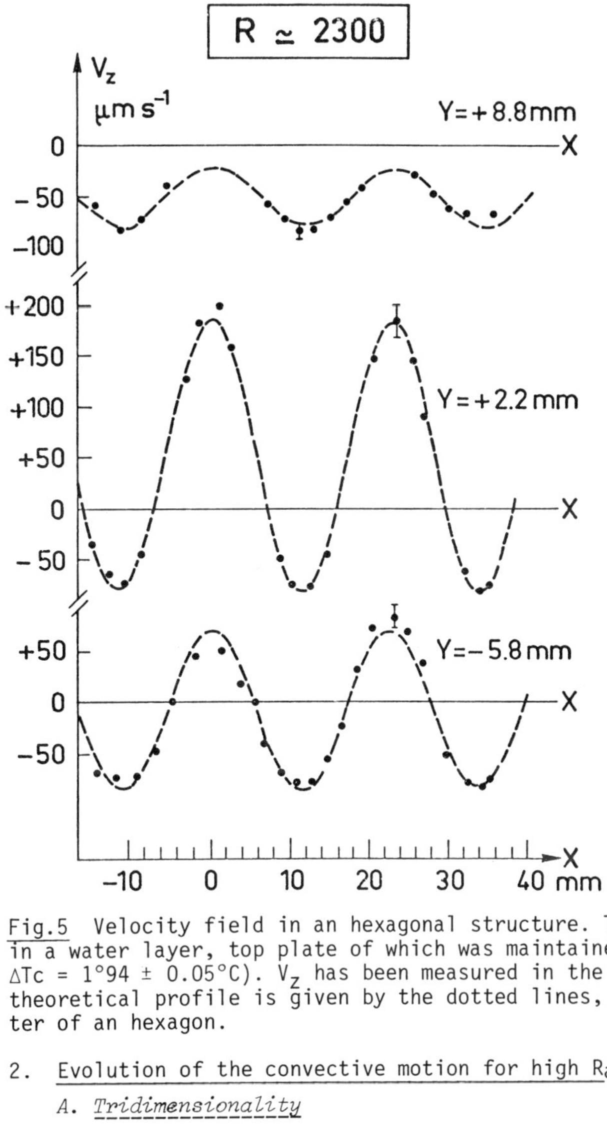

Fig.5 Velocity field in an hexagonal structure. The measurements have been made in a water layer, top plate of which was maintained at 4°C. (d = 1cm, ΔTc = 1°94 ± 0.05°C). V_z has been measured in the mid height plane of the cell. The theoretical profile is given by the dotted lines, the origin being taken at a center of an hexagon.

2. Evolution of the convective motion for high R_a values

A. Tridimensionality

When the Rayleigh number is increased, at a certain R_a value, which we call R_a^{II} a new component of the velocity appears, that is V_y. The velocity profiles of V_y versus y and z present great similarities with that of V_x versus x and z. Then this new V_y component is related to a new set of rolls perpendicular to the bidimensional ones (bimodal structure [12]). The R_a^{II} value depends on the aspect ratio $A_y(A_y = \ell/d)$ along the short side of the cell and on the fundamental wavelength Λ_x of the mode along x.

For a given value of A_y , typical results are shown on Fig.7, where the dependence of $[V_y]$, maximum of the V_y component is drawn versus R_a . For a definite wavelength Λ_x , $[V_y]$ varies as $^{o}V_y \left[\frac{R_a - R_a^{II}}{R_a^{II}} \right]^{0.5}$; this behaviour is typical of a new bifurcation in the diagram $V(R_a)$. The threshold of the tridimensional

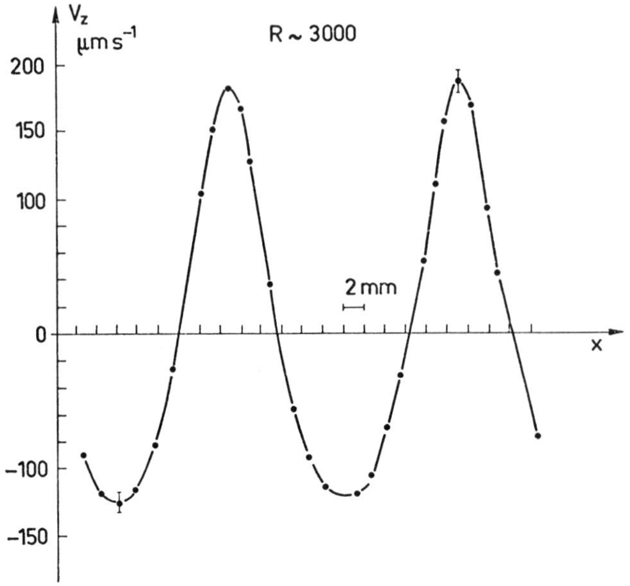

Fig.6 Typical characteristic $V_z = f(x)$ in two dimensional rolls structure, obtained in a water layer-top plate of which is at 4 C (d = 1cm). These asymmetric rolls are obtained after the transformation hexagons → rolls. The maximum amplitude corresponds to the ascending flow.

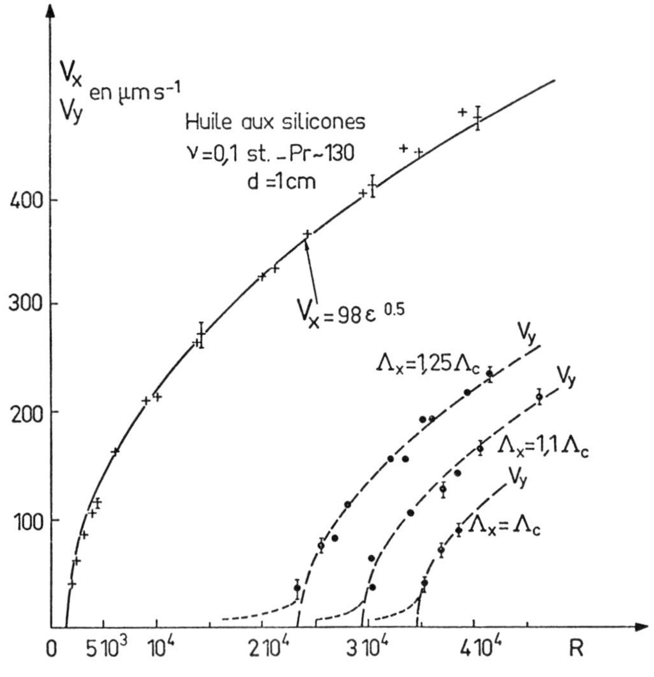

Fig.7 Growth of the V_y maximum amplitude when the Rayleigh number is increased, for different wavelength Λ_x . The behaviour is quite similar to that of the growth of the V_x (or V_z) component near the threshold R_c .

structure R_a^{II} increases with decreasing wavelength Λ_x and decreases when the aspect ratio A_y is increased.

B. Time dependent convection

All the results, previously given, are related to steady state motion, that is to say, for a given R_a value, the motion has well defined time independent characteristics , which depend on the wavelength Λ_x(this one is increasing with R_a)

For high R_a values , time dependence appears in the motion, even at fixed R_a value. To present this new behaviour of the convective motion, we have to consider two cases : that of low aspect ratios and that of high aspect ratios.

a) low aspect ratio cell (small boxes)

In the particular case of the experiments reported here $A_x = L/d = 2$ and $A_y = \ell/d = 1{,}2$, so the bimodal structure consists of two rolls along x'x and two rolls along y'y , this structure, which is "blocked up" in the cell persists even at high Rayleigh number. If we look at the velocity amplitude, measured in a given point of the cell, this one becomes oscillating at a definite value $R_a \simeq 242\ R_c$. These oscillations are strictly periodic and their power spectrum, as shown on Fig.8.A is only composed of a fundamental frequency and its harmonics and sub-

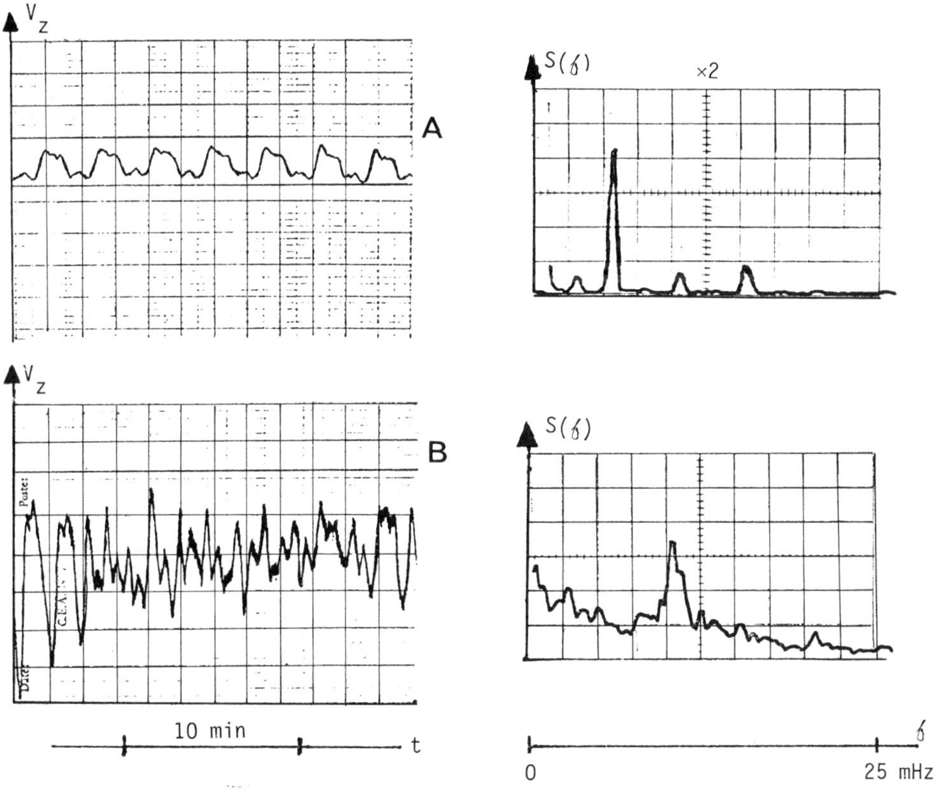

Fig.8 Typical time dependences of the velocity, and the corresponding RMS spectrum, obtained in a small box. Measurements are made in a layer of silicone oil. Pr ≃ 500 .

A : $R/R_c = 247$ B : $R/R_c = 286$.

harmonics. These ones have variable amplitude, depending on the studied point in the structure.

When R_a is greater than approximately 280, some chaotic variation of the velocity amplitude appears, giving an important low frequency noise, centered at zero frequency and a broadening of the frequency peaks (see Fig.8.B). Then in small aspect ratio cell, we have three well separated domains : steady velocity, periodic oscillations of the velocity, and chaotic variations of the velocity.

b) *high aspect ratio cells (large boxes)*

In a large cell - in the studied case $A_x = 12$ and $A_y = 5$ - the velocity behaviour, and indeed the convective properties, are quite different [13] . As soon as $R_a \simeq 20\ R_{a_c}$, the convective structure undergoes slow erratic motions giving rise to low frequency chaotic behaviour of the velocity. At $R_a \simeq 30\ R_{a_c}$, we can observe intermittent oscillations of the velocity (intermittent in space and time). These oscillations become "continuous" at $R_a \geq 220\ R_{a_c}$. Despite the turbulent behaviour related to the chaotic structure evolution, the characteristic times of the oscillations have a well defined value for $R_a \leq 2000 R_{a_c}$. This time τ_{osc} normalised for a depth d = 1cm, varies as

$$\tau_{osc} = (560 \pm 60) \left(\frac{R_a}{R_{a_c}} \right)^{-0.66 \pm 0.04} .$$

This result is in agreement with those previously reported [14][15]. The observed power law, and other experimental features seem in favour of the Howard's mechanism [16], which is related to an instability of the sublayers near the horizontal boundaries.

At very high values of R_a ($R_a > 2000$), the power spectrum of the time dependence of the velocity consists only on a broadband : it's the pure "chaos".

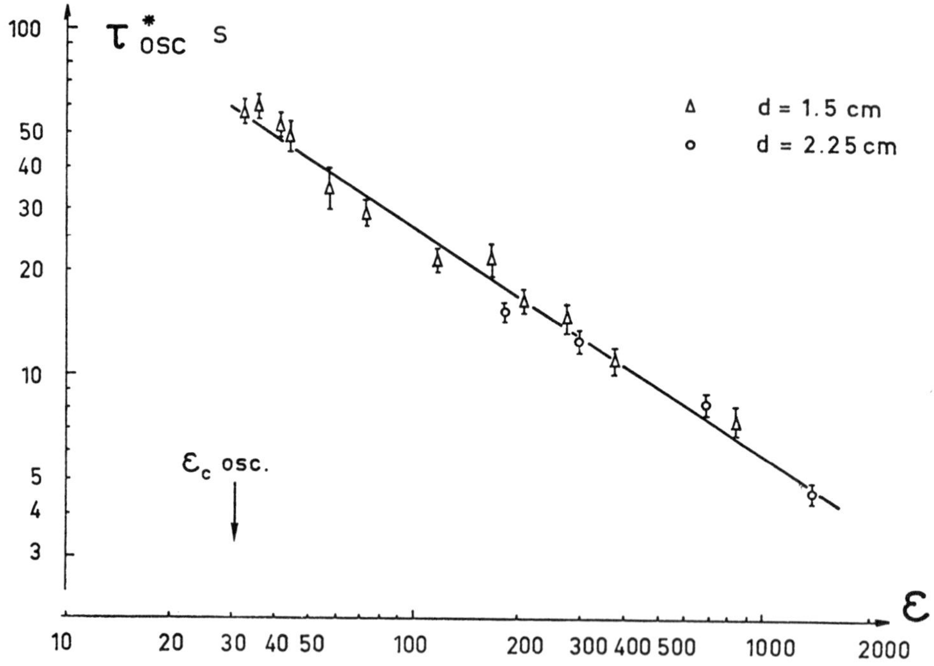

Fig.9 ε dependence of the fundamental period $\tau_{osc.}$, normalized to d = 1cm. Measurements are made on a layer of silicone oil (Pr ≃ 130), confined in a large box.

These results, concerning the time dependence behaviour in the convection of high Prandtl number fluids, show the complexity of the problem of the turbulence in the Rayleigh-Benard instability. Nevertheless, the important point is that the behaviour is qualitatively different for large and small aspect ratio cells = in large cells chaotic (turbulent) behaviour of the velocity appears for comparatively low values of R/R_C ratio and before the oscillating regime with is never pure ; on the contrary, in small aspect ratio a pure oscillating regime appears at a definite threshold and chaotic behaviour sets in by further increase in R_a/R_{a_c} .

These results agree qualitatively with those obtained in low Prandtl number fluids [17][18],[19] where the dimensions of the fluid layer play a dominant role in the time dependent effects.

References

1 P. Bergé ; Fluctuations, Instabilities and Phase Transitions, Nato Adv. Study Inst. B11, p.323 (1975)

2 H. Stork and O. Müller ; J. Fluid Mech. 54, 599 (1972)

3 M. Dubois and P. Bergé ; J. Fluid Mech. 85, 641 (1978)

4 J. Wesfried, Y. Pomeau, M. Dubois, C. Normand and P. Bergé ; J. de Phys. 7, 725 (1978)

5 C. Normand, Y. Pomeau and M.G. Velarde ; Rev. of Mod. Phys. 49, 581 (1977)

6 F.H. Busse, J. Math. and Phys. 46, 140 (1967)

7 F.H. Busse, J. Fluid Mech. 30, 625 (1967)

8 C. Hoard, C. Robertson and A. Acrivos ; Int. J. Heat Mass Transfer 13, 849(1970)

9 R. Krishnamurti ; J. Fluid Mech. 33, 445 and 447 (1968)

10 S. Chandrasekhar ; Hydrodynamic and Hydromagnetic Stability 1961. Oxford University Press-London

11 M. Dubois, P. Bergé and J. Wesfreid ; J. de Phys. to appear (Déc. 1978)

12 F.H. Busse and J.A. Whitehead ; J. Fluid Mech. 47, 305 (1971)

13 P. Bergé and M. Dubois ; Optics Communication 19, 129 (1976)

14 F.H. Busse and J.A. Whitehead ; J. Fluid Mech. 66, 67 (1974)

15 R. Krishnamurti ; J. Fluid Mech. 42, 295 and 309 (1970)

16 L.N. Howard ; Proc. 11th Int. Congr. Appl. Mech. (Springer) 1109, (1966)

17 G. Ahlers, R.P. Behringer ; Phys. Rev. Lett. 40, 712 (1978)

18 J.Maurer, A. Libchaber ; Lettres du J. Phys., (Nov. 1978)

19 J.P. Gollub, S.V. Benson ; Phys. Rev., Lett. to appear.

Scaling Theory of Instability, Nonlinear Fluctuation and Formation of Macroscopic Structure

M. Suzuki

With 15 Figures

Abstract

The general scheme of the scaling theory of transient phenomena near the instability point is reviewed. The essence of this theory is to evaluate asymptotically nonlinear fluctuations and to study onset of macroscopic structure or order for large system size Ω and for large time. The so-called scaling regime is the most interesting second intermediate time region, in which there occurs *fluctuation enhancement* and its enhanced fluctuation changes into macroscopic order or structure in unstable systems. Applications of this scaling theory to transient laser radiation and chemical reaction (for the Brusselator) are presented.

1. Introduction

Statistical physics of far-from-equilibrium systems is now in a great progress, and it is still a very challenging field [1∿5]. This paper reviews the essence of a series of papers published by the present author and coworkers concerning the scaling of transient phenomena near the instability point. The study of these dynamical processes near the unstable point shown shematically in Fig. 1 is very important in understanding the essential mechanism of onset of macroscopic structure in far-from-equilibrium systems.

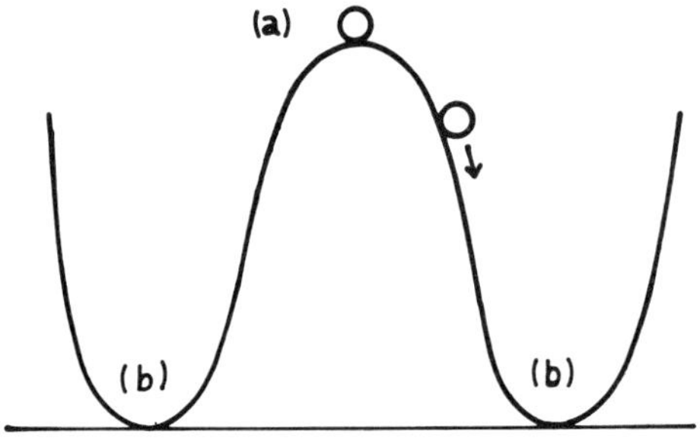

Fig.1 Classical motion in a potential; (a) unstable point (b) stable point

Except the vicinity of instability, Gaussian approximations are useful to describe fluctuations, as discussed by van KAMPEN [6], NICOLIS and PRIGOGINE [7], and KUBO et al [8]. Following these authors, a relevant stochastic variable x(t) can be separated into the following two parts

$$x(t) = y(t) + \sqrt{\varepsilon}\zeta(t), \tag{1}$$

where y(t) is the deterministic path of x(t) of the order of unity and the remaining part denotes fluctuation around it. Here, ε is a smallness parameter such as the inverse system size $\varepsilon = 1/\Omega$. In a normal situation, $\zeta(t)$ is assumed to be Gaussian. This is confirmed explicitly in the limit of small ε[6] under the condition that $\zeta(t)$ remains always of the order of unity. Thus, it is very simple to treat fluctuations in the normal situation for small ε.

This condition is not satisfied in the vicinity of instability. That is, the fluctuating part $\zeta(t)$ can become of the order of $\varepsilon^{-1/2}$ for large time t (of the order of $\ell n(1/\varepsilon)$), if the initial system is at or near the instability point. Thus, such separation as (1) is not applicable to this unstable region.

In order to overcome this difficulty in the vicinity of instability, the present author has proposed a new asymptotic evaluation method, so-called scaling theory of transient phenomena near the instability point [9∿17, 5]. This scaling theory of transient phenomena is based on a generalized scale transformation of time [9, 10] and equivalently on a nonlinear transformation of stochastic variables [12, 15∿17]. The whole range of time is divided into three regions, namely the initial, scaling and final regimes, as will be explained in detail in §2. This scaling treatment overcomes the difficulty of divergence of the variance for large time, which was encountered in the Ω-expansion [6, 8]. This scaling theory yields the *fluctuation-enhancement theorem*, that is, macroscopic enhancement of fluctuation from the initial microscopic one. This macroscopically enhanced fluctuation changes into macroscopic order or structure, including dissipative structure [1, 2].

Conceptually, this scaling theory stresses the importance of *synergism* (or cooperative effect) of *initial fluctuations*, *random force* and *nonlinearity* of the system for the onset of macroscopic order. This concept of synergism is closely related to synergetics proposed by HAKEN [3]. However, the former expresses the cooperative effect in the formation process of macroscopic order, while the latter means strategy to treat many-body systems or science of cooperative phenomena. Thus, *synergism* seems to a central concept in synergetics.

In order to understand the above synergism intuitively, we discuss a simple nonlinear system by using a *dynamic molecular field treatment* [15, 16]. Our system is described by the following nonlinear Langevin equation

$$\frac{d}{dt}x(t) = \gamma x(t) - gx^3(t) + \eta(t), \tag{2}$$

where $\gamma > 0$, $g > 0$ and $\eta(t)$ is assumed to be a Gaussian random force satisfying the relation

$$\langle\eta(t)\eta(t')\rangle = 2\,\varepsilon\,\delta(t - t'). \tag{3}$$

This model is equivalent to the following Fokker-Planck equation

$$\frac{\partial}{\partial t} P(x, t) = -\frac{\partial}{\partial x} c_1(x)P + \frac{\varepsilon}{2}\frac{\partial^2}{\partial x^2} P, \tag{4}$$

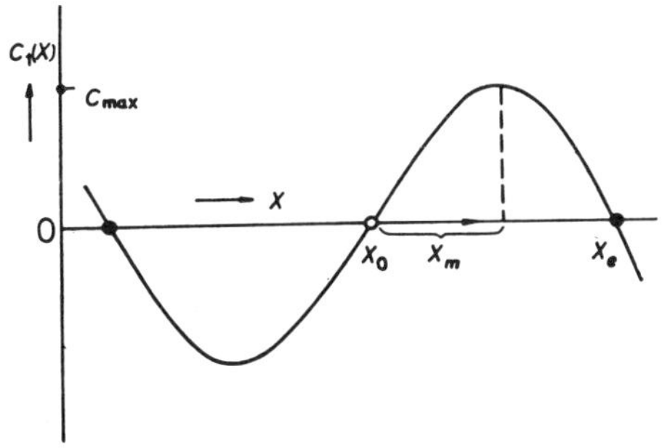

Fig.2 Typical behavior of $c_1(x)$: c_{max} denotes the maximum value of $c_1(x)$ in the range between the unstable point x_0 and the stable point x_e

with the first moment $c_1(x)$ given by $c_1(x) = \gamma x - gx^3$, and shown schematically in Fig. 2 (in which $x_0 = 0$). This model is a prototype of the kinetic Weiss Ising model [8], spinodal decomposition and dynamics of other phase transitions [9]. Now we apply a simple dynamic molecular field treatment to (2). That is, we replace [15, 16] the nonlinear term $gx^3(t)$ in (2) by $gx(t)\langle x^2(t)\rangle$, where the average $\langle x^2(t)\rangle$ is determined selfconsistently using the solution of the linearized Langevin equation

$$\frac{d}{dt}x(t) = \gamma(t)\, x(t) + \eta(t) \tag{5}$$

where $\gamma(t) = \gamma - g\langle x^2(t)\rangle$. The solution of (5) is given formally as

$$x(t) = \exp\{\int_0^t \gamma(t')dt'\}\cdot\{\int_0^t \eta(t')\exp(-\int_0^{t'} \gamma(s)ds)dt' + x(0)\}. \tag{6}$$

Then, the selfconsistent equation for $f(t) \equiv \langle x^2(t)\rangle$ is obtained as

$$\frac{d}{dt}f(t) = 2\{\gamma - gf(t)\}\, f(t) + 2\varepsilon\ , \tag{7}$$

using (3) and (6). This nonlinear equation can be solved rigorously to give

$$\langle x^2(t)\rangle = \langle x^2\rangle_{st}\cdot \frac{\tau}{1+\tau}\ ;\ \tau = \frac{g}{\gamma}(\frac{\varepsilon}{\gamma} + \langle x^2(0)\rangle)e^{2\gamma t}, \tag{8}$$

asymptotically for small ε and $\langle x^2(0)\rangle$, where $\langle x^2\rangle_{st} = \gamma/g + O(\varepsilon)$. This asymptotic solution has a very interesting feature, that is, the physical quantity $\langle x^2(t)\rangle$ is expressed only by the so-called scaling variable τ in the intermediate nonlinear time region. This average $\langle x^2(t)\rangle$ denotes fluctuation of $x(t)$ of the order of ε for the initial condition $\langle x^2(0)\rangle \lesssim O(\varepsilon)$ in the initial time region, but it becomes of the order of $\langle x^2\rangle_{st}$ at an intermediate stage of time t_0 given by

$$t_0 = -\frac{1}{2\gamma}\,\ell n\{\frac{g}{\gamma}\,(\frac{\varepsilon}{\gamma} + \langle x^2(0)\rangle)\}. \tag{9}$$

Thus, the quantity $\langle x^2(t)\rangle$ begins to show gradually the character of the order parameter (or the square of it) at the time region $t \sim t_0$. Furthermore, this approaches the correct stationary value $\langle x^2\rangle_{st}$ for infinite time, as is seen from (8). This is a big contrast to the result obtained by the Gaussian approximation [6, 8], as is shown schematically in Fig. 3.

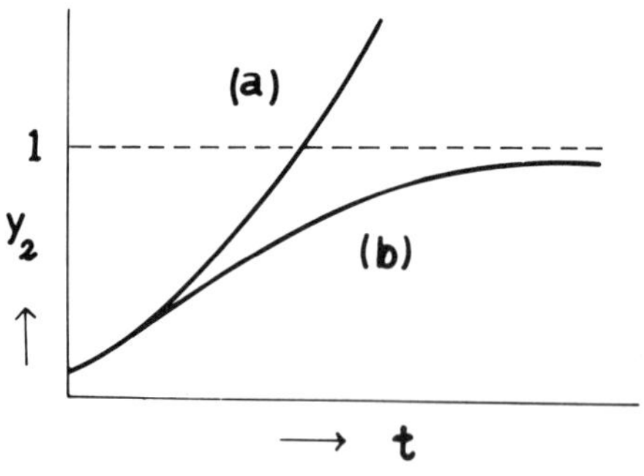

Fig.3 Schematic time dependence of fluctuation denoted by
$y_2 \equiv \langle x^2(t)\rangle/\langle x^2\rangle_{st}$
(a) linear approximation
(b) scaling solution

The expression (9) of t_0 shows that the onset time of macroscopic order becomes larger and larger, in a logarithmic proportion to $\{g(\varepsilon + \gamma\langle x^2(0)\rangle)\}^{-1}$. This is the synergism of g, ε and $\langle x^2(0)\rangle$ for the onset of macroscopic order.

The above functional form (8) of $\langle x^2(t)\rangle$ depends upon how to replace a nonlinear term by a linearized quantity in the molecular field treatment. However, the scaling theory gives a unique scaling functional form asymptotically, as shown in §2. Furthermore, it will be shown there that the mathematical strucutre of such a scaling solution is quite different from that obtained by the molecular field theory, namely the former is a Borel sum of the most divergent series in g or ε, while the latter is a sum of convergent series as is seen from (8). This mathematical difference of the two treatments is reflected into the fact that the time dependence of distribution function P(x, t) obtained by the scaling theory is asymptotically correct, namely it shows correct double peaks for large t as will be shown in §2, but that $P_{mf}(x, t)$ obtained by the replacement $c_1(x) \to \gamma x(t) - gx(t)\langle x^2(t)\rangle$ in (4) does not show any double peaks and it remains always a single peak.

Thus, the scaling theory of transient phenomena is very powerful.

2. General scaling theory of transient phenomena near the instability point

The transient phenomena near the instability point are very sensitive to the initial condition, namely the deviation δ of the initial system from the unstable point x_0. They depend also on the smallness parameter ε or inverse system size. In fact, they depend drastically on each ε-δ domain as shown in Fig. 4.

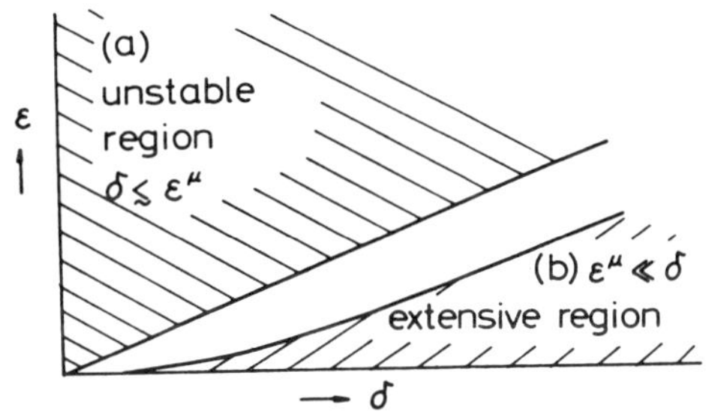

Fig. 4 Division of the ε - δ domain
(a) unstable region $\delta \lesssim \varepsilon^{\mu}$
(b) extensive region $\varepsilon^{\mu} \ll \delta$.

We are here interested particularly in the unstable region $\delta \lesssim \varepsilon^{\mu}$, where μ is an appropriate positive exponent, usually $\mu = 1/2$. As was shown in §1 using a simple example, all physical quantities such as fluctuation in unstable systems are singular at $\varepsilon = 0$ (or $\delta = 0$) and $t = \infty$ (i.e., $z \equiv \exp(-2\gamma t) = 0$). This is an essential singular point [10] and consequently the physical quantities should be a function only of the ratio of two variables ε and z, namely of $\tau = \varepsilon/z$, near the singular point, as shown in Fig. 5.

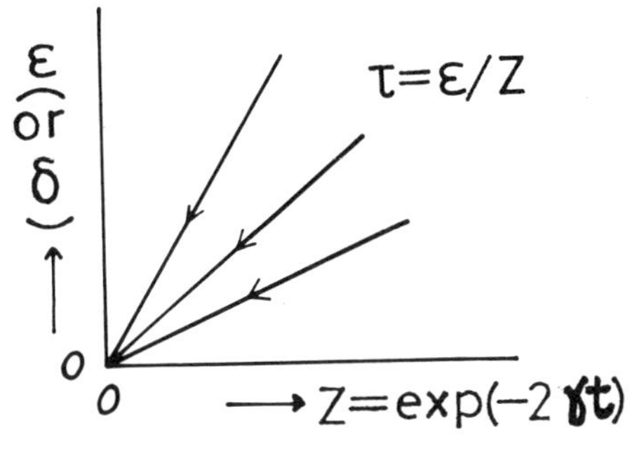

Fig. 5 Physical quantities depend upon the path (or $\tau = \varepsilon/z$) near the essential singular point $\varepsilon = 0$ (or $\delta = 0$) and $z = 0$.

Thus, the physical quantities depend upon the so-called scaling variable τ in the vicinity of the essential singular point. This time region is called scaling regime.

In order to obtain the scaling solution as a function of the scaling variable τ in the above scaling limit, we divide the whole range of time into three regions, namely, the initial regime in which the Gaussian approximation [6∿8] is valid, the scaling regime in which fluctuations are enhanced macroscopically and the nonlinearity of the system plays a substantial role, and the final regime in which the Gaussian approximation is again useful. This situation is shown schematically in Fig. 6.

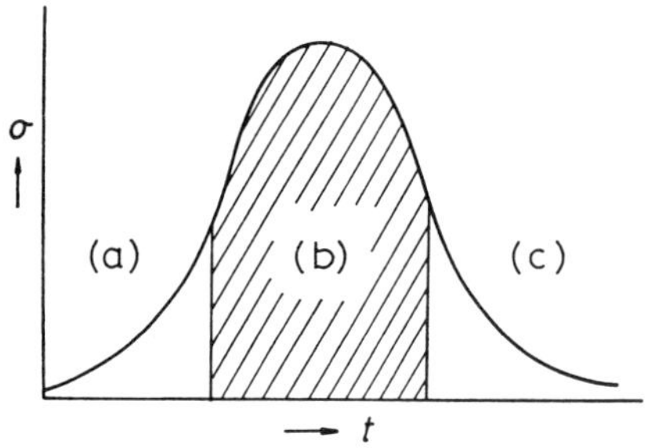

Fig. 6 σ: fluctuation, for $\delta \leq \varepsilon^{\mu}$
(a) initial regime,
(b) scaling regime,
(c) final regime.

One of the keypoints of the scaling theory is to simplify the temporal evolution equation of the relevant system by introducing the following generalized scale transformation of time

$$\tau = S(t, \varepsilon, \delta, \cdots) \tag{10}$$

in the second nonlinear scaling regime. Here, the scale transformation S is easily found by studying how the Gaussian treatment in the initial regime breaks down near the boundary between the initial and scaling regimes. In most cases, it takes the form

$$\tau = \varepsilon \exp(2\gamma t). \tag{11}$$

Clearly $\tau \ll 1$ in the initial regime when $\varepsilon \ll 1$. The scaling regime is defined by the time region in which τ is of the order of unity. By keeping τ fixed and $\delta\varepsilon^{-\mu}$ fixed, and by taking the limit $\varepsilon \to 0$, the original master equation of the following abstract form

$$\frac{\partial}{\partial t} f(t, \varepsilon, \delta, \cdots) = \mathcal{L}(t, \varepsilon, \delta, \cdots) f(t, \varepsilon, \delta, \cdots) \tag{12}$$

is reduced [9∿11] to the following simplified form

$$\frac{\partial}{\partial \tau} f_{sc} = \mathcal{L}_{sc} f_{sc} , \tag{13}$$

in the scaling regime, where

$$\mathcal{L}_{sc} = \lim_{\substack{\varepsilon \to 0 \\ \tau,\ \delta\varepsilon^{-\mu}\ \text{fixed}}} \{ s(\tau, \varepsilon, \delta, \cdots)^{-1} \mathcal{L}(S^{-1}(\tau, \varepsilon, \delta, \cdots), \varepsilon, \delta, \cdots) \tag{14}$$

and

$$s(\tau, \varepsilon, \delta, \cdots) = [\frac{\partial}{\partial t} S(t, \varepsilon, \delta, \cdots)]_{t} = S^{-1}(\tau, \varepsilon, \delta, \cdots). \tag{15}$$

Here, f denotes the distribution function, generating function or moments, and S^{-1} denotes the inverse function of the generalized scale transformation (10). Another keypoint of our theory is to *connect smoothly* the general solution of the scaled temporal evolution equation (13) with the solution in the initial regime at the boundary of the initial and scaling regimes (*connection procedure*). Thus, the transient phenomena near the instability point can be described asymptotically in an analytic way. The fluctuation is largely enhanced up to the order of unity in this scaling regime, because the variance $\langle x^2(t)\rangle$ in this regime is a function of only τ and consequently it is of the order of unity, while the initial variance $\langle x^2(0)\rangle$ is of the order of ε in the unstable system. That is, the fluctuation enhancement factor is of the order of ε^{-1}. This is the so-called *Fluctuation Enhancement Theorem*. This is the essential mechanism of the onset of macroscopic order [15, 16]. It is also easily shown similarly that the fluctuation is enhanced anomalously in a proportion to δ^{-2} in the extensive region $\varepsilon^{\mu} \ll \delta$ (*Anomalous fluctuation Theorem*). These situations are shown schematically in Fig. 7.

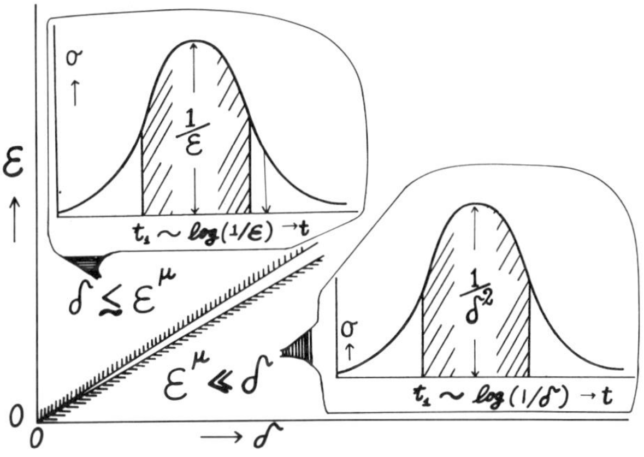

Fig. 7 Qualitative features of the anomalous fluctuation in the extensive region and fluctuation-enhancement in the unstable region.

As a simple example, we discuss the typical Fokker-Planck equation (4) with the drift term given by $c_1(x) = \gamma x - gx^3$ as in Fig. 2. In the second scaling regime, (4) is reduced to the following drift equation

$$\frac{\partial}{\partial t} P(x, t) + \frac{\partial}{\partial x} c_1(x) P(x, t) = 0. \tag{16}$$

That is, each phase point of the distribution function changes according to the classical path $\dot{x} = c_1(x)$, as shown in Fig. 8 and Fig. 9. The scaling solution of (16) which has been connected smoothly with the initial Gaussian solution is given by

$$P_{sc}(x, \tau') = \frac{1}{\sqrt{2\pi\tau'}} (1 - \frac{g}{\gamma} x^2)^{-\frac{3}{2}} \exp[- \frac{x^2}{2\tau'(1 - gx^2/\gamma)}] . \tag{17}$$

with

$$\tau' = (\varepsilon/\gamma + \langle x^2(0)\rangle) \exp(2\gamma t) = \tau\gamma/g. \tag{18}$$

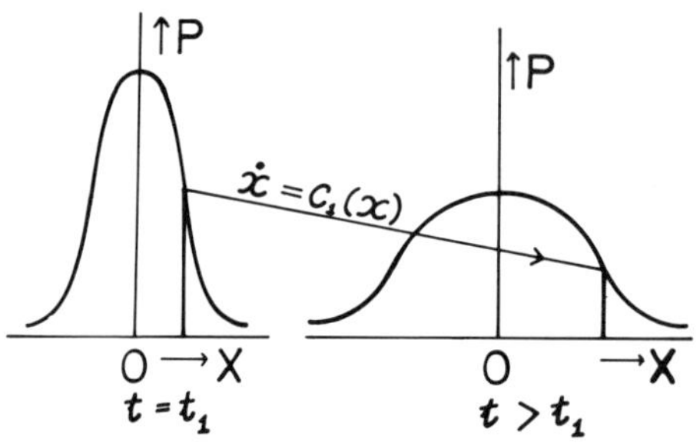

Fig. 8 Schematic time dependence of the distribution function in the second regime.

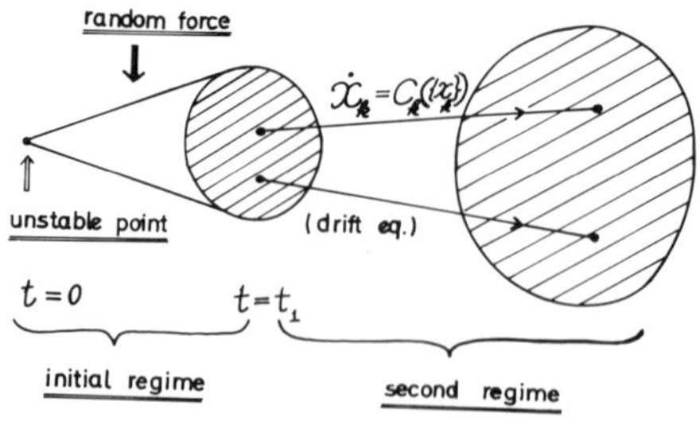

Fig. 9 Schematic explanation of the temporal evolution of the system in the initial and second regimes for multi-variables.

The time-dependence of P_{sc} is shown in Fig. 10 with the normalization $g/\gamma = 1$.

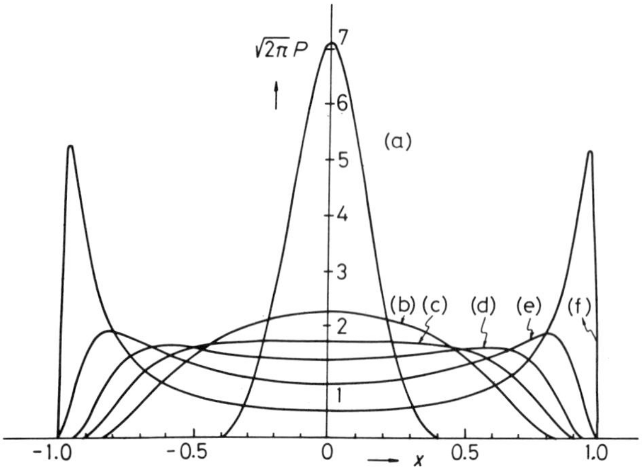

Fig. 10 Distribution function
(a) $\tau = 0.02$,
(b) $\tau = 0.2$,
(c) $\tau = \tau_0 = \frac{1}{3}$,
(d) $\tau = 0.5$,
(e) $\tau = 1$
(f) $\tau = 4$, where
$\tau = (\sigma_0 + \sigma_1) \times \varepsilon \exp(2\gamma t)$

It is remarkable that the single peak for small t changes into double peaks around the onset time t_0 given by (9). This explains the mechanism of the formation process of macroscopic order, which may be defined by the position of double peaks and whose time-dependence is shown schematically in Fig. 11.

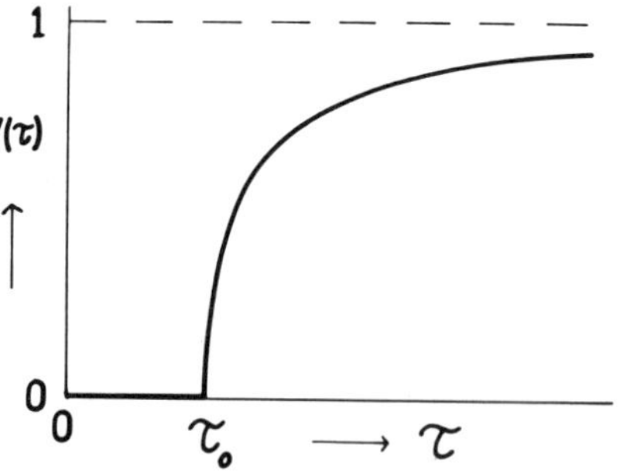

Fig. 11 Time dependence of the most probable path $y(\tau)$.

The fluctuation $<x^2(t)>$ is expressed by the integral

$$<x^2(t)> = <x^2>_{st} \frac{1}{\sqrt{2\pi}} \int_{-\infty}^{\infty} \frac{x^2\tau}{x^2\tau+1} \exp(-\frac{x^2}{2})dx \ , \tag{19}$$

with the scaling variable of time, τ, defined by (8). Thus, we find that the scaling variable of time is the same as that obtained by the simple dynamic molecular field theory, but the mathematical structure of (19) is quite different from the solution (8), in the sense that (19) is a Borel sum of the following asymptotic expansion series in τ:

$$<x^2(t)> = <x^2>_{st} \sum_{n=1}^{\infty} (-1)^{n-1}(2n-1)!! \ \tau^n \ . \tag{20}$$

It can be also confirmed [9, 10] that each term in (20) is the most dominant term in the perturbational expansion with respect to ε or g.

Alternative formulation of the scaling theory is also given in the Langevin equation. For simplicity, we explain this formulation [15, 16] in the simple Langevin equation (2). First we apply the following nonlinear transformation [12, 15, 16]

$$\xi = F(x) = \exp\int_{a_0}^{x} \frac{\gamma}{c_1(y)} dy = x(1 - \frac{g}{\gamma} x^2)^{-1/2} \ , \tag{21}$$

where a_0 is determined to give $F'(0) = 1$. This transformation yields

$$\frac{d\xi}{dt} = \gamma\xi \ + \ (1 + f(\xi))\eta(t), \tag{22}$$

where we have in our simple example

$$f(\xi) = \gamma\xi/c_1(F^{-1}(\xi)) - 1 = (1 + g\xi^2/\gamma)^{3/2} - 1 \ . \tag{23}$$

After this nonlinear transformation, it is proved [15 ∿17] that the term $f(\xi)$ can be neglected asymptotically in the second scaling regime. Thus, the scaling solution is given by

$$x_{sc}(t) = F^{-1}(\xi_{sc}(t)) \ ; \ \xi_{sc}(t) = e^{\gamma t}\int_0^t e^{-\gamma t'}\eta(t')dt' + \xi(0)e^{\gamma t}. \tag{24}$$

This yields the same result, for example, for the fluctuation (19) under the same initial distribution of $x(0)$ or $\xi(0)$.

This method can be easily extended to a more general case [15 ∿ 17].

3. Application to transient laser radiation

In this section, we apply the scaling theory to transient laser radiation [18 ∿ 27]. We use here the following semi-classical Fokker-Planck equation [20]

$$\frac{\partial W}{\partial t} + \beta\underset{\sim}{\nabla}\{(d - |\underset{\sim}{b}|^2) \underset{\sim}{b}W\} = q\underset{\sim}{\nabla}^2 W, \tag{25}$$

where $W(b, t)d^2b$ is the probability to find the amplitude of an electro-magnetic field $b(t)$ in the range $b < b(t) < b + db$, and the vector notation $\underset{\sim}{b} = (b_1, b_2) \equiv$ (Reb, Imb) is introduced. The parameters in (25) are given by

$$\beta = 4g^2\kappa/(\gamma_1\gamma_2), \quad d = (\gamma_1/4\kappa)(\sigma_0 - \sigma_{th}) \ \text{and} \ q = g^2<N_2>/2\gamma_2, \tag{26}$$

with the ordinary notations [20, 26] for g, κ, γ_1, γ_2, σ_0, σ_{th}, and $\langle N_2 \rangle$. The above equation is reduced to the following dimensionless equation

$$\frac{\partial \overline{W}}{\partial \overline{t}} + \overline{\nabla} \{(a - |\overline{b}|^2)\overline{b}\, \overline{W}\} = \overline{\nabla}^2 \overline{W} , \tag{27}$$

after appropriate scale transformations of variables, where $a = (\beta/q)^{1/2} d$. Since we are interested in the relaxation from the unstable equilibrium $b = 0$, we assume that $\overline{W}$ should not depend on the phase of b. Then, we introduce the new variable and distribution function R as

$$x = |\hat{b}|^2 \quad \text{and} \quad R(x, \hat{t}) = \frac{1}{2} \hat{W}(x^{1/2}, \hat{t}) \; ; \quad x \sim \text{photon number}, \tag{28}$$

with

$$\hat{b} = d^{-1/2} b, \quad \hat{t} = a\overline{t} = \beta d t, \quad \hat{W} = a\overline{W} = dW . \tag{29}$$

The radial distribution function R satisfies [26] the equation

$$\frac{\partial R}{\partial t} + \frac{\partial}{\partial x}\{2x(1 - x)R\} - 2\varepsilon \frac{\partial}{\partial x} x \frac{\partial}{\partial x} R = 0, \tag{30}$$

where $\varepsilon = 2/a^2$. Now we apply the scaling theory to (30) for small ε, namely for large a i.e., strong pumping. The result thus obtained [26] is

$$R_{sc}(x, \tau) = \frac{\tau}{2\eta\{\tau(1 - x) + \tau_1 x\}^2} \exp\left[- \frac{x}{2\eta\{\tau(1 - x) + \tau_1 x\}}\right], \quad \tau = \frac{\varepsilon}{2} e^{2t} \tag{31}$$

with $\eta = 1 - \varepsilon/(2\tau_1)$. Here, τ_1 is a parameter corresponding to the connection time. The qualitative feature is not sensitive to the choice of τ_1. The radial distribution function is shown in Fig. 12 for two typical parameters.

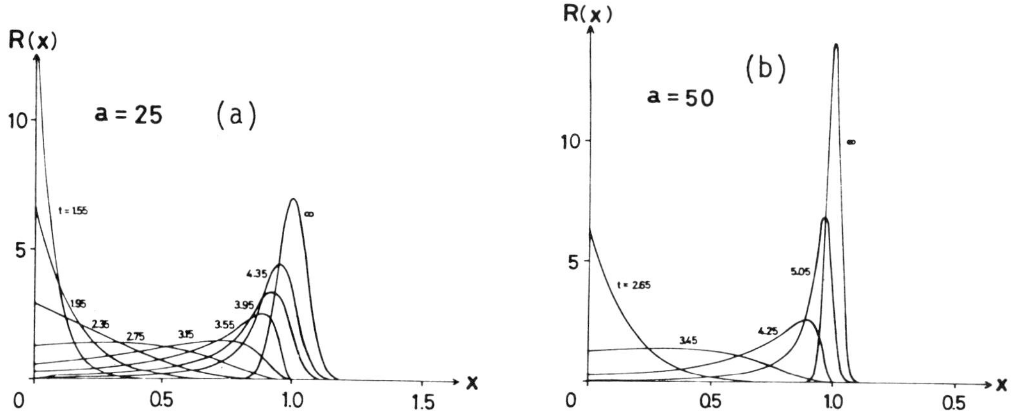

Fig. 12 Evolution of the distribution function in the cases (a) a = 25 and (b) a = 50

The corresponding intensity of laser I(t) and its fluctuation are shown in Fig. 13. Comparison with experimental results obtained by ARECCHI and DEGIORGIO [25] is made in Fig. 14 and 15. It should be remarked that the connection time $\tau_1 = (\varepsilon/2)\exp(2t_1)$ is determined systematically in the scaling theory by using the time t_m at which the experimental intensity fluctuation takes its maximum value. Then the overall evolution of intensity and its fluctuation agree very well with the experimental results [25]. As for the determination of t_2, see Ref. 26.

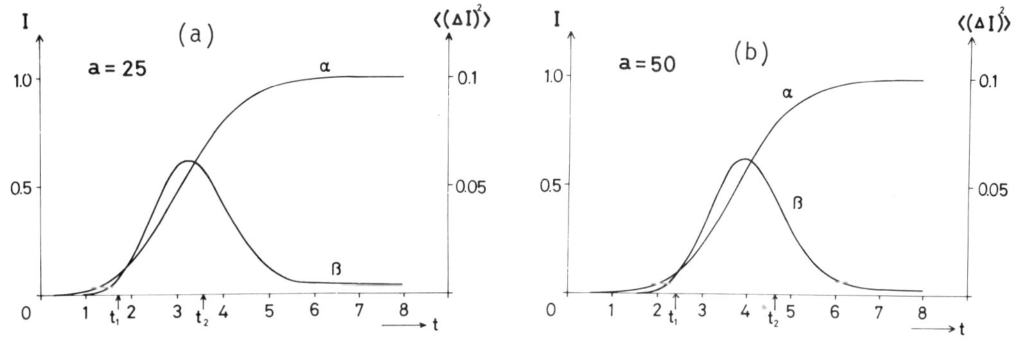

Fig. 13 Evolution of the intensity (α) and the intensity fluctuation (β) in the case (a) a = 25 and (b) a = 50.

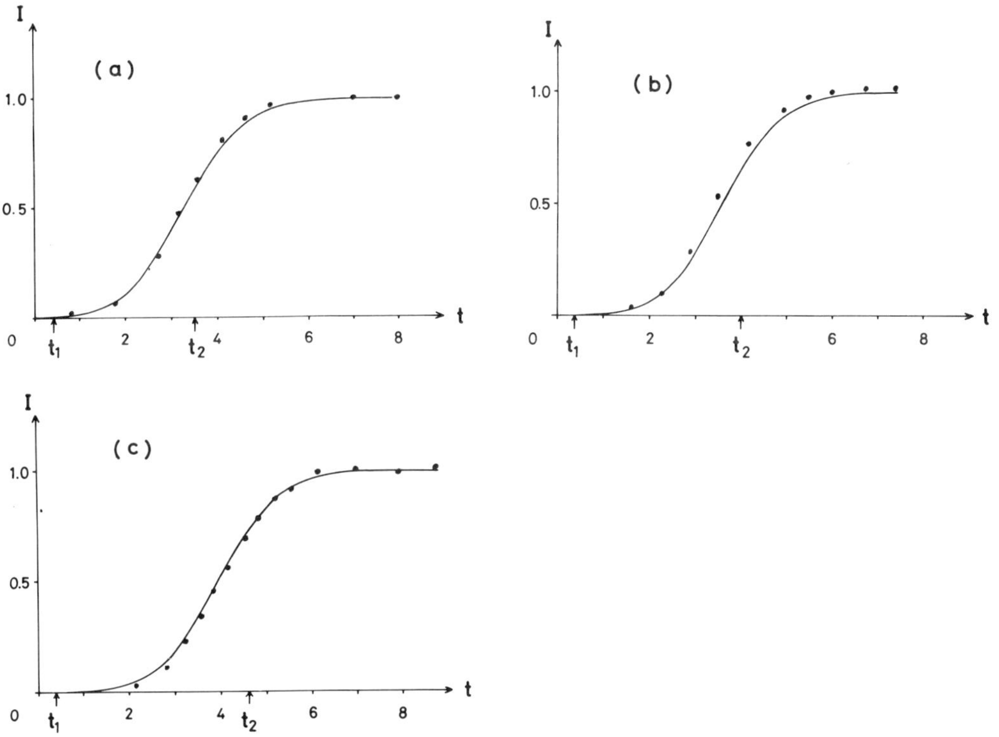

Fig.14 Evolution of the intensity for the three cases (a) a = 22.0, (b) a = 28.9 and (c) a = 40.0. Solid lines represent the scaling results and the dots represent the experimental results obtained by ARECCHI and DEGIORGIO [25].

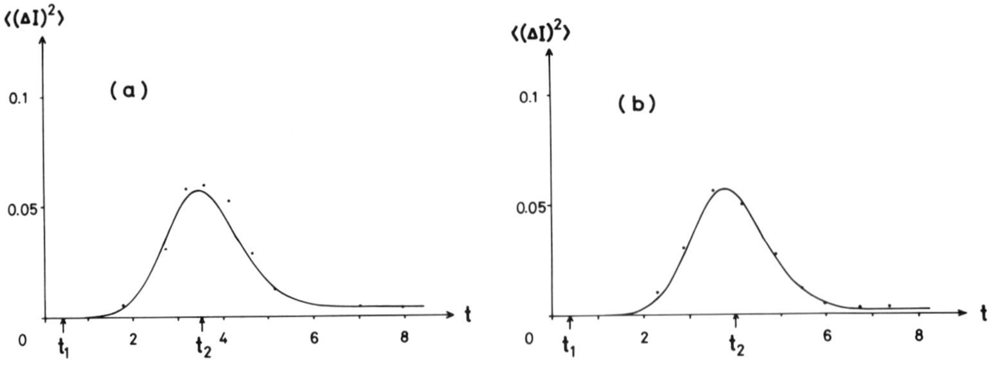

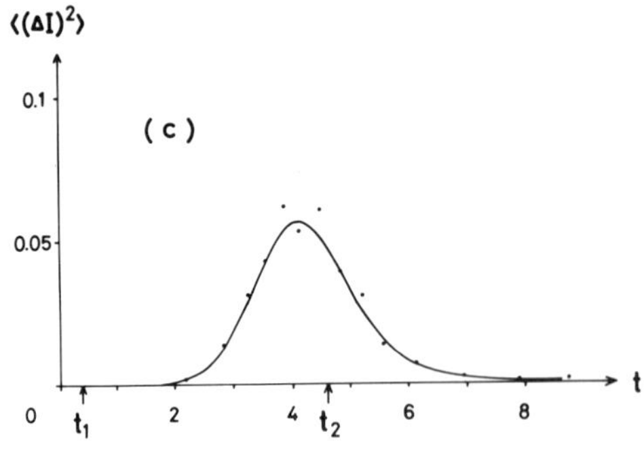

Fig. 15 Evolution of the intensity fluctuation for the three cases (a) - (c). Solid lines represent the scaling results and the dots represent the experimental results obtained by ARECCHI and DEGIORGIO [25].

4. Transient chemical reaction in the Brusselator (PLN model)

As an application of the scaling theory to systems with multi-variables, we discuss here briefly the fluctuation and relaxation of the Prigogine-Lefever-Nicolis (PLN) model [28, 29]. This model is described by the following nonlinear Fokker-Planck equation [29]

$$\frac{\partial}{\partial t} P = [- \frac{\partial}{\partial \mathbf{x}} \mathbf{c}_1(x) + \frac{\varepsilon}{2} \frac{\partial}{\partial \mathbf{x}} \cdot \mathbb{D} \cdot \frac{\partial}{\partial \mathbf{x}}]P \tag{32}$$

where

$$\mathbf{c}_1(\mathbf{x}) = \begin{pmatrix} x^2y - bx - a - x \\ bx - x^2y \end{pmatrix} \qquad ; \quad a > 0 \ , \ b > 0 \tag{33}$$

$$\mathbb{D} = \begin{pmatrix} x^2y + a + x + bx & -x^2y - bx \\ -x^2y - bx & x^2y + bx \end{pmatrix} \tag{34}$$

with the same notations as in [28, 29]. Namely, x and y denote the concentrations of two kinds of chemical species and a and b are constants related to reaction rates. The unstable equilibrium point is given by

$$\mathbf{x}_0 = \begin{pmatrix} x_0 \\ y_0 \end{pmatrix} \qquad ; \quad x_0 = a \quad \text{and} \quad y_0 = \frac{b}{a} \tag{35}$$

If the initial concentrations are deviated by δ (i.e., $\delta \simeq |\mathbf{y}_0 - \mathbf{x}_0|$) from the unstable point $\mathbf{x}_0$, then the fluctuation becomes enhanced anomalously as

$$\sigma_m \simeq \frac{1}{\delta^2} \quad \text{at} \quad t_m \simeq \frac{2}{b - b_c} \log\left(\frac{\Delta}{\delta}\right) \tag{36}$$

by applying the previous general procedure to this specific model. It should be remarked that t_m becomes larger and larger as b approaches the critical value b_c defined by

$$b_c = a^2 + 1. \tag{37}$$

If the initial system is located just at the unstable equilibrium point $\mathbf{x}_0$, the variance $\sigma(t)$ is enhanced up to the order

$$\sigma_m \simeq \frac{1}{\varepsilon} \quad \text{at} \quad t_m \simeq \frac{1}{b - b_c} \log\left(\frac{\Delta}{\varepsilon}\right). \tag{38}$$

These anomalous fluctuation and enhancement of fluctuation will be observed in future.

5. Summary and discussions

In this paper, the main concepts and strategy of the scaling theory have been explained using a simple nonlinear model, together with some applications to transient laser radiation and chemical reaction. This method can be extended to non uniform systems [30, 31], and other chemical systems [32]. There have been published many papers [30 ∿ 48] related to this scaling theory.

Acknowledgements

The author would like to Professor R. Kubo for his useful discussions.
This study is partially financed by the Yamada Foundation of Scientific Promotion.

References

1. P. Glansdorff and I. Prigogine, *Thermodynamic Theory of Structure, Stability and Fluctuations* (Wiley-Interscience, New York, 1971).
2. G. Nicolis and I. Prigogine, *Self-Organization in Nonequilibrium Systems* (Wiley-Interscience, New York, 1977).
3. H. Haken, *Synergetics*, Springer-Verlag, Berlin, 1977.
4. T. Riste ed. *Fluctuations, Instabilities, and Phase Transitions* (Prenum Press, 1975).
5. M. Suzuki, *Proceedings of Internaitonal Conference on Fronters of Theoretical Physics and Winter School*, held at New Delhi, January 6-22, 1977.
6. N.G. van Kampen, Can. J. Phys. 39, 551 (1961).
7. G. Nicolis and I. Prigogine, Proc. Nat. Acad. Sci. (U.S.A.) 68, 481 (1971). G. Nicolis, J. Stat. Phys. 6, 195 (1972).
8. R. Kubo, K. Matsuo, and K. Kitahara, J. Stat. Phys. 9, 51 (1973).
9. M. Suzuki, Prog. Theor. Phys. 56, 77 (1976).
10. M. Suzuki, J. Stat. Phys. 16, 11 (1977).
11. M. Suzuki, Prog. Theor. Phys. 56, 477 (1976).
12. M. Suzuki, Prog. Theor. Phys. 57, 380 (1977).
13. M. Suzuki, J. Stat. Phys. 16, 477 (1977).
14. M. Suzuki, Physica 86A, 622 (1977).
15. M. Suzuki, Phys. Lett. A 67A, 339 (1978)
16. M. Suzuki, Prog. Theor. Phys. 64, (1978) Supplement (in press).
17. M. Suzuki, J. Stat. Phys. to be submitted.

18. H. Haken, *Encyclopedia of Physics* 25/2c, Springer, New York 1970.
19. H. Risken, in *Progress in Optics*, vol. VIII, ed. by E. Wolf (North-Holland 1970) p.p. 239 - 234.
20. H. Risken, Z. Physik 186, 85 (1965).
21. H. Risken and H.D. Vollmer, Z. Physik 204, 240 (1967).
22. M. Sargent III, M.O. Scully and W.E. Lamb, Jr., Applied Optics 9, 2423 (1970).
23. M.O. Scully and W.E. Lamb, Jr., Phys. Rev. 159, 208 (1967).
24. Y.K. Wang and W.E. Lamb, Jr., Phys. Rev. A8, 866 (1973).
25. F.T. Arecchi and V. Degiorgio, Phys. Rev. A3, 1108 (1971).
26. T. Arimitsu and M. Suzuki, Physica (in press).
27. H. Hasegawa, Prog. Theor. Phys. 57, 1523 (1977).
H. Hasegawa, S. Sawada, and M. Mabuchi, the 4th Rochester Conference, 1977 (preprint).
28. I. Prigogine and R. Lefever, J. Chem. Phys. 48, 1695 (1968); R. Lefever and G. Nicolis, J. Theor. Biol. 30, 267 (1971).
29. K. Tomita, T. Ohta, and H. Tomita, Prog. Theor. Phys. 52, 1744 (1974).
30. K. Kawasaki, Prog. Theor. Phys. 58, 410 and 175 (1977).
31. K. Kawasaki, M.C. Yalabik, and J.D. Gunton, Phys. Rev. 17, 455 (1978).
32. G. Nicolis and J.W. Turner, Physica 89A, 326 (1977).
33. Y. Saito, J. Phys. Soc. Japan 41, 388 (1976).
34. H. Tomita, A. Ito, and H. Kidachi, Prog. Theor. Phys. 56, 786 (1976).
35. T. Shimizu, Phys. Lett. 59A, 175 and errata (1976).
36. T. Shimizu, Physica 91A, 534 (1978).
37. K. Matsuo, J. Stat. Phys. 16, 169 (1977).
38. H. Itoh and T. Nakagomi, Prog. Theor. Phys. 57, 54 (1977).
39. M. Moreau, Physica 90A, 410 (1978).
40. T. Arimitsu and M. Suzuki, Physica 90A, 303 (1978).
41. Y. Aizawa, Prog. Theor. Phys. 59, 1399 (1978).
42. I. Matsuba, Master thesis (1977).
43. K. Matsuo, J. Stat. Phys.
44. K. Kawasaki and S.K. Kim, J. Chem. Phys. 68, 319 (1978).
45. R.C. Desai and R. Zwanzig, preprint.
46. K. Matsuo, K. Lindenberg, and K.E. Shuler, preprint.
47. C. Murakami and H. Tomita, Prog. Theor. Phys.
48. Y. Saito and H. Müller-Krumbhaar, J. Chem. Phys.
49. N.G. van Kampen, J. Stat. Phys. 17, 71 (1977).

Chaos and Strange Attractors in Chemical Kinetics

O.E. Rössler

With 3 Figures

Open chemical systems of two variables, one of which may be temperature, can show multistability and oscillations as is well-known. If the right-hand sides of the equations are of a simple structure (either polynomials of low degree or Michaelis-Mentan type rational functions), only a small finite number of steady states and/or limit cycles are possible. Allowing complex transcendental functions on the right-hand sides - which is hard to realize chemically -, at most a countable number of steady states and limit cycles is possible generically.

For a long time it was believed that three-variable systems would not behave much differently from a qualitative point of view. CARTWRIGHT and LITTLEWOOD's (1) finding of an uncountable set of singular solutions ('subharmonics') in the periodically forced Van der Pol oscillator of electronics seemed a remote curiosity without impact for 3-dimensional autonomous systems (equivalence to a 3-dimensional autonomous system was shown recently (2)). SMALE's (3) abstract description of the horseshoe diffeomorphism which has similar behavior (namely, a Cantor set of singular solutions formed in the neighborhood of a homoclinic point - a notion detected by POINCARE in the context of Hamiltonian systems almost 80 years before already (4) -) was considered a mathematical pathology. The finding that it was generic for four very weakly coupled nonlinear oscillators (5) still kept the phenomenon in the vicinity of quasi-periodic oscillation; as such it was proposed to be possible also in chemistry (5). Then MAY (6) drew attention to the LORENZ equation (7), a 3-variable model of turbulence that had been forgotten for ten years. WINFREE, after observing irregular 'meandering' movements in the non-stirred Zhabotinsky reaction (8), first saw the possibility of a connection (9). A not-too-complicated 'chemical Lorenz equation' seemed out of reach, however (an example was described later (10)).

Then a simple principle allowing the generation of a Cantor set of singular solutions ('chaos') in 3-variable systems was described and illustrated by an abstract chemical example (11). The phenomenon was shown to exist in the limit of some singular perturbation parameter tending to zero; its remaining there in a finite (in fact, large) neighborhood of that singular parameter value was suggested by the observation, numerically and by way of non-quantitative arguments, that a horseshoe map was realized in these simple flows (11). A proof, using a (in the limit) piece-wise linear 2-variable example is within reach (12).

The principle consists in the combination of a (at least) 2-variable limit cycle oscillator with a (at least) single-variable bistable system (11). These constraints could subsequently be relaxed, so that a single nonlinear right-hand side (in one of the 3 variables) was sufficient; in fact, no more than a single quadratic term is needed. To find the last-mentioned relaxation, a computer was necessary (13).

While there are several examples by now (11, 14-16), including 3-variable quadratic mass-action systems (17), a nice way how to prove that the horseshoe-shaped cross-section found numerically is indeed there in each case is not available. This situation is not too much different, however, from the problem of proving the existence of a limit cycle in an arbitrary 2-variable nonlinear system showing a single attracting limit cycle under simulation. Indeed, similar direction-field techniques (confinement boxes) as are being used in 2-dimensional special cases may successfully be applied to the 3-dimensional situation; although now in addition a wedge (an unstable intermediate ring) has to be shown to be present, to make sure the flow is folded over internally. This 'wedge' of initial conditions that is mixed as a 'no man's land' into the recurrent region is depicted graphically in Fig.1. For stereoscopic computer simulations of such a simple (spiral-type) chaotic flow, see (12,13).

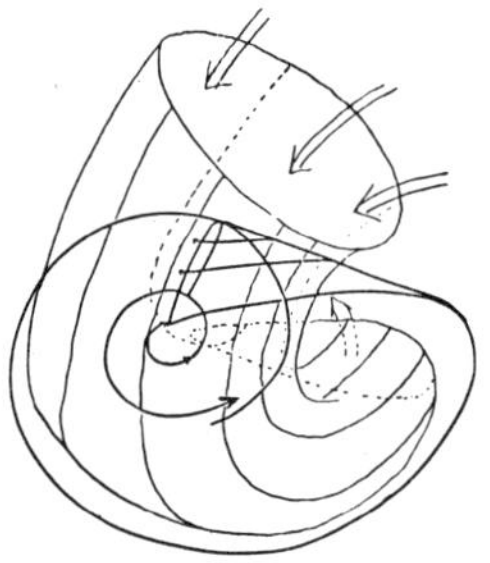

Fig.1 Wedge of 'never attained again' initial conditions in a chaotic flow. Bold lines: Folded Möbius strip ('spiral type') chaos (13). Thin lines: Wedge of initial values that are leading 'into' the strip. (Schematically.)

Not only in computer simulations but also in real measurements (using a 'chemical analogue computer', so to speak) have complicated oscillations of the chaotic type been found (18-21). Here the accuracy of the 'computer' is presumably even smaller so that simplified rate equations reproducing the behavior have to be found as a first step toward an understanding of the phenomenon (22).

Prevalence of Chaos

How great is the probability of finding chaos (in the simplest case determined by the presence of a walking-stick shaped cross-section as in Fig.1)? This is an almost epistemological question (23). The 'zoo' of abstract systems found so far strongly suggests that the probability is finite for 3-variable mass-action type systems already (17), and not small for higher-dimensional nonlinear chemical oscillators. In fact, since one nonlinearity (curved nullcline) in 3-space suffices (13), multi-variable systems with many curved nullclines - as all known chemical oscillators have - should lend themselves quite easily to chaotic behavior. According to LEFSCHETZ (24), the probability of finding non-folded-over cross-sections in nonlinear oscillators of considerably more than two dimensions is small.

Another way to arrive at the same prediction is to verify whether a given oscillatory chemical system contains more than one potential sub-oscillator. Even an intercalated damped oscillator (due, for example, to a chain of consecutive reactions) is sufficient, as in a 3-variable control system. An intuitive everyday example of how the interaction of a periodic (relaxation type) oscillation and a damped oscillation can lead to chaos is the dripping water tap: there is always some dripping rate - in between slow periodic dripping on the one side and a continuous thread of running water on the other side - at which the falling last droplet causes enough damped oscillation in the skinlet of the budding next droplet to lead to chaotic entanglement... A chemical system of the same type (saw-tooth oscillator plus linear 'air vessel' variable in the sense of SEL'KOV (25)) also has chaotic oscillations. They are based on a repetitively elicited Hopf bifurcation in the sub-oscillator (screw-type chaos (14)). The same holds true for an electronic glow tube oscillator with one linear variable (RC element) added.

Chaos and Strange Attractors

Returning to the problem posed in the headline, the relationship between horseshoe maps on the one hand and strange attractors on the other has to be understood. The first example of a strange attractor, SMALE's solenoid (3,5), is formed within a 3-dimensional diffeomorphism. The map is from a doughnut (torus) into another doubly-folded doughnut lying inside the former. Thus every pair of points separated by a certain angle in the original torus will be separated by a larger angle in the image and so forth. The result is instability of all initial conditions (hyperbolicity) while at the same time there is an attractor of measure zero (since the volume shrinks by a constant factor at every iteration). The attractor is, at the same time, infinitely often folded so that its dimensionality (in the sense of Haussdorff measure) is larger than one but less than two, which means that it forms a fractal in the sense of MANDELBROT (26).

The walking-stick shaped generalized horseshoe map is much simpler (11,28). It also separates horizontally adjacent points at every iteration, with a thin infinitely often folded thread ('fractal line') forming as an internal attractor, if the 'overlap' of the first iterate is sufficient. This is shown in Fig.2. However, there is one difference: there are some 'compression zones' interspersed now for which the

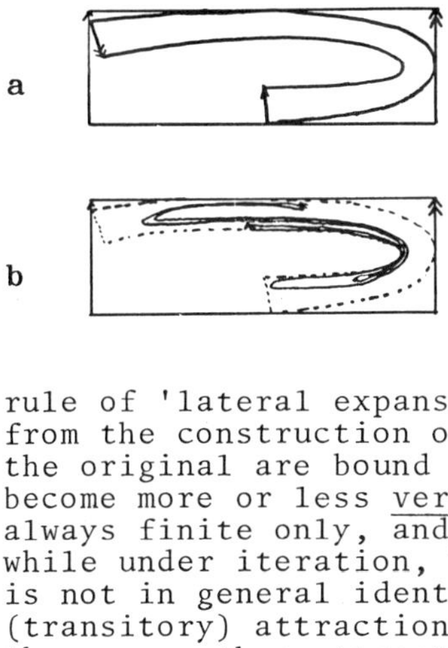

Fig.2 Walking-stick diffeomorphism. (a) Zeroeth and first iterate (the arrows are to facilitate identification of original and image). (b) Third iterate (schematically). Imagine that this stretching and folding process inside the respective last image goes on ad infinitum.

rule of 'lateral expansion' does not hold true. Their existence follows from the construction of the map: some laterally neighboring points of the original are bound to form the 'folds' in the image (so that they become more or less vertical neighbors). Of course, the compression is always finite only, and points lying in folds move out of them after a while under iteration, because the orientation of a fold and its image is not in general identical. Thus there is a possibility of every (transitory) attraction being overcompensated in the long run. However, there are other attraction zones waiting... At any rate, one particular 3-dimensional diffeomorphism, due to PLYKIN (29) and depicted in Fig.3, lacks compression zones altogether, and this in a generic way. So the Plykin map determines a strange attractor. Unfortunately however, its realization in a concrete differential system is, unlike that of the walking-stick map of Fig.2, very improbable. So 'in general' 3-dimensional chaotic systems based on 2-dimensional diffeomorphisms will not contain strange (hyperbolic) attractors. What they do contain, however, is a 'chaotic attractor.' The chaotic attractor is precisely that infi-

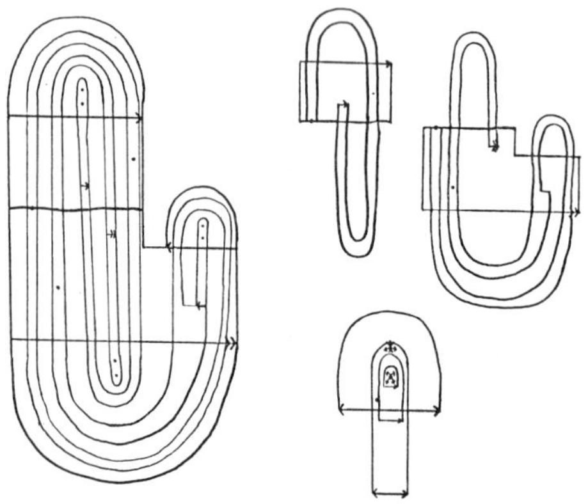

Fig.3 PLYKIN's diffeomorphism (29), strongly (but hopefully not too strongly) modified. The elements of the map are 2 (multiply folded) horseshoe maps and 3 thumbnail maps (detected but not named by Plykin). All 5 maps increase 'lateral' distances. There are 6 saddle points and 3 unstable nodes contained in the map.

nitely often folded attracting fractal line formed inside of the map of Fig.2. On this attractor, the vast majority of points are hyperbolic again, and there is a Cantor set of singular solutions due to the presence of a homoclinic point (28). Nonetheless the attracting fractal is not a minimal attractor, meaning that the presence of one or more periodic attractors within the chaotic attractor is not excluded. Strange attractors, according to this definition, are chaotic attractors that happen to be minimal.

From a practical point of view, there is not much difference between chaotic attractors and strange attractors in most cases. For the 'contraction spots' on a (mere) chaotic attractor in general form negligible (though finite) islands in terms of the area that they occupy within the original map. Due to the small size (and complicated structure) of these 'trapping islands,' tiny - though finite - exogeneous perturbations suffice to prevent the system from in the long run being caught by such an island.

Chemical Strange Attractors

While strange attractors based on a diffeomorphic cross-section are unlikely to be found in 3-variable kinetics, another class can be realized. The examples presented in ref.10 are a chemical Lorenz attractor as well as a new type of strange attractor which like the Lorenz attractor has a cross-section that is 'close to a diffeomorphism,' that is, becomes a diffeomorphism when a single one-dimensional arc (short line segment) is deleted.

Unlike the Lorenz equation itself, for which the presence of a cross section determining a Lorenz attractor (30,31,32) has not yet been proven, the chemical examples belong into the class of systems which, in the limit of some singular perturbation parameter tending to zero, are provably chaotic and provably possess a strange attractor (10). However, to add a chemical grain of salt, they are not of mass-action type but involve steady state approximations of intermediate 'fast' variables (leading to Michaelis-Menten type nonlinearities).

Phase-plot measurements obtained in the Zhabotinsky reaction when in a chaotic mode in one case suggested the presence of a saddle-point hidden in the chaotic flow (21). This is a necessary, though not sufficient, condition for having a strange attractor of the 3-variable type just discussed.

Four-Variable Chaos and Hyperchaos

As soon as more than 3 (say 4) variables are admitted, strange attractors do no longer require a saddle-point within the chaotic flow (or an endomorphic rather than diffeomorphic cross-section). Besides the doubly folded doughnut, there is another 3-dimensional diffeomorphism, the 'rotated walking-stick map,' which most probably also produces a strange attractor over finite ranges of parameters (although this has yet to be shown in detail). No more than 2 quadratic nonlinearities seem to be required for its realization in 4 variables. See ref.2 for a more complicated example.

In 4-variable systems, chaos of the classical type no longer forms the most interesting dynamical phenomenon to look for. For it is, as we saw, typical for 3 dimensions already. A new phenomenon, tentatively called hyperchaos, can be expected in 4 dimensions (2,32).

Hyperchaos is based on maps that are not just singly (or multiply) folded in <u>one</u> direction, as chaos is, but on maps that are folded over in <u>two</u> independent directions. The prototype is the 'folded towel map' (2,12). The non-minimal attractor formed within the map now no longer is a 'fractal line,' but rather a 'hyperfractal sheet.' A fractal sheet, being a product of a fractal line and a one-dimensional arc, is <u>not</u> sufficient (it only can generate a strange attractor). A hyperfractal sheet is a product of two fractal lines. When taking the folded towel map seriously, for example by realizing it in the kitchen with dough (which is compressed, rolled out, folded over sufficiently in two independent directions, then put back into the original form with new dough added to make up for the lost volume, and so forth (2)), it turns out that in the limit a hyperfractal sheet is formed inside as an attractor - just as a fractal line was formed inside of the 2-dimensional walking-stick map (Fig.2). A differential equation for which the presence of such an attractor can be proved in a certain limiting case has been proposed (2). Several simpler equations which supposedly retain the behavior were also indicated (2); the following 4-variable quadratic mass-action system belongs to the same set of candidate systems:

$$\begin{aligned} \dot{x} &= a + (b-c)x - dx^2 - exw \\ \dot{y} &= cx + fz - gy \\ \dot{z} &= h + (i-f)z - kz^2 - mzw \\ \dot{w} &= 2gy - exw - mzw . \end{aligned} \qquad (1)$$

Eq.(1) at the same time is a candidate for producing a strange attractor.

<u>Complicated Limit Cycles and Chaos</u>

Returning to the safe ground of 3-variable systems, a remark on other types of behavior that are not chaotic but still less trivial than an ordinary planar limit cycle is may be on line. Complicated (coil type) limit cycles where classified by GUREL (33). A toroidal chemical oscillator is described in ref.34. In an attempt to realize such 'typically 3-dimensional limit cycles,' the phenomenon of chaos was encountered (11). Recently, a 6-variable reduced model of the Zhabotinsky oscillation yielding a complicated limit cycle in the computer was proposed in order to explain the experimental findings of 'chaos' in the Zhabotinsky reaction (22).

Complicated limit cycle oscillators in general also have cross-sections that are 2-dimensional (at least). Up till now, it is an empirical rule that they can 'always' be distorted (by appropriate parameter changes) in such a way that chaos appears. The difference between a complicated limit cycle oscillation and a chaotic one (which as we saw also involves complicated periodic attractors in many cases) is, that in the former <u>not</u> the great majority of (pairs of) initial conditions shows hyperbolicity. This test has been applied to the model mentioned (22).

Distributed Chaos

Distributed chemical chaos ('chemical turbulence') was described in a 2-variable morphogenetic partial differential equation (35) and in a 2-variable 2-cellular version of a Rashevsky-Turing system (15). Winfree's 'meandering' ('local turbulence') was reproduced in a 2-variable excitable partial differential equation (cf. ref.16). Standing ('frozen') chaos in morphogenetic equations is also possible (36,37). KURAMOTO recently showed that Lorenz-type chaos is typical for emerging turbulence in oscillatory morphogenetic partial differential equations (38). Upon increasing the size of the system, further bifurcations occur which probably lead to higher (hyper) forms of Lorenzian chaos. Lorenzian hyperchaos was apparently already observed in the 2-cellular approximation ('third type' of chaos in ref.15).

Chaos (though not of attracting type) is also possible in linear partial differential equations (non-repetitive wave scattering). Distributed chaos may provide a link between quantum chemistry, statistical mechanics, and turbulence.

References

1. Cartwright, M.L., J.E. Littlewood (1945). J.Lond.Math.Soc. 20, 180-1
2. Rössler, O.E. (1978). Proc.AMS-Siam Summer School Nonlinear Oscillations in Biology, Salt Lake City, June.
3. Smale, S. (1967). Bull.Amer.Math.Soc. 73, 747-817.
4. Poincaré, H. (1899). Les Méthodes Nouvelles de la Mécanique Céleste, Vols. 1-3. Reprinted Dover: N.Y. 1957.
5. Ruelle, D., F. Takens (1971). Commun.Math.Phys. 20, 167-192.
6. May, R.M. (1974). Science 186, 645-647.
7. Lorenz, E.N. (1963). J.Atmos.Sci. 20, 130-141.
8. Winfree, A.T. (1973). Science 181, 937-939.
9. Winfree, A.T. (1975). Personal Communication.
10. Rössler, O.E., P.J. Ortoleva (1977). Springer Lecture Notes in Biomathematics 21, 67-73.
11. Rössler, O.E. (1976). Z.Naturforsch. 31 a, 259-264.
12. Rössler, O.E. (1978). Ann.N.Y.Acad.Sci. (in press).
13. Rössler, O.E. (1976). Phys.Lett. 57 A, 397-398.
14. Rössler, O.E. (1977). Bull.Math.Biol. 39, 274-289.
15. Rössler, O.E. (1976). Z.Naturforsch. 31 a, 1168-1172.
16. Rössler, O.E. (1977). In: Synergetics: A Workshop (H. Haken, ed.), pp. 174-183. Springer-Verlag: N.Y.-Heidelberg.
17. Rössler, O.E. (1978). Proc.Int'l Symp.Math.Topics in Biology, Kyoto Sept.11-12, pp. 131-135. Research Institute for Math.Sci., Kyoto.
18. Olsen, L.F., H. Degn (1977). Nature 267, 177-178.
19. Schmitz, R.A., K.R. Graziani, J.L. Hudson (1977). J.chem.Phys. 67, 3040-3044.
20. Rössler, O.E., K. Wegmann (1978). Nature 271, 89-90.
21. Wegmann, K., O.E. Rössler (1978). Z.Naturforsch. 33 a (in press).
22. Showalter, K., R.M. Noyes, K. Bar-Eli (1978). A modified Oregonator model exhibiting complicated limit cycle behavior in a flow syste (Preprint.)
23. MacDonald, N. (1978). Nature 271, 305-306.
24. Lefschetz, S. (1967). In: Differential Equations and Dynamical Systems. (J.K. Hale & J.P. LaSalle, eds.), pp.1-14. Academic: N.Y.
25. Sel'kov, E.E. (1972). In: Analysis and Simulation of Biochemical Systems (H.C. Hemker & B. Hess, eds.), pp.145-162, N.Holland: N.Y.
26. Mandelbrot, B.B. (1977). Fractals: Form, Chance and Dimension. Freeman: San Francisco.
27. Rössler, O.E. (1977). Z.Naturforsch. 32 a, 607-613.
28. Rössler, O.E. (1977). In: Synergetics: A Workshop (H. Haken, ed.), pp. 184-199. Springer Verlag: N.Y.-Heidelberg.

29. Plykin, R.V. (1974). Math.Sbornik 94, 243-246.
30. Guckenheimer, J. (1976). In: The Hopf Bifurcation and Its Applications (J.E. Marsden & M. McCracken, eds.), pp.368-381. Springer: N.Y.
31. Williams, R.F. (1978). Ann.N.Y.Acad.Sci. (in press).
32. Rössler, O.E. (1976). Z. Naturforsch. 31 a, 1664-1670.
33. Gurel, O. (1974). Int.J.Neuroscience 6, 165-179.
34. Rössler, O.E. (1977). Z.Naturforsch. 32 a, 299-301.
35. Kuramoto, Y., T. Yamada (1976). Progr.Theoret.Phys. 55, 679-683.
36. Mimura, M., Y. Nishiura, M. Yamaguti (1978). Ann.N.Y.Acad.Sci. (in press).
37. Kuramoto, Y. (1978). Unpublished.
38. Kuramoto, Y. (1978). Progr.Theoret.Phys. 64, Suppl. (in press).

The Multifaceted Family of the Nonlinear: Waves and Fields, Center Dynamics, Catastrophes, Rock Bands and Precipitation Patterns

P. Ortoleva

With 7 Figures

I. "Anything" Can Happen

In nonlinear partial differential systems almost anything can happen. And what is beautiful is that it does. However depressing this thought might be to those who like simple generalizations, it also serves to point out the beauty and great variation of the manifestations of the nonlinear in the bio-, geo- and other spheres around us. In the following set of brief comments on studies of nonlinear phenomena done with my colleagues and students I will emphasize the cascading open endedness of the realm of the nonlinear. I would like to state here that several of these projects were direct or indirect offshoots from the very enjoyable years I spent with Professor *John Ross* at M.I.T.

II. Hysteretic Response of Chemical Waves to Applied Fields

The presence of ionic species in wave propagating media allows for a coupling of a chemical wave to an applied electric field. There are two types of effects in electrochemical wave media [1]. At low ionic strength the Debye length may be of order of the length of the concentration profile. In this case there exist a moving Planck (concentration cell) type potential associated with a propagating wave. In wave media discovered to this point the ionic strength is large and hence this effect is masked.

A second type of phenomenon is due to the presence of electric fields that may be applied across a propagating wave. Let M_i denote the product of the ionic valence and mobility ($M_i \gtrless 0$ for positive/negative ions) and E the applied ohmic field ($E = d/\sigma_0$ where d is the applied current density and σ_0 is the mean conductivity - neglecting the small variations in the conductivity that usually occur over a wave profile). Then each ion would, in the absence of reaction, tend to drift at a velocity $v_i = M_i E$. Now suppose the system in the absence of the applied field would propagate with a velocity $v(E = 0)$. Then one would suspect that interesting effects could occur when a field, applied across a wave, is raised to a level such that the ionic speeds are of the order of the field free velocity $v(0)$. We indeed find this to be the case [2].

Consider a one dimensional stationary wave propagating along the r direction with a velocity v. Let M be a diagonal matrix of mobility-valence factors ($M_{ij} = M_i \delta_{ij}$) and let the system be subjected to an applied field E (assumed constant as is the case for a constant current in the presence of a large background electrolyte as in the BZZ medium). Then in a frame of reference $\phi = r - vt$ moving with a stationary wave, the column vector of concentration $\Psi(\phi,E)$ satisfies the equation

$$\underline{\underline{D}}\underline{\Psi}'' + (v - E\underline{\underline{M}})\underline{\Psi}' + \underline{F}(\underline{\Psi}) = 0 \qquad \text{(II.1)}$$

where $\underline{\underline{D}}$ and $\underline{F}$ are the diffusion matrix and column vector of (nonlinear) chemical rates respectively. This equation presents itself as a nonlinear eigenvalue problem for the determination of v(E) and the wave function $\underline{\Psi}(\phi,E)$. Clearly if all the mobilities are equal then we have $\underline{\Psi}(\phi,E) = \underline{\Psi}(\phi,0)$ and $v(E) = v(0) + E\bar{M}$ where $M_i = \bar{M}$, all i. Typically this degenerate case is not obtained and the effects can be much more interesting.

To investigate some of the possibilities we have studied a class of models that allows for front propagation in an essentially soluble model with reaction scheme [2]

$$A + X^+ + aS \xrightarrow{k_1} P_1^+ + aS \qquad \text{(II.2)}$$

$$B + 2X^+ + bS \xrightarrow{k_2} 3X^+ + P_2^- + bS \qquad \text{(II.3)}$$

$$C + 3X^+ + cS \xrightarrow{k_3} 2X^+ + P_3^+ + cS \qquad \text{(II.4)}$$

$$S \xrightarrow{k_4 H(x)} P_4 \quad , \qquad S_0 \underset{k_6}{\overset{k_5}{\rightleftarrows}} S \qquad \text{(II.5,6)}$$

where A, B, C and S_0 are assumed constant, a, b, c were allowed to take on any integer value (we actually tested the 27 cases for 0,1,2) and H(X) is a feedback type enzymatic factor which was modeled to be a step function, $H(X) = H^\infty \theta(X - X_0)$ where θ is the Heaviside function and H^∞ and X_0 are positive constants. All rate laws were assumed to be of the simple mass action type. In the absence of an applied field the model system can sustain a *unique* plane front of monotonic variations of X^+ and S. In the model study it was assumed that X^+ was positive and various cases of the valence and mobility of S were examined. It was found that when the X rates were large, i.e., $k_1, k_2, k_3 >> k_4, k_5, k_6$, the wave equation (II.1) could be solved exactly and and the eigenvalue v(E) determined as a solution of a given algebraic equation. Since the latter equation was nonlinear the interesting prospect arose that v(E) could be multiple valued.

Interesting velocity dependences that we obtained for cases indicated in the caption are shown in Figs.1 and 2. The case of Fig.1 shows essentially linear dependence of the velocity on field with the exception of a peculiar excursion into a multiple valued domain. For this system the velocity would jump up abruptly as the field is raised above the value at the right knee. If the field is then lowered to the lower knee value the velocity jumps down, this time reversing direction. In Fig.2 the curve is seen to be multiple valued with respect to either variable. Here, unlike in the case of Fig.1, the lines of velocity at large positive and negative applied fields never coalesce when extended to the opposite extreme values. In either case we note a hysteresis in the response of the wave to an external field.

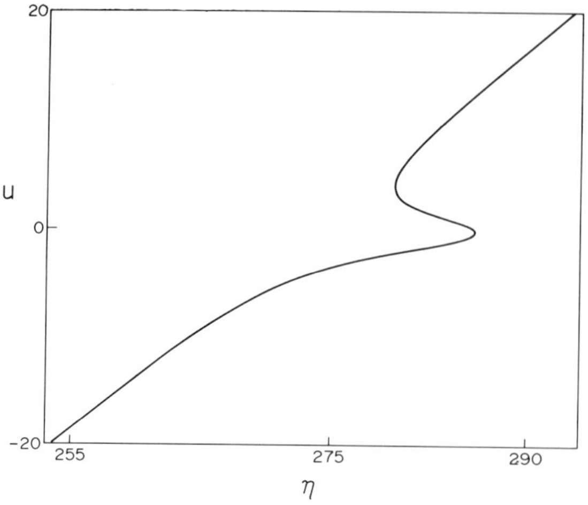

Fig.1. Dependence of dimensionless wave velocity u on dimensionless electric field η for the case a = 0, b = 1, c = 2 of (II.2-6) with uncharged S. See Ref.2 for details

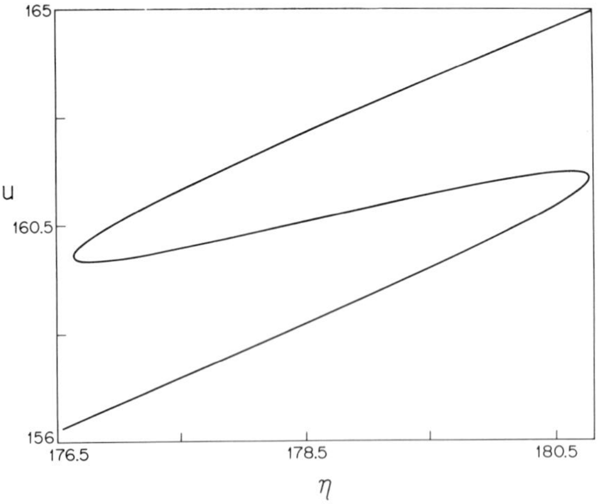

Fig.2. Same as Fig.1 except a = b = c = 1 with positively charged S

The three valued domains of the velocity graphs correspond to the existence of three distinct wawes. Using numerical simulation of the partial differential equations it was found that the middle branch of waves was unstable while the extreme two branches were stable. It is important to stress that the field free model studied here supports at most one type of wave. Multiple waves in field free systems have been studied also [3]. In the present model the multiplicity is induced by imposing the electric field.

We believe that this general area of study should be very rewarding. In future work we shall investigate models with other types of waves including pulses and periodic wave trains as well as center and spiral waves (in the latter two cases putting electrodes at the origin and infinity). Also in progress is a theoretical and experimental study of the BZZ mechanism.

III. Center Wave Chaos and Periodicity: A Dynamic Padé Approximant Theory

Beautiful concentration patterns of circular, spiral and other geometries have been observed in experiments on the BZZ and related reagents [4] and in computer simulation of reaction models [5]. These spatio-temporal phenomena have been found to be chaotic or periodic depending on the conditions of the system. Here a scheme is proposed for putting many of these phenomena within a unified theoretical framework.

One key observation is the realization for many of these patterns - such as spirals and circular waves - the concentration pattern far from the center is essentially plane wave like when viewed along a ray from the center. Furthermore it has been shown that although an expansion of the concentration pattern in powers of the distance r from the center leads to some interesting conclusions [6] this "core expansion" never truncates in any finite order. This situation is similar to other problems in theoretical physics where a property is known only at extremes of some parameter although the full range of dependence contains the important physics (i.e., for phase transitions). One solution to this theoretical problem is the use of Padé approximants which have been shown capable of being able to predict the value of a quantity from power series expansions well beyond the range of validity of a given truncation [7]. A Padé approximant of a function f(x) is a ratio of polynomials in x whose order is chosen typically to have the correct properties at extreme values of x(say 0 and ∞) where series expansion or other information might be most easily obtainable. For center waves this approach is suggestive but not complete since at large distances from the core the profile is a periodic function of r. Furthermore the coefficients of the core expansion in r are not known but are given as coupled sets of equations such that the equation for the coefficient of r^n always involves that of r^{n+2} and hence this core hierarchy does not constitute a closed set of equations. To resolve this dilemma the concentration of species i was written

$$\Psi_i = (b_{i0} + b_{i1}r + \dots b_{iL}r^L)^{-1}[a_{i0} + a_{i1}r + r^L\Psi_i^\infty(\phi^\infty)] \qquad (III.1)$$

where $\underline{\Psi}^\infty$ is the plane wave function. Note that far from the core, $r \to \infty$, $\Psi_i \sim \Psi_i^\infty(\phi^\infty)$ and hence this modified Padé approximant, by construction, maps onto the plane wave outer behavior. The function ϕ^∞ depends on time, r and, for spiral waves, the angular coordinate in a way determined by the specific geometry [$\phi^\infty = \omega t + kr$ for circular waves of wave vector k and frequency $\omega(k)$ for example]. The next step in the construction of the solution is to use this expression to express a certain number of the coefficients of the core expansion in terms of the a and b's and then use the core differential equations to derive equations for the a and b functions. The core hierarchy is then closed by picking L so that just enough information may be obtained from the plane wave function Ψ^∞ to generate the unknown higher order coefficient that arises in the core equation. Thus the assumption is that by choosing L sufficiently large the r expansion will be valid out until the center wave is plane like at which point, by construction, the solution is exact. A final complication arises in that the solution is found to have a branch point as follows. Far from the core the phase of oscillation of a circular wave, ϕ^∞, is of the form $\phi^\infty = \omega t + kr$. Thus, for small r, $\underline{\Psi}^\infty(\phi^\infty)$ is linear in r. However, the core expansion for $\underline{\Psi}$ is *even* for circular waves! It was thus found necessary to account for a branch point in the phase of oscillation writing the phase of oscillation as $\sqrt{\alpha(t)^2 + k^2r}$ which goes to ϕ^∞ as $r \to \infty$ but which is an even function of r. Similar branch behavior is found to circular waves.

For the case of circular waves (and analogously for spirals) the a, b and α parameters obey a coupled set of ordinary differential equations, the general structure of which is nonlinear and nonautonomous, containing source terms with frequency $\omega(k)$ due to the truncation - Padé matching procedure. Coupled nonautonomous nonlinear equations are known to demonstrate a variety of interesting phenomena from which we may conclude that the dynamic Padé approximant approach can account for periodic, multiamplitude, subharmonic and chaotic center patterns. In the initial studies of this method, circular waves were analyzed in a simple model systêm, finding periodic and aperiodic centers. The theory was also shown to lead to a simple stability analysis for these complex structures. The potential for future work along these lines seems great.

IV. Toward a Singularity Theory for Reaction Diffusion Phenomena

It has been well documented in this conference and elsewhere that a wealth of phenomena can exist in reaction diffusion systems. Let us now address the question of developing a classification theory for certain types of behavior. A preliminary effort along these lines has been made in the context of chemical waves where it has been shown that the elementary catastrophes of Thom [8] serve to classify some types of phenomena in systems with widely separated time or length scales [9].

Consider the reaction diffusion system

$$\partial\underline{\Psi}/\partial t = \underline{\underline{D}}\nabla^2\Psi + \underline{R}(\underline{\Psi}) \quad . \tag{IV.1}$$

If we can write $R = \varepsilon^{-\underline{\underline{H}}}\underline{R}(\underline{\Psi})$ where $\underline{\underline{H}}$ is a diagonal matrix with the first f diagonal elements unity and all the other s-f entries zero) then as $\varepsilon \to 0$ it is clear that the evolution of the system either is very rapid in space or time or the concentrations lie on the intersection of the f surfaces

$$R_i(\underline{\Psi}) = 0 \quad , \quad i = 1, 2, \ldots, f \quad . \tag{IV.2}$$

The intersection of these surfaces, termed the "behavior surface", plays a central role in the theory. Indeed it is catastrophe theory, and more generally singularity theory [10], which can be used to classify the topological characteristics of these surfaces and hence provides a central element of a classification theory for phenomena in multiple scale problems. Similar comments can be made regarding the separation of length scales leading to "diffusion behavior surfaces" by making widely separated diffusion coefficients explicit by introducing appropriate smallness parameters [9].

In the work presented here we shall discover that a simple picture of classifying the types of behavior in terms of the singularities in R[via (IV.2)] breaks down (as usual with nonlinear problems!) leading to the possibility of catastrophes (singularities) associated with the distributed (inhomogeneous) system that are not embedded in R directly (and similarly for diffusive behavior surfaces). This is not particularly an obvious conclusion because of the symmetry of the diffusion operator which acts similarly at all points.

A. Two Box Model. Consider a two box model with two types of chemical species denoted by column vectors $\underline{X}_{(\alpha)} = \{X_{(\alpha)1}, X_{(\alpha)2}, \ldots X_{(\alpha)f}\}$ and $\underline{Y}_{(\alpha)} = \{Y_{(\alpha)1}, \ldots , Y_{(\alpha)s-f}\}$, $\alpha = 1, 2$. These species are taken to evolve according to

$$d\underline{X}_{(1)}/dt = \underline{\underline{\mathcal{D}}}[\underline{X}_{(2)} - \underline{X}_{(1)}] + \underline{R}(\underline{X}_{(1)}, \underline{Y}_{(1)}) \tag{IV.3a}$$

$$d\underline{Y}_{(1)}/dt = \underline{\underline{E}}[\underline{Y}_{(2)} - Y_{(1)}] + \underline{S}(\underline{X}_{(1)}, \underline{Y}_{(1)}) \tag{IV.3b}$$

and similarly for box 2. $\underline{R}$ and $\underline{S}$ are the reaction rates and the $\underline{\underline{\mathcal{D}}}$ and $\underline{\underline{E}}$ terms represent transport between boxes ($\underline{\underline{\mathcal{D}}}$ and $\underline{\underline{E}}$ are taken to be constant diagonal matrices for simplicity).

1. Reaction Singularities. If we take the case $\underline{R} = \varepsilon^{-1}\underline{R}$ as $\varepsilon \to 0$, all other terms ($\underline{\underline{\mathcal{D}}}, \underline{\underline{E}}, \underline{\underline{S}}$) remaining finite, then we obtain the behavior surface as the intersection

of the surfaces $\underline{R}[\underline{X}_{(\alpha)}, \underline{Y}_{(\alpha)}] = 0$, independent in each box $\alpha = 1, 2$. Thus the singularities for the system are identical to those for the homogeneous kinetics.

2. Reaction-Diffusion Singularities. Let us assume that the X evolution is tightly coupled between boxes 1 and 2 so that we have $\underline{\underline{\mathcal{D}}} = \varepsilon^{-1}\underline{\underline{D}}$ as well as $\underline{\mathcal{R}} = \varepsilon^{-1}\underline{R}$. Then the system must reside on the behavior surface

$$\underline{\underline{D}}[\underline{X}_{(2)} - \underline{X}_{(1)}] + \underline{R}(\underline{X}_{(1)}, \underline{Y}_{(1)}) = 0 \qquad \text{(IV.4a)}$$

$$D[\underline{X}_{(1)} - \underline{X}_{(2)}] + \underline{R}(\underline{X}_{(2)}, \underline{Y}_{(2)}) = 0 \quad . \qquad \text{(IV.4b)}$$

This system is seen to have 2f "behavior variables" $\{\underline{X}_{(1)}, \underline{X}_{(2)}\}$ and 2(s - f) "control variables" $\{Y_{(1)}, Y_{(2)}\}$. It is instructive to eliminate $\underline{X}_{(2)}$ in favor of $\underline{X}_{(1)} \equiv \underline{X}$ and the control variables. From (IV.4a) we obtain $\underline{X}_{(2)} = \underline{X} - \underline{\underline{D}}^{-1}\underline{R}(\underline{X},\underline{Y}_{(1)})$. Furthermore adding (IV.4a,b) we obtain the "integral behavior surface" (a term to be justified below)

$$\sum_{\alpha=1}^{2} \underline{R}(\underline{X}_{(\alpha)}, Y_{(\alpha)}) = 0 \qquad \text{(IV.5)}$$

which upon eliminating $\underline{X}_{(2)}$, becomes

$$\underline{R}(\underline{X},\underline{Y}_{(1)}) + \underline{R}(\underline{X} - \underline{\underline{D}}^{-1}\underline{R}(\underline{X},\underline{Y}_{(1)}), \underline{Y}_{(2)}) = 0 \quad . \qquad \text{(IV.6)}$$

Clearly the potentiality for new features on the behavior surface exists here since the number of control variables is doubled over that for the above case. We now show that *despite the symmetry in the form of the box 1 and 2 equations (IV.4)* we can find new singularities that are of a distinctly different type than in $\underline{R}$ alone.

To demonstrate this point we consider the simple example $R = X^2 - Y$ for single species X and Y. Letting $Y_{(\alpha)} = D^2 y_\alpha$, $X = Dx$, (IV.6) becomes $x^4 - 2x^3 + 2(1 - y_1)x^2 + 2y_1 x + y_1^2 - y_1 - y_2 = 0$. Since the control space is dimension 2 we expect that this surface $x = x(y_1,y_2)$ could sustain cusp like behavior; this may be easily verified by investigating the behavior of y_2 as a function of x and y_1 (the cusp point is found to be at $x = y_1 = y_2 = 1$). Thus the higher order catastrophe is induced due to diffusion coupling *despite the symmetry of the diffusive interaction.*

These observations not only demonstrate the potentialities in two box systems but lend some insight into continuous systems. Indeed the model assumption $\underline{\underline{\mathcal{D}}} = {}^{-1}\underline{\underline{D}}$ has its analogues in spatial scaling arguments and with this in mind we turn to reactiondiffusion systems.

B. Continuous Systems. The present investigation of continuous systems is in no way complete so I prefer to limit myself to a few suggestive comments that will point out the scope and type of things that appear to be possible. Again let us divide chemical species into two classes called $\underline{X}$ and $\underline{Y}$. These will be taken to obey the continuous analogues of (IV.3),

$$\partial\underline{X}/\partial t = \underline{\underline{D}}\partial^2\underline{X}/\partial r^2 + \underline{R}(\underline{X},\underline{Y}) \qquad \text{(IV.7)}$$

$$\partial\underline{Y}/\partial t = \underline{\underline{E}}\partial^2\underline{Y}/\partial r^2 + \underline{S}(\underline{X},\underline{Y}) \quad .$$

1. Reaction Singularities. The situation here is similar to that of the two box system when we take $\underline{R} = \varepsilon^{-1}\underline{R}$. Again although $\underline{Y}$ may vary in space evolution which is slow in time must reside on $\underline{R} = 0$ at each point in space.

2. Scaling and the Behavior Functional. Consider the case $\underline{R} = \varepsilon^{-1}\underline{R}$, $\underline{\underline{S}} = \varepsilon\underline{\underline{E}}$ and look at solutions on a space scale of order ε^{-1}. Letting $r = \varepsilon^{1/2}\rho$(IV.8) becomes $\varepsilon \to 0$

$$0 = \underline{\underline{D}}\partial^2\underline{X}/\partial\rho^2 + \underline{R} \quad , \quad \partial\underline{Y}/\partial t = \underline{\underline{E}}\,\partial^2\underline{Y}/\partial\rho^2 + \underline{S} \quad . \qquad \text{(IV.8,9)}$$

Note that (V.8) plays the same role as (IV.4) and integration of (IV.8) over the system would then give the analogue of (IV.4). Assuming for simplicity that $\partial\underline{X}/\partial r$ vanishes at the boundaries we obtain for a system with $a < \varepsilon^{1/2}r < b$

$$\underline{B} = \int_a^b d\rho\underline{R}(\underline{X},\underline{Y}) = 0 \quad . \qquad \text{(IV.10)}$$

Unfortunately the next step is not as trivial as for the two box problem where we could eliminate $\underline{X}$ in one of the boxes. Let us assume, however, that we can find the solution of (IV.8) as a function of $\underline{X}_0$, the value of $\underline{X}$ at point ρ_0, and a functional of $Y(\rho,t)$. Then $\underline{B} = \underline{B}(\underline{X}_0|\underline{Y})$ and the problem is reduced to finding the geometric features of the "surface" $\underline{B}(X_0|Y) = 0$, i.e. $\underline{X}_0 = x_0[\underline{Y}]$ in a functional (continuously infinite dimensional) control space. This would seem like a hopeless task. Even for spaces of finite dimensions the number of possible catastrophes diverges after 5 dimensions. However, a possible simplification could be found in limiting the qualitative behavior of $\underline{Y}(\rho,t)$ to be, say, monotonic or to have one maximum, etc. For example, it would be tempting to conjecture that the monotone case for the example of Sect.IV.A2 would generate a cusp from the fold in $R = X^2 - Y$ for that two species model.

Thus we can conclude that one may classify reaction diff·sion systems via the singularities in $\underline{R} = 0$ if there are no control species with small diffusion coefficients. However if the latter is true then new, higher order functional behavior surfaces may be generated and the dynamics can become much richer.

V. Geological Banding Phenomena in Plageoclase Feldspars

Plageoclase feldspars are solid solutions of the completely miscible endmembers Anorthite ($CaAl_2Si_2O_8$) and Albite ($NaAlSi_3O_8$). It is found [11] that in many samples of this system the crystals, formed from magmatic cooling, are banded compositionally as shown in Fig.3. It has most traditionally been believed that this banding resulted due to periodic variations in the conditions of crystallization. A much lesser held view is that it could be due to an interplay between the dynamics of crystallization and of diffusion to the growing crystal although this view had never been verified via a mathematical model. Writing down chemical rate laws for the formation of unit cells of the two endmembers and for transport to the *moving* melt-crystal interface we have been able to explicitly demonstrate that the compositional periodicities can result from a limit cycle in the crystallization dynamics [12]. In general terms our formulation is as follows. In the melt one has diffusion (and possible chemical reactions) so that a continuity equation of the form $\partial\underline{\Psi}/\partial t = D\partial^2\Psi/\partial r^2$ is assumed to hold outside the crystal. The rate of advancement of the position R(t) of the crystal rim [consider an infinite crystal for $r < R(t)$ for simplicity] depends on $\underline{\Psi}[R(t),t]$ via a phenomenological law $dR/dt = V\{\underline{\Psi}[R(t),t]\}$ where the form of V is obtained from surface kinetic considerations. Finally there is the boundary condition on $\underline{\Psi}$ at R(t) which balances the incorporation rate $\underline{G}\{\underline{\Psi}[R(t),t]\}$ with the diffusive flux to the surface, $\underline{\underline{D}}\partial\underline{\Psi}/\partial r$ plus the amount swept out $(dR/dt)\underline{\Psi}[R(t),t]$, i.e., $\underline{G} = \underline{\underline{D}}\partial\underline{\Psi}/\partial r + (dR/dt)\underline{\Psi}[R(t),t]$. Using this theory with constants from crystal growth experiments and geological compositions we have generated numerical solutions for this moving boundary problem. An oscillation is shown in Fig.4 where the mole fraction of Anorthite, f, is plotted as a function of distance within the crystal.

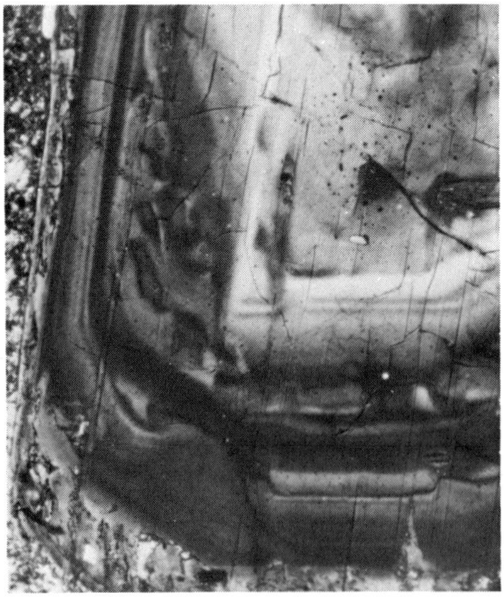

Fig.3. Periodic zoning of Plageoclase feldspar as seen in thin section of sample. The figure represents about .2 square mm. Courtesy of Prof. C. Vitaliano, Geology Dept., I.U.

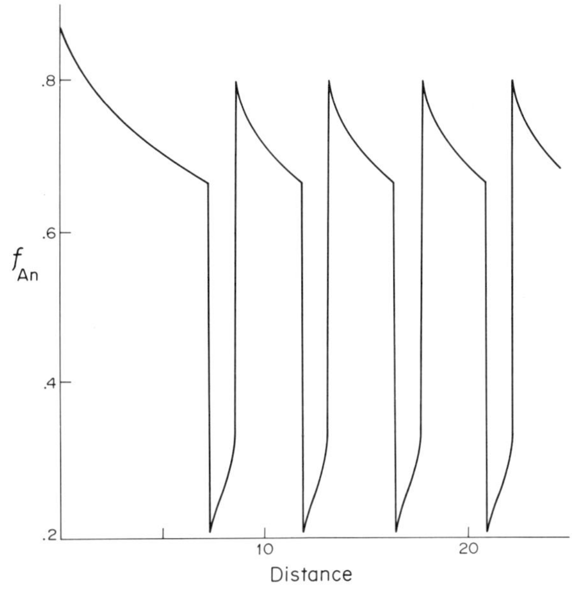

Fig.4. Plageoclase feldspar composition profile as predicted by theory described in Sect.V

VI. Precipitation Patterning - Almost a Century of Physico-Chemical Periodicity

In 1896 LIESEGANG published a paper [13] on the phenomena of periodic precipitation now named after him. The first book in the area of pattern formation was apparently that of HEDGES and MYERS [14] entitled *The Problem of Physico-Chemical Periodicity* published in 1926. Indeed we are in a new wave of a rather old field.

The Liesegang bands result when a salt such as $Pb(NO_3)_2$ is dissolved in a gel solution and a coprecipitate ion such as I^- is allowed to diffuse into the gel to make PbI_2 precipitation bands. The traditional explanation of this phenomenon has been in terms of repeated nucleation-depletion zones [15]. An alternative recent explanation is based on the symmetry breaking instability of a uniform state of precipitation, and in particular, of the precipitate particle size distribution [16,17].

In a second type of experiment a uniform sol of PbI_2 is allowed to age [16,18]. It is found that the uniform state of precipitation, appearing experimentally as a uniform haze, becomes unstable to inhomogeneities. The final state of such a system is a motted or otherwise inhomogeneous spatial distribution. Some examples of these experiments are shown in Fig.5. This phenomena can be explained by the competitive growth theory but not by the traditional theory which relies on (1) cross gradients and (2) establishes pattern commensurate with sol formation. The result of a second new type of experiment is shown in Fig.6. Here in a traditional Liesegang configuration, an electric field is applied across the gel. The band spacing is found to become constant and not the usual regular but not periodic Liesegang pattern. Furthermore the spacing decreases with electric field and beyond a given value the precipitation appears as a continuous advancing front. More work

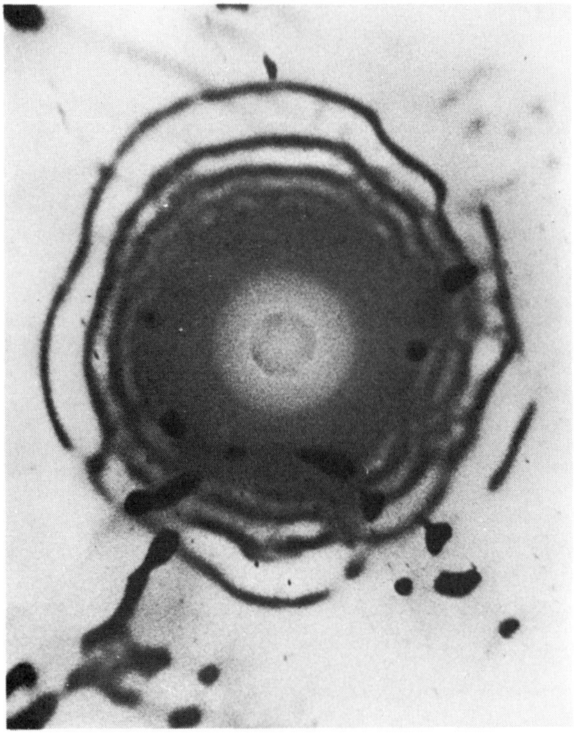

Fig.5a.

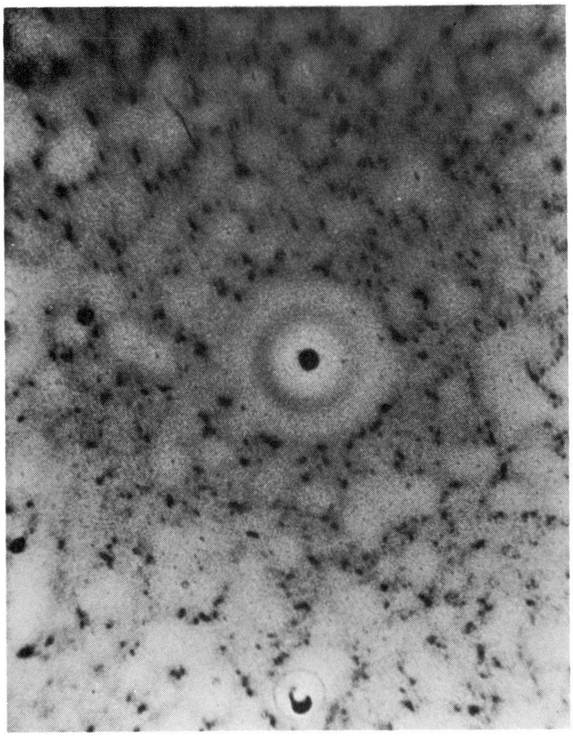

Fig.5b.

Fig.5a and b. Results of PbI_2 spontaneous precipitation patterning experiments described in Sect.VI

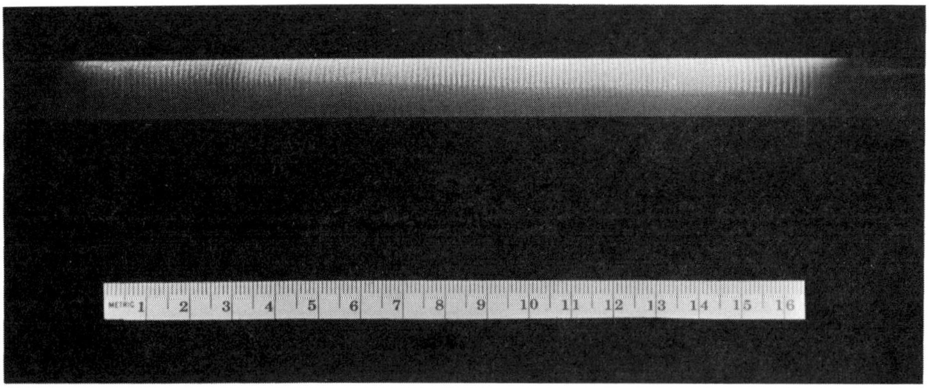

Fig.6. Electro-Liesegang experiment described in Sect.VI for a silver dichromate system

is being done to quantify the description of this, perhaps oldest, nonequilibrium pattern formation phenomenon and its more recent variants.

VII. Fluctuations

Our discussion thus far has been macroscopic and has not addressed the molecular basis of these phenomena. It has been demonstrated in this conference and elsewhere [19,20] that transitions between far from equilibrium states are analogous to equilibrium phase transition of various types. Master equations [20] have been used to study the properties of fluctuations from the average value and it has been shown that there exist nonequilibrium critical points where fluctuations are very large. This enhancement of fluctuations has also been shown via computer molecular dynamics of a reacting system both for steady state (ss) $\rightarrow$ (ss) [21] and ss $\rightarrow$ oscillatory (osc) [22] cases. The frequency (ω) dependence of the Fourier transform of the auto-correlation function $\hat{C}_{XX}(\omega)$ of the mole fraction of a species X for a ss $\rightarrow$ osc transition studied in Ref. [22] is shown in Fig.7. Note that as conditions are changed toward the oscillator critical point the intensity of and lifetime (inverse of the width of the peak) of oscillatory fluctuations about the mean grow. It has been shown through a soluble model master equation that the amplitude of oscillatory fluctuations must increase as the critical point is approached and furthermore that there is a statistical spread around the mean limit cycle trajectory [23]. It has furthermore been shown that fluctuations are perhaps most dramatic in homoclinic systems when the threshold for excitability is of the order of the ambient mean concentration fluctuations [24]. Perhaps the biggest obstacle to developing a rigorous theory of these nonequilibrium fluctuations is that the statistical mechanics of chemical reactions is far from being understood. Indeed the master equation, used by many authors in this field, has never been derived for reacting systems. Some

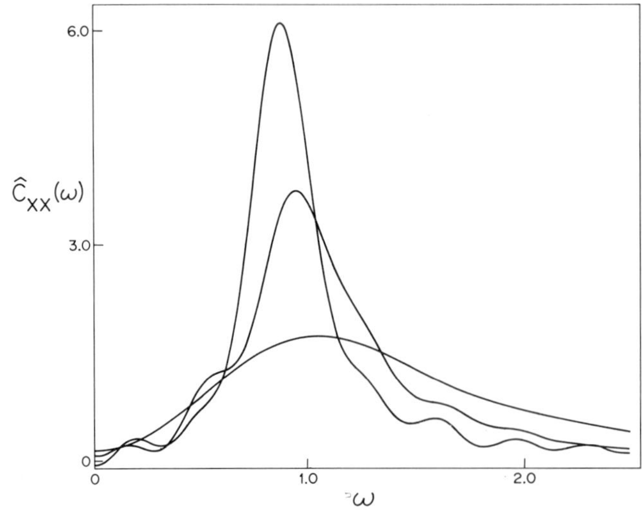

Fig.7. Mole fraction autocorrelation function $\hat{C}_{XX}(\omega)$ of a species X as a function of frequency for a model studied with computer simulation of a many particle reacting system. Note that as the Hopf bifurcation to a limit cycle is approached the maximum grows and narrows indicating the existence of oscillatory modes of increasing lifetime (see Ref.[22] for details)

recent progress on a simple "hard sphere" reaction model may, however, serve to provide an avenue for this type of derivation [25].

VIII. Remark

I believe that this is a good time for the theory of nonlinear phenomena as the many interesting talks of this conference and, hopefully, the above remarks have served to demonstrate. Experiments in this area are also coming to maturity and in the next few years I believe we shall see a mushrooming effect in this effort. Perhaps the most beautiful aspect of this field is that it would not have reached its present state without the many coequal contributions over the last few centuries of mathematics, physics, chemistry, biology, geology and on and on. The field has truly been a cooperative human phenomenon. In this regard I apologize that my list of references has been a narrow window to this collaborative effort. Thus I would stress that a clear view of the scope of this effort is only to be had by surveying the references as cited by the exciting list of participants in this conference.

Acknowledgement. This work has been supported in part by a grant from the U.S. National Science Foundation.

References

(Citations given below are to papers that contain more complete bibliographies)

1 S. Schmidt, P. Ortoleva: J. Chem. Phys. *67*, 3771 (1977)
2 S. Schmidt, P. Ortoleva: "Multiple Chemical Waves Induced by Applied Electrical Fields" (submitted for publication)
3 P. Ortoleva, J. Ross: J. Chem. Phys. *63*, 3398 (1975)
4 For a critical review see A.T. Winfree, in Adv. in Theoret. Chem., ed. H. Eyring (1978)
5 F.B. Gulk, A.A. Petrov: Biofizika *17*, 261 (1972)
T. Erneaux, M. Herschkowitz-Kaufman: J. Chem. Phys. *66* (1977)
T. Yomada, Y. Kuramoto: Prog. Theoret. Phys. *55*, 2035 (1976)
6 P. Ortoleva, J. Ross: J. Chem. Phys. *60*, 5090 (1974)
7 P. Ortoleva: J. Chem. Phys. *69*, 300 (1978)
8 R. Thom: *Stability, Structure and Morphogenesis* (Benjamin, New York 1972)
A.E.R. Woodcock, T. Poston: *A Geometric Study of the Elementary Catastrophes*, Lecture Notes in Mathematics *373* (Springer, Berlin, Heidelberg, New York 1974)
9 D. Feinn, P. Ortoleva: J. Chem. Phys. *67*, 2119 (1977)
10 M. Golubitsky, V. Guillemin: *Stable Mappings and Their Singularities* (Springer, Berlin, Heidelberg, New York 1973)
11 Y. Bottinga, Y. Kudo, D. Weill: American Mineral. *51*, 792 (1966)
12 S. Haase, P. Ortoleva: "A Theory of Periodic Zoning in Plageoclase Feldspars" (submitted for publication)
J. Chadam, D. Feinn, S. Haase, P. Ortoleva: "Periodic Crystal Zoning of Solid Solutions" (submitted for publication)
13 R.E. Liesegang: Phot. Arch. *21*, 221 (1896)
14 E. Hedges, J.E. Myers: *The Problem of Physico-Chemical Periodicity* (Longmans Green, New York 1926)
15 W. Ostwald: Kolloid Z. *36*, 380 (1925)
S. Praeger: J. Chem. Phys. *25*, 279 (1956)
16 D. Feinn, P. Ortoleva, W. Schalf, S. Schmidt, D. Wolff: J. Chem. Phys. *69*, 27 (1978)
17 R. Lovett, P. Ortoleva, J. Ross: J. Chem. Phys. (to appear)
18 M.R. Flicker, J. Ross: J. Chem. Phys. *60*,3458 (1974)
19 A. Nitzan, P. Ortoleva, J. Deutch, J. Ross: J. Chem. Phys. *61*, 1056 (1974)
20 D.A. McQuarrie: J. Appl. Prob. *4*, 413 (1967)
M. Maleck-Mansour, G. Nicolis: J. Stat. Phys. *13*, 197 (1976)
C.W. Gardiner, K.J. McNeil, D.F. Walls, I.S. Matheson: J. Stat. Phys. *14*, 307 (1976)
M. DelleDonne, P. Ortoleva: J. Stat. Phys. *18*, 319 (1978)
21 P. Ortoleva, S. Yip: J. Chem. Phys. *65*, 2045 (1976)
22 M. DelleDonne, P. Ortoleva: "A Computer Molecular Dynamical Study of Critical Oscillatory Chemical Fluctuations" (in preparation)
23 M. DelleDonne, P. Ortoleva: "Critical Fluctuation Universality in Chemically Oscillatory Systems: A Soluble Model" (submitted for publication)
24 H.-S. Hahn, A. Nitzan, P. Ortoleva, J. Ross: PNAS *71*, 4067 (1974)
25 S. Bose, P. Ortoleva: "Reacting Hard Sphere Dynamics: Liouville Equation for Condensed Media", J. Chem. Phys. (to appear)

Evolution chimique loin de l'équilibre: concepts, modeles et réel

A. Pacault

With 6 Figures

ABSTRACT

This rather long summary written for people who do not understand French misses the nuance and the discussion which is found in the french paper : this reading is strongly recommended.

1. Concepts

A. INTRODUCTION

It is proposed that the elaboration of clear concepts and the definition of appropriate vocabulary has a major role in the development of Science (see the citation in the French paper)[1].

This opinion is supported by the fact that the definition of a non ambigous vocabulary allows an efficient experimentation and an appropriate presentation for the results which leads to discoveries.

B. THIS VOCABULARY [2,3] is summarized in the table I and comments are given in the French text.

C. ON THE INFLUENCE OF VOCABULARY ON THE DESIGN OF A CHEMICAL REACTOR

In 1920, LOTKA [4] invented a reactor scheme leading to undamped chemical oscillations. Oscillating chemical reactions were first observed by BRAY [5] in 1921 and mainly investigated since 1970 [3,6].

The theoretical concepts proposed by LOTKA to take into account this phenomenon are the following :

- imagine a reaction scheme
- impose as a condition the constancy of the reactants concentrations and the existence of autocatalytic reactions between intermediate chemical species
- solve the differential equation system thus obtained.

Note that the only considered variables are concentrations : temperature, pressure, etc... are not taken into account.

Usually these theoretical conditions are not respected in the experiments. It is, then, difficult to obtain the dialectic balance between theory and experimentation which allows the progress of knowledge.

So it is necessary to define correctly the variables and to distinguish constraints and responses in order to build an appropriate reactor.

The reactor and the control of constraints

The reactor scheme implies an isothermal and isobaric reaction with reactants at constant concentrations.

Truly no isothermal reaction exists and even when the constraint - temperature is controlled, the response-temperature varies. It is thus necessary to check whether the observed oscillations are thermo-kinetical or chemical [9]. This latter case can be observed when the reactor is designed in order to minimize the temperature variations.

The constancy of the reactant concentrations can be realized in various ways. One of the best is to use an open continuous agitated reactor with controlled entering fluxes. Agitation and residence-time in the reactor have also to be controlled.

The reactor and the measurement of the responses

The number of responses depends on the wanted information. For example, the state of the system can be characterized solely by the measurement of the oxydo-reduction potential. But, the knowledge of the reacting chemical species concentrations and phases implies a sophisticated spectroscopic analysis [13].

The reactor thus defined is described in Fig.1

D. ON THE INFLUENCE OF THE VOCABULARY ON THE PRESENTATION OF THE RESULTS

Four types of presentation of the results can be used depending on the wanted information :

The presentation in the responses-time space with constant constraints is directly connected with the experiment (potential or concentrations as a function of time). It allows to define the state of the system : oscillating, stationary state...

The trajectory of the evolution can be drawn in the responses-space by eliminating time. As the number of responses is not defined, one only obtains a projection of the trajectory in a given response subspace (Fig. 2 and 3). These trajectories can reveal for example the excitability phenomenon (Fig.4). If closed, they are characteristic of a periodical evolution [14,15,16].

The responses-constraints space is fruitful for the study of oscillating and stationary states. The existence and stability domains can thus be drawn as a function of the constraints : Fig.5 for instance gives evidence of a tristability [16].

A point in the constraints-space can only characterieze a class of systems (defined by a particular set of responses or by a more or less vague word (mot-valise) such as "oscillating state", "stationary state", "gaseous state"). The corresponding domains for the existence of these various classes of states can be drawn in this n-dimensional space.

2. Models

A model is a product of the imagination suggesting a description which allows to classify or better to write relations between the variables. It is only a projection of the Real because the observer chooses the number of responses and limits the number of constraints. It is only justified by its classification and prevision abilities.

The following models can be distinguished :

In the black-box models the known inputs (fluxes, constraints) are used to determine the outputs (responses) without considering any mechanism. They are not sophisticated enough for chemical evolution investigation.

The topological models try to predict the behavior of real chemical systems by selecting some simple elements such as stable or unstable stationary states, oscillating states, saddle points, nodes, separatrix [15]. These qualitative models (topology, graph theory) have been scarcely used up to now and have promising classification and prediction abilities.

The mechanical or analytical models are frequently used. They choose space, time and sometimes mass and strength as variables. These molecular dynamic models explain a complicated macroscopic phenomenon using simple microscopic objects. They can suggest efficient experiments. However their use is limited as they necessitate tremendous computing time.

When the microscopic objects are chemically reacting atoms or molecules relations between concentrations are given by the conservation of masses and by the kinetic laws. These relations depend on the reaction schemes.

They are able to predict time [4] and spatial [22] structures. The invention of new ones is only justified for taking into account new experimental [23] or theoretical [24,25] phenomena or for finding the real mechanism of the studied reaction [9,13].

But Science deals only with what is general. It will then be essential to establish realistic schemes of numerous different reactions, from a careful analysis of experimental conditions. A comparison of these various schemes would suggest common features and allow the prediction of rules for the existence of these unexpected phenomena observed in chemical evolutions.

An experiment using simple chemical species in place of complex ones can be called an experimental model. It can thus simulate the behavior of complex living systems (hormonal regulation, ecologic evolution) [16,26].

3. The Real

The Real cannot be reduced to vocabulary, axiomatics and models which are only instruments for progressing in knowledge.

What is in my opinion the future in chemical evolution investigation?

A careful and sophisticated experimentation may answer the following questions :

- what is the role of the noise ?
- is the chaos deterministic ?
- what is the role of nucleation ?
- are the chemical instabilities depending on either the nature of the reactants or the set of constraints ?

Conclusion

I believe the scientific community would be wrong in neglecting method considerations. The insufficient results of many experiments can be considered as a proof (choice of closed systems neglecting response - temperature variations - independent analysis of elementary stages). I even wonder if the poor understanding of spatial structures is not due to a non appropriate vocabulary.

CONCEPTS

Introduction

"La constitution d'une terminologie propre marque dans toute science l'avènement ou le développement d'une conceptualisation nouvelle, et par là elle signale un moment décisif de son histoire. On pourrait même dire que l'histoire propre d'une science se résume en celle de ses termes propres. Une science ne commence d'exister ou ne peut s'imposer que dans la mesure où elle fait exister et où elle impose ses concepts dans leur dénomination. Elle n'a pas d'autre moyen d'établir sa légitimité que de spécifier, en le dénommant, son objet, celui-ci pouvant être un ordre de phénomènes, un domaine nouveau ou un mode nouveau de relation entre certaines données. L'outillage mental consiste d'abord en un inventaire de termes qui recensent, configurent ou analysent la réalité. Dénommer, c'est-à-dire créer un concept, est l'opération en même temps première et dernière d'une science. Nous tenons donc l'apparition ou la transformation des termes essentiels d'une science pour des évènements majeurs de son évolution. Tous les trajets de la pensée sont jalonnés de ces termes qui retracent des progrès décisifs et qui, incorporés à la science, y suscitent à leur tour de nouveaux concepts. C'est que, étant par nature des inventions, ils stimulent l'inventivité. Cependant l'histoire de la science ne met pas encore à leur juste place ces créations qui passent pour n'intéresser que les *lexicographes*" [1]. Cette opinion rejoint la nôtre et montre bien l'importance que nous pensons devoir attacher à la méthode et au langage.

C'est pourquoi ce mémoire tente de montrer qu'une réflexion sur le vocabulaire est la toile de fond sur laquelle se détache la plupart des travaux expérimentaux sur l'évolution des systèmes faits au Centre de Recherche Paul Pascal depuis cinq ans*. Leur choix est justifié par le thème de ce colloque et ce mémoire est rédigé en supposant qu'ils sont connus. Pour illustrer notre propos, d'autres travaux peuvent être utilisés comme nous l'avons fait en analysant les différentes interprétations de l'effet Smith-Topley [10].

Vocabulaire

Variable : terme utilisé pour décrire, classer, repérer, mesurer les propriétés et les comportements de la Nature.

On donne à ce terme un sens très général puisqu'il peut englober les aspects aussi bien qualitatifs que quantitatifs. Dans ce dernier cas, il est synonyme de grandeur mesurable.

On distingue les variables fondamentales définies opérationnellement, des variables dérivées définies algébriquement à partir des précédentes. Les variables possèdent des qualités propres : dimensionnalité, symétrie, extensivité et intensivité etc... Ce n'est pas l'endroit pour développer l'importance épistémologique de la notion de variable.

Objet d'étude : ensemble de variables.

Il résulte de cette définition que le choix de l'objet d'étude dépend essentiellement de l'observateur et de son propre environnement (société, idéologies...). De cette définition et des deux suivantes on conclut que l'objet d'étude est constitué du système et du milieu extérieur.

---

* *On ne s'étonnera donc pas que la bibliographie soit essentiellement celle des travaux faits au Centre de Recherche Paul Pascal.*

*Contraintes** : variables contrôlées par l'observateur qui peut à chaque instant en fixer la valeur. Le nombre et la nature des contraintes doivent être choisis de manière telle que l'axiome du déterminisme soit vérifié.

Réponses : variables mesurées par l'observateur, mais dont la valeur ne dépend pas directement de lui. Le nombre des réponses est choisi en fonction de l'information recherchée.

Environnement *Milieu extérieur* *Réservoirs* *Biotopes*	ensemble des contraintes
Système *Biocénose*	ensemble des réponses parmi lesquelles les variables d'espace géométrique, toujours présentes, définissent un volume contenant masse et/ou rayonnement et une surface frontière le séparant du milieu extérieur. L'image la plus courante, représentative du concept flou de système, est ce volume. Nous conservons cette acception visuelle en précisant cependant que les seules variables d'espace ne définissent qu'un système géométrique. C'est l'ensemble des réponses choisi par l'observateur qui constitue le système.

Flux : grandeurs échangées par le système et le milieu extérieur à la frontière qui les sépare. On distingue flux de convection et flux de conduction suivant que l'échange se fait avec ou sans transfert de matière (de masse). Les flux peuvent être ou contraintes ou réponses. Lorsque tous les flux de masse sont nuls, le système est dit *fermé* ; *ouvert* dans le cas contraire.

Etat : ensemble des valeurs des réponses pour un ensemble donné des valeurs des contraintes.

Il est parfois commode de spécifier un état par un vocable unique - mot valise - qui désigne qualitativement un ensemble de propriétés caractéristiques d'une classe de systèmes, l'état ne pouvant être défini quantitativement que dans chaque cas particulier. Exemple : état gazeux
état oscillant lorsque les réponses sont des fonctions périodiques du temps.

Evolution : suite d'états en fonction du temps.

Etat stationnaire : états pour lesquels les réponses sont indépendantes du temps en présence de flux.

Etat d'équilibre : les réponses sont indépendantes du temps. Tous les flux sont nuls. C'est un état stationnaire à production d'entropie nulle.

Le tableau I résume ce qui précède.

---

* *Le temps échappe, semble-t-il, à cette distinction.*

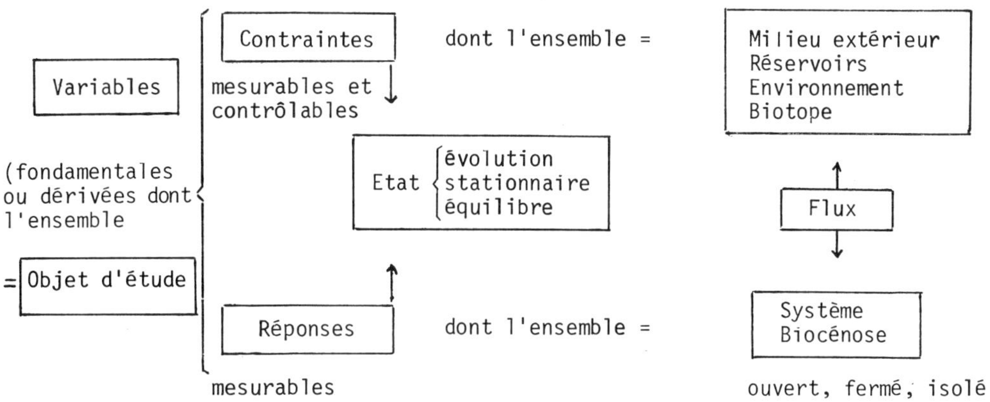

Tableau I   Description de l'objet d'étude par le choix des variables appropriées

De l'influence du vocabulaire sur la conception d'un réacteur chimique

GENERALITES

- En 1920, LOTKA [4] imagina pour la première fois que des étapes réactionnelles successives puissent conduire à une oscillation chimique entretenue en complétant le schéma réactionnel $S_0 \rightarrow S_1$ $S_1 \rightarrow S_2$ $S_2 \rightarrow$ produits par les hypothèses suivantes : l'espece chimique initiale S_0 devait avoir une concentration constante et S_2 devait influencer autocatalytiquement sa propre formation. Il établit ainsi un ensemble d'équations différentielles conduisant à une oscillation entretenue.

- En 1921, BRAY [5] découvrit la première réaction chimique oscillante en étudiant la décomposition catalytique de l'eau oxygénée.

- Depuis cette date, et surtout depuis 1970, en corrélation avec les spectaculaires développements de la thermodynamique du non équilibre, nombreux sont les travaux théoriques et expérimentaux relatifs aux oscillations chimiques [3,6].

Les concepts théoriques les plus habituellement utilisés sont simples :

- Imaginer un schéma réactionnel - suite d'étapes chimiques élémentaires auxquelles est appliquée la loi cinétique de VAN'T HOFF - susceptible de prévoir des phénomènes comme l'existence de cycles limites, la multistabilité, l'excitabilité etc. [3,6].

- Imposer des conditions : fixité de la concentration des i réactants (contraintes)(première condition de LOTKA) et relations de rétroaction entre les concentrations des j espèces chimiques intermédiaires ainsi appelées parce que leur concentration n'est pas contrôlée (réponses)(généralisation de la deuxième condition de LOTKA).

- Etablir le système d'équations différentielles généralement non linéaires lié au schéma réactionnel et le résoudre, ce qui, sauf à l'avoir bien choisi comme dans le cas du Bruxellateur [7], est rarement simple compte tenu des connaissances mathématiques peu avancées sur la question.

On constate donc que les variables choisies sont les i concentrations des réactants et les j concentrations des espèces chimiques intermédiaires. Toutes les autres grandeurs, y compris la température et la pression, sont implicitement supposées constantes.

L'expérimentation est, en général, simpliste :

On mélange les i réactants en ne fixant pas leur concentration* et on mesure une ou plusieurs propriétés liées à la concentration des substances chimiques analytiquement les plus accessibles. Les autres variables sont rarement prises en considération de manière explicite. Dans ces conditions, au bout d'une durée plus ou moins longue, l'oscillation chimique, si elle existe, ne peut être qu'amortie et la reproductibilité des expériences douteuse.

Or, une méthode efficace fait s'épauler théorie et expérimentation afin que les prévisions de l'une, suscitant l'amélioration de l'autre, provoquent la découverte de phénomènes nouveaux. Ce balancement dialectique permanent est le garant de l'approfondissement des connaissances. Faut-il encore, pour qu'il en soit ainsi, que les objets d'étude** soumis à une analyse théorique et à l'expérimentation soient semblables.

LE REACTEUR

Ces considérations ajoutées à l'importance que nous attachons à la distinction entre contraintes et réponses nous ont conduits à dénombrer les variables [30] et à adopter par approximations successives un réacteur ouvert, continu, parfaitement agité dont les versions différentes dépendent des contraintes imposées et des réponses recherchées.

Dénombrement des variables

Il n'y a ni théorème, ni axiome, fixant le nombre de variables à choisir pour que soit vérifié l'axiome du déterminisme. Le bon choix révèle le bon expérimentateur.

L'étude de plusieurs réactions chimiques nous a conduits à considérer les variables suivantes [30] :

Contraintes	Réponses
Température	Température
Pression	Pression
Concentration des i réactants - flux	Concentration de j espèces intermédiaires
Agitation	Potentiel d'oxydoréduction
Rayonnement	
Temps de renouvellement du réacteur - volume	
Surfaces	

Tableau II

En ne considérant que ces contraintes on suppose que tous les autres facteurs de l'environnement sont sans effet ou ont des effets invariables sur les phénomènes étudiés.

C'est apparemment le cas vu la bonne reproductivité expérimentale.

Le réacteur et le contrôle des contraintes

Le schéma réactionnel suppose la réaction isotherme, isobare et constantes les concentrations des i réactants.

Or, il n'y a ni réactions athermiques, ni milieu de conduction thermique infini, conditions de l'isothermicité ou de l'équilibre thermique avec un thermostat. Même

---

* *On notera une tentative non exploitée pour fixer les concentrations [8]*

** *Voir vocabulaire.*

si la température-contrainte est fixée par thermorégulation, la température-réponse varie avec une amplitude qui depend, bien entendu, du réacteur. Il fallait donc s'assurer que les oscillations chimiques n'étaient pas thermocinétiques, comme il arrive parfois dans des réacteurs industriels, et par conséquent faire la part de ce qui est proprement chimique de ce qui est thermique. En faisant varier, grâce à une spirale d'or, le coefficient d'échange thermique du réacteur et en écrivant les conditions de couplage, on peut distinguer les oscillations thermocinétiques des oscillations chimiques [9]. Même si l'oscillation est fondamentalement chimique, la température-réponse varie et le réacteur doit être conçu pour minimiser ces variations de température afin de se rapprocher le plus possible des conditions théoriques d'isothermicité.

Les pressions s'équilibrent, en général, dans des temps beaucoup plus courts que ceux correspondant à l'évolution chimique, de sorte que même avec des réactions libérant des gaz, on peut admettre que l'évolution est isobare, sous réserve que le réacteur ne favorise pas les surpressions [15].

Le rayonnement modifie certaines réactions [11] et le réacteur doit permettre ou de s'en abstraire, ou de contrôler son intensité et son spectre.

Il faut enfin fixer les concentrations des i réactants.

LOTKA [4] indiquait déjà en 1920 plusieurs moyens pour ce faire :

"*Utiliser un large excès de réactant ou une solution saturée en présence de substance non dissoute. Dans ce dernier cas où le milieu est hétérogène, il faut supposer que la vitesse de diffusion est nettement supérieure à la vitesse de réaction*". Ces conditions ne sont guère réalistes : l'expérimentation nécessaire à la mise en évidence de phénomènes nouveaux demande souvent plusieurs heures, voire plusieurs jours et le premier moyen, trop souvent employé, est peu efficace. Le second est trop particulier, car l'usage de solutions saturées limite beaucoup le champ exploratoire et en général les vitesses de diffusion sont inférieures aux vitesses de réaction.

Nous avons donc fixé les concentrations initiales des réactants en contrôlant leur flux d'entrée dans un réacteur continu et agité, alimenté par une pompe péristaltique [2,3,6].

L'agitation joue un rôle [17] actuellement à l'étude et, en conséquence, on doit faire en sorte que la vitesse de rotation de l'agitateur soit toujours la même. Le volume et les surfaces du réacteur interviennent bien entendu, et on contrôle le premier par la mesure du temps de renouvellement - rapport du volume au débit total- et les secondes en préparant le réacteur dans des conditions toujours identiques.

Le réacteur et la mesure des réponses

Le nombre des réponses dépend de l'information recherchée. Pour distinguer les états oscillants des autres, une mesure du potentiel d'oxydo-réduction suffit. Pour connaître les espèces chimiques réagissantes, leur concentration et leur phase, une analyse spectroscopique fine est nécessaire comme le firent, pour la première fois, VIDAL et ROUX [12,13].

Description du réacteur

Ce qui précède nous a conduit à adopter le réacteur continu agité, représenté Fig.1 [2,3,6] qui permet une expérimentation aussi proche que possible des conditions théoriques.

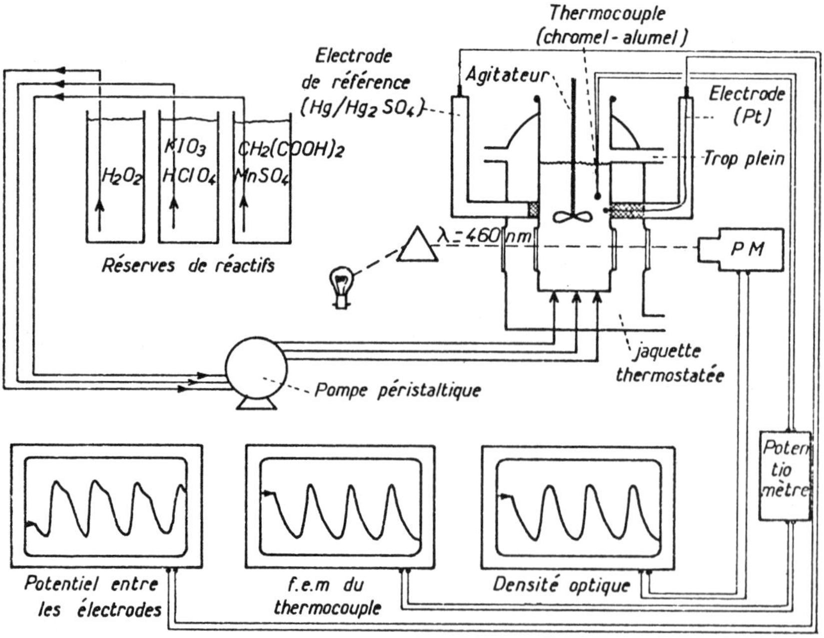

Fig.1 Réacteur continu agité [15]

De l'influence du vocabulaire sur la représentation des résultats

On vient de voir qu'au cours de l'expérimentation doivent être nettement distinguées les variables suivantes : temps, contraintes, réponses. Il en résulte quatre types de représentation que l'on doit utiliser suivant les informations recherchées et la prospective envisagée.

ESPACE REPONSES-TEMPS A CONTRAINTES CONSTANTES

En général, l'expérimentation consiste à mesurer une réponse - le potentiel d'oxydo-réduction ou/et les concentrations de certaines espèces chimiques, par exemple - en fonction du temps pour un ensemble de contraintes données.

L'ensemble de ces résultats permet de caractériser l'état du système. Parfois il peut être qualifié par un "mot valise", par exemple : état oscillant lorsque les réponses sont des fonctions périodiques du temps, état stationnaire S_p lorsque la concentration de tel réactif a telle valeur indépendante du temps, etc..

C'est à partir de cette représentation directement tirée de l'expérience que l'on construit les autres représentations.

ESPACE DES REPONSES

Pour un ensemble donné de contraintes et pour chaque valeur du temps, on connaît les valeurs des réponses R_1, R_2, R_n. On peut donc par élimination du temps tracer la trajectoire de l'évolution dans l'espace des réponses. Pour indiquer à quelle vitesse est parcourue la trajectoire, on peut la marquer de points entre lesquels la durée d'évolution est la même, comme l'illustre la fig.2 [14].

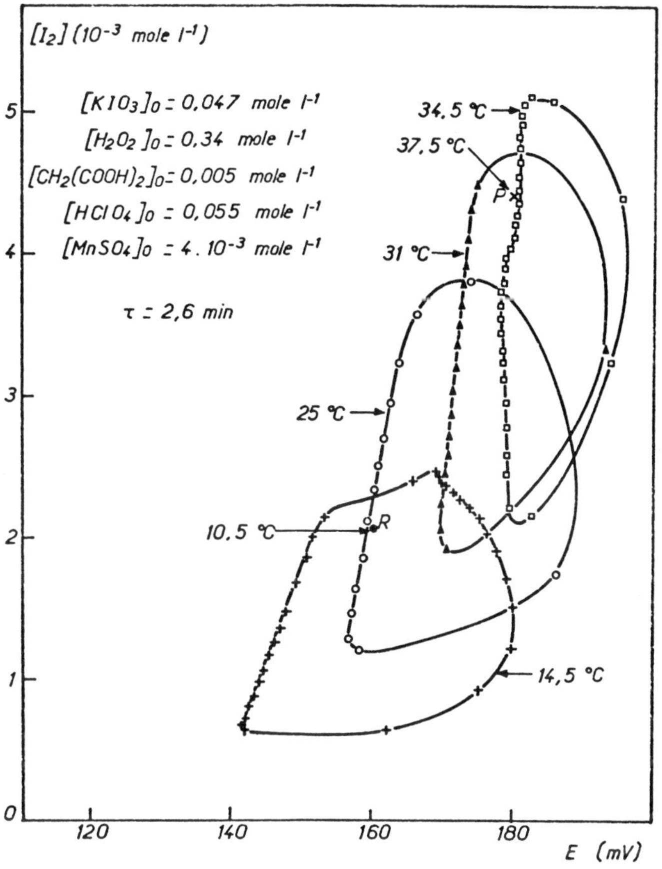

Fig.2 Trajectoires dans l'espace des réponses - concentration de l'iode, potentiel d'oxydo-réduction - de la réaction de BRIGGS et RAUSCHER [35] pour différentes températures-contraintes. Les valeurs des autres contraintes sont indiquées sur la figure [15]. Les points sur les trajectoires sont temporellement équidistants.

Cependant le nombre des réponses n'étant pas défini, on ne peut obtenir qu'une projection de la trajectoire dans un sous-espace des réponses ; on ne doit donc pas s'étonner de trouver des trajectoires du type de la fig.3 [15].

Une trajectoire fermée stable est évidemment représentative d'une évolution périodique assimilable au cycle limite donnée par la théorie.

Le tracé des trajectoires dans l'espace des réponses permet de mettre en évidence des phénomènes tels que l'excitabilité (Fig.4).

ESPACE REPONSES-CONTRAINTES

Cet espace est commode pour l'étude des états stationnaires ou oscillants. Etant caractérisés par une réponse spécifique indépendante du temps, ou fonction périodique du temps, ils dépendent fondamentalement du milieu extérieur. On peut donc délimiter leurs domaines d'existence et de stabilité en fonction des contraintes. La fig.5 montre dans cet espace la mise en évidence d'une tristabilité [15,16]

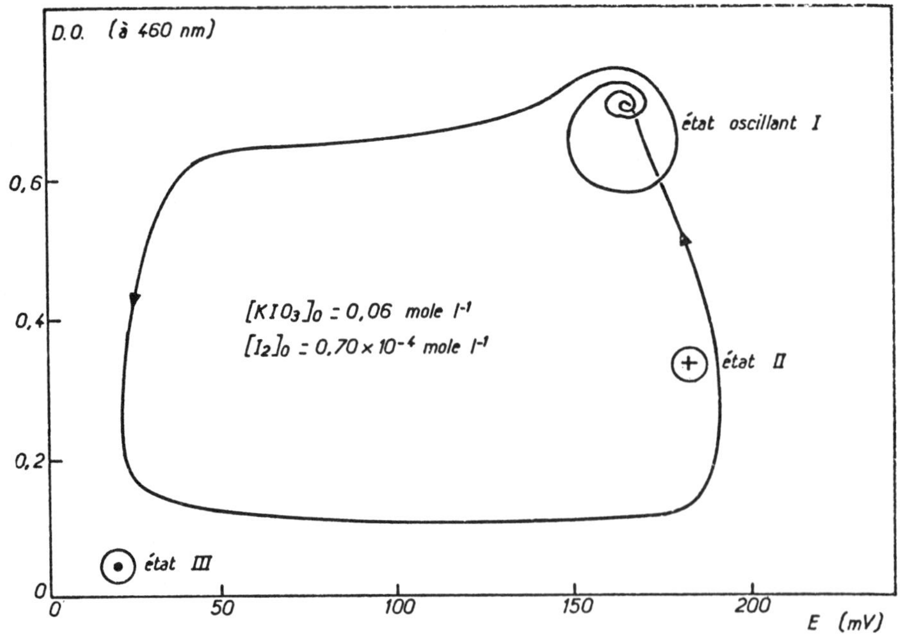

Fig.3 Trajectoire dans l'espace des réponses - concentration de l'iode exprimée en densité optique D.O., potentiel d'oxydo-réduction - de la réaction modifiée de BRIGGS et RAUSCHER (35) pour un ensemble de contraintes conduisant à 3 états : 2 états stationnaires, II et III, et un état oscillant I [15].

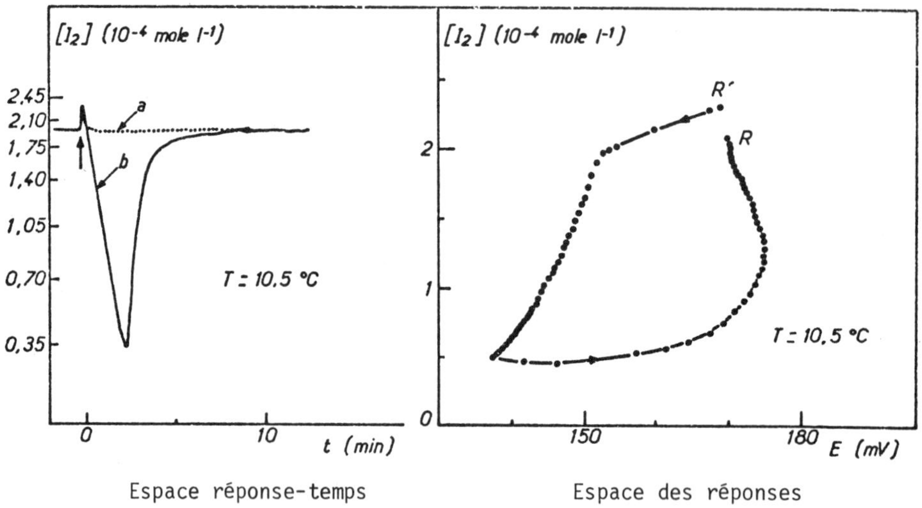

Fig.4 Réaction de BRIGGS et RAUSCHER [35]. Influence d'une perturbation par injection d'iode ↑.

Perturbation inférieure à un seuil a R'R

Perturbation supérieure à un seuil b R'R par le cycle où les points sont temporellement équidisants

Phénomène d'excitabilité [15].

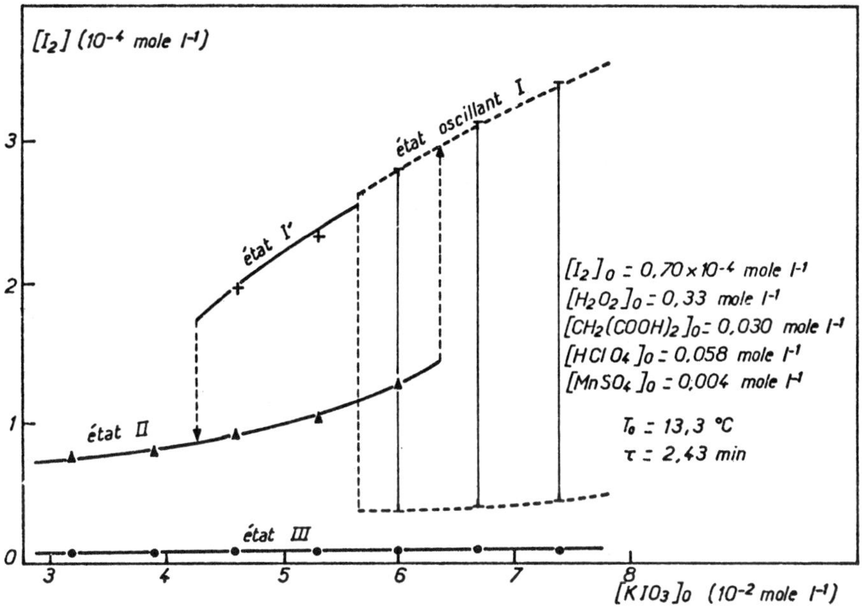

Fig.5 Réaction de BRIGGS et RAUSCHER modifiée [15]. Mise en évidence d'une tristabilité pour l'ensemble des contraintes indiquées.

ESPACE DES CONTRAINTES

Dans cet espace on ne dispose que d'un point pour caractériser l'état d'un système. Il faut donc qu'il soit qualifiable par un "mot-valise" - état stationnaire S_p ; état oscillant, par exemple.

A partir de la représentation dans l'espace réponse-contrainte, on peut connaître les domaines d'existence d'un état donné en fonction de la valeur des contraintes. En conséquence, des surfaces séparent les domaines d'existence des différents états dans l'espace des contraintes dans lequel on peut donc tracer des diagrammes d'existence.

L'espace des contraintes est à n dimensions et on peut, pour la commodité graphique, le ramener à trois sous réserve de maintenir constantes n-3 contraintes.

C'est ainsi que furent établis les diagrammes d'existence des réactions de BRIGGS et RAUSCHER et de BELOUSOV-ZHABOTINSKII [2,3,6,17]. On donne, fig.6, à titre d'exemple, le diagramme des états oscillants de la réaction de BRAY encore non publié [18].

Ces représentations variées facilitent la recherche et la découverte de phénomènes nouveaux [15,16].

Lorsque les états de l'objet sont des états d'équilibre, ces distinctions deviennent inutiles. En effet, le temps n'intervient plus et les variables qui sont à la fois réponses et contraintes sont identiques (Par exemple, à l'équilibre thermique, la température-réponse égale la température-contrainte). Seul subsiste l'espace des contraintes dans lequel sont représentés les diagrammes d'équilibre bien connus (par exemple, diagramme d'état du corps pur)

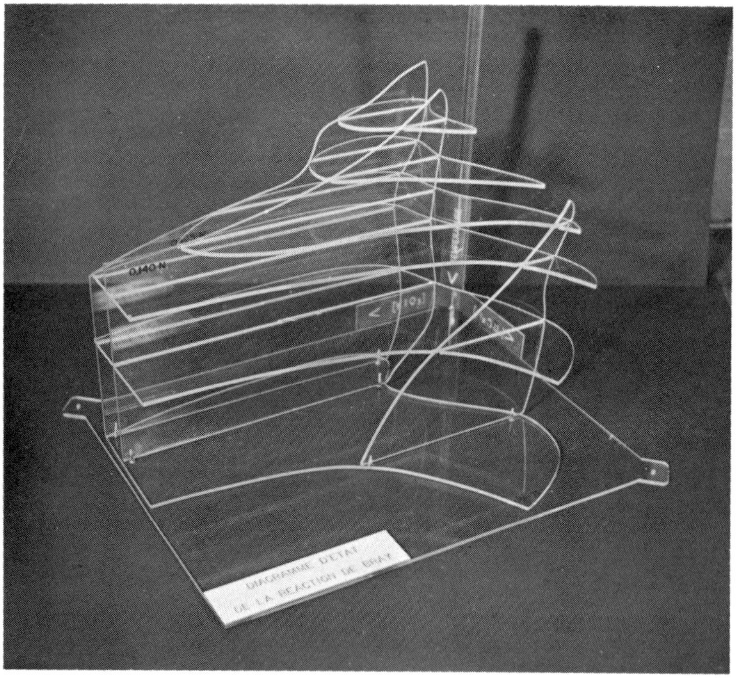

Fig.6 Réaction de BRAY [18]. Diagramme d'états.

MODELES

Le mot "modèle" est un mot flou au contenu variable. H.J. GOLD [29] en propose une définition générale :

M est un modèle de l'objet S lorsque :

a - chaque composant (component) de M est un composant de S (la réciprocité n'est pas vraie)

b - les relations sont les mêmes entre les composants de M et les composants de S.

Mais composant est un mot flou.

Un modèle est un produit de l'imagination, reposant souvent sur une imagerie parfois naïve, construit pour suggérer le choix des variables et de leurs relations.

"La raison pour laquelle un modèle est construit doit être définie aussi clairement que possible" [29] ; son usage doit conduire à un approfondissement de la connaissance et entretenir le dynamisme de son acquisition.

La justification de l'emploi d'un modèle réside dans la prévision* à laquelle il conduit. Sa falsification [non vérification (POPPER)] engendre son maintien comme approximation, son affinement ou son abandon.

* *J'exclus l'explication qui est souvent verbiage improductif [19]*

De toute façon, le modèle n'est qu'une caricature du réel, puisque l'observateur a choisi librement le nombre des réponses et a limité le nombre de contraintes à la vérification de l'axiome du déterminisme qui dépend elle-même de la précision et de l'échelle de temps de l'expérimentation.

On distingue, pour la discussion, la liste non exhaustive des différents types de modèles suivants. Les auteurs sont conscients de son imperfection et ne la proposent que pour susciter une discussion génératrice d'amélioration.

Modèles heuristiques

C'est un modèle qui sert à la découverte. On ne cherche pas à savoir s'il est vrai ou faux, mais on l'utilise provisoirement comme guide pour la recherche des faits. On peut citer à titre d'exemple : *"Principe de moindre difficulté et structures hiérarchiques"* de G. TOULOUSE et J. BOK (sous presse).

Cette démarche ne semble pas avoir été faite dans le domaine qui nous occupe.

Modèles : boite noire

On ne conserve que les entrées - (contraintes et flux) - et les sorties - (réponses) - et on cherche, par des méthodes mathématiques appropriées, à les relier de manière à ce que les connaissances des premières entraînent celles des secondes. Il s'agit d'une phénoménologie qui néglige tout mécanisme. Utilisés en automatisme, ces modèles ne semblent pas l'avoir été pour rendre compte de l'évolution chimique dont la complexité ne peut vraisemblablement pas s'accomoder de leur aspect trop rudimentaire.

Modèles topologiques

On choisit quelques éléments simples comme - états stationnaires stables ou instables, états oscillants, col, noeud, séparatrice - et on tente, avec le minimum de ces éléments, de prévoir le comportement de systèmes chimiques réels et en tout cas de classer tous les évènements qu'on y peut attendre.

Ainsi, en ne considérant que deux séparatrices et cinq états stationnaires, DE KEPPER [15] a pu rendre compte de l'ensemble des phénomènes rencontrés en étudiant expérimentalement la réaction de BRIGGS et RAUSCHER [2,3] et montrer ainsi l'intérêt des modèles topologiques.

Dans le même ordre d'idées, la théorie des catastrophes de THOM [21] devait retenir l'attention.

Ces modèles, bien que qualitatifs, sont efficaces pour classer et prévoir les phénomènes. Encore peu utilisés, ils semblent utiles pour approfondir nos connaissances.

Modèles mécanistes ou analytiques

Ils furent une des premières représentations rationnelles du Réel et probablement la plus exploitée (Démocrite, Epicure, Descartes, Newton).

Les variables retenues sont l'espace et le temps (le mouvement) et à partir de Newton, la masse et la force. Les objets sont plus ou moins idéalisés - point matériel, disque, sphère, ellipsoïde, etc.. - entre lesquels s'exercent des forces plus ou moins compliquées, mais fonction de l'espace et du temps. Dans la conception actuelle, il s'agit suivant l'expression de Langevin, d'expliquer du macroscopique compliqué par du microscopique simple, d'où le choix d'objets microscopiques - atomes, photons - et le nom de dynamique moléculaire donnée au traitement de ces modèles mécanistes.

Ces modèles ont l'avantage d'une grande simplicité conceptuelle, mais leur mise en oeuvre actuelle nécessite des moyens informatiques énormes qui limitent leur exploitation et oblige à des simplifications peu réalistes. C'est ainsi que BOISSONADE [20] s'intéresse au comportement mécaniste de disques durs réagissant dans une boite plate suivant un schéma réactionnel donné. Les tentatives de ce genre restent cependant limitées. Bien qu'il ne faille pas en attendre des révélations exceptionnelles, ils permettent d'attirer l'attention sur des comportements inattendus lorsqu'on fait varier les contraintes, et de suggérer ainsi une expérimentation efficace.

Lorsque les éléments considérés sont des atomes ou des molécules réagissant chimiquement, des relations entre leurs concentrations sont imposées par la conservation des masses et par la loi cinétique (en général la loi de VAN'T HOFF, au moins dans le cas des réactions élémentaires). La forme de ces relations dépend du schéma réactionnel adopté.

LOTKA [4], le premier, montra le parti qu'on pouvait tirer des schémas réactionnels pour expliquer les structures temporelles, et TURING [22] pour rendre compte des structures spatiales. Ce sont ces modèles qui furent les plus exploités.

Le tableau donne une liste non exhaustive des modèles utilisés pour rendre compte des phénomènes liés aux réactions chimiques périodiques [3,6].

Modèles "simplissimes" [28]

La complication d'un objet d'étude est une fonction croissante du nombre de variables et, en conséquence, les modèles mécanistes ou analytiques sont vite inutilisables pour les objets compliqués.

On peut diminuer ce nombre de variables en cherchant des variables réduites regroupant plusieurs des variables initialement choisies ou représentant les évènements les plus déterminants de l'évolution. Un bon exemple de telles variables est la distribution des temps de séjour (DTS) imaginée par DANCKWERTS [27] en 1953 pour prévoir le fonctionnement des réacteurs chimiques réels.

Aucune tentative n'a, semble-t-il, été faite pour appliquer ces modèles aux phénomènes qui nous occupent. Cette voie pourrait être fructueuse.

Modèles expérimentaux

C'est peut-être une manière impropre de désigner une expérience faite avec des réactifs simples qui simule ce qu'on observe dans des organismes complexes, généralement vivants, entre des produits de formule beaucoup plus compliquée. C'est donc un moyen de distinguer la spécificité des réactifs du rôle des contraintes, autrement dit, la structure des réactifs de leur fonction.

A titre d'exemple, on peut citer la simulation de certaines régulations hormonales avec la réaction de BRIGGS et RAUSCHER modifiée [16] ou celle d'oscillations écologiques avec le couple proie-predateur Escherichia Coli - Bdellovibrio Bacteriovorus [26].

En conclusion, précisons à nouveau que l'usage d'un modèle est justifié s'il permet d'écrire des relations vérifiables entre des variables pertinentes. Mais le modèle n'est pas le Réel. Se laisser aller à cette regrettable confusion, c'est donner raison à cet auteur soviétique anonyme dénonçant, à juste titre, l'emploi abusif de modèles inutiles :

Mauvais modèles

"La futilité de la pensée scolastique du Moyen Age est traditionnellement illustrée par le problème de savoir combien d'anges peuvent danser sur la pointe d'une aiguille. On nous assure qu'à l'époque actuelle, ces problèmes qui ont agité l'es-

SCHEMAS REACTIONNELS

I	1920 - A.J. LOTKA [4] A = B	A + X → 2X X + Y → 2Y Y → B	*Premier exemple d'oscillations chimiques, ou cycle, dans l'espace des réponses (X,Y).*
II	1952 - A.M. TURING [22] A + 2B = D + E	A → X X + Y $\rightleftarrows$ C C → D B + C → W W → Y + C Y → E Y + V → V' V' → E + V	*Structures spatiales.*
III	1968 - I. PRIGOGINE et R. LEFEVER [31] A + B = D + E	A → X 2X + Y → 3X B + X → Y + D X → E	*Cycle limite. Ondes chimiques. Structures spatiales "Bruxellator".*
IV	1970 - B. EDELSTEIN [32] A = B	A + X $\rightleftarrows$ 2X X + Y $\rightleftarrows$ Z Z $\rightleftarrows$ Y + B	*Bistationnarité.* *Hystérèse.*
V	1972 - C. VIDAL [24] A + 2B = D + E	A $\rightleftarrows$ Y B + Y $\rightleftarrows$ X + Y 2X $\rightleftarrows$ D + X Y + X $\rightleftarrows$ E	*Bistationnarité à états non oscillants conduisant à une structure spatiale.*
VI	1974 - R.M. NOYES et R.J. FIELD [33] fA + 2B = fP + Q	A + Y → X X + Y → P B + X → 2X + Z 2X → Q Z → fY	*Cycle limite. Excitabilité.* *"Oregonator".*
VII	1974 - P. HANUSSE [34] 2A = B	A → X 2X → 2Y Y + Z → 2Z X + Z → B	*Cycle limite.* *Structures spatiales et spatio-temporelles.*
VIII	1975 - J. BOISSONADE [23] A + 2B + 3C + D = P + P' + X'	A → X B + X → 2X D + X → P X → X' B + X' → Y Y → Z + X' C → α 2α → 2β β + Z → 2Z α + Z → P'	*Doubles oscillations.*

prit scolastique reposent en paix sous des sédiments accumulés d'articles mathématiques. Sans doute, mais je ne suis pas du tout sûr que les attitudes d'esprit aient changé autant que les étiquettes.

On a cessé de compter les anges sur la pointe d'une aiguille. Les "anges" scolastiques modernes sont appelés des "modèles". Un modèle est une construction mentale artificielle qui est censée représenter la réalité, tout au moins dans ses aspects essentiels. La méthode semble consister à choisir ça et là quelques données dans un ensemble expérimental compliqué et souvent incompréhensible, et à en déduire pas à pas des conclusions qui étaient, dès le départ, préconçues.

Quelques "interprétations raisonnables" et quelques "hypothèses simplificatrices" sont utiles au cours de ce processus. La mise en oeuvre de mathématiques "avancées" et de nombreuses références à la "littérature", en particulier à des publications "difficiles" (et obscures) ajoutent du poids au modèle et lui donnent une allure sérieuse. Peu importe que le résultat soit en complet désaccord avec toute réalité concevable".

Le modèle devient de plus en plus sujet à caution à mesure qu'augmente son nombre de paramètres ajustables n'ayant pas de liaison directe avec les propriétés mesurables du système.

REEL

Prospective

Le Réel ne se laisse donc pas réduire à un vocabulaire, à des modèles ou à des axiomatiques qui ne sont que les moyens de le cerner.

Comment m'apparaissent alors les perspectives ?

- une experimentation soignée avec un appareillage sophistiqué devrait conduire à la découverte de nouveaux phénomènes et à leur prévision : quelle est l'influence des bruits externe et interne ? [11] Le chaos est-il déterministe ? La nucléation a-t-elle l'importance que lui attribue la théorie et les expériences sur ordinateur [25] ? Les instabilités chimiques sont-elles liées à la spécificité des réactifs ou, au contraire, au choix des contraintes ? L'analyse par la méthode de VIDAL et ROUX [12,13] des mécanismes d'un certain nombre de réactions devrait fournir une réponse ; en effet, ou chaque réaction a un mécanisme spécifique et la nature des réactants est primordiale, ou il existe des aspects communs à toutes les réactions et c'est le choix des bonnes conditions d'évolution qui est fondamental. Ce dernier cas permettrait d'établir des règles empiriques issues de l'expérience à partir desquelles de nouvelles réactions chimiques périodiques seraient prévisibles. Puis, par une dialectique classique, la théorie aurait a intégrer ces règles empiriques pour qu'elles deviennent démontrables.

- imaginer de nouveaux schémas réactionnels ne se justifie que dans un nombre de cas limité :

. rendre compte d'un phénomène expérimental nouveau - c'est le cas, par exemple, du modèle de BOISSONADE [23] explicatif des doubles oscillations du modèle de VIDAL [24] représentatif d'une multistabilite, ou de celui de Hanusse [25] montrant le rôle des fluctuations dans la naissance des structures spatiales.

. suggérer l'exsistence d'un phénomène nouveau, c'est-à-dire orienter la recherche expérimentale. Le schéma réactionnel devient alors heuristique, mais tout autre modèle heuristique efficace est le bienvenu.

- construire des modèles topologiques et des modèles simplissimes grâce à un choix judicieux d'éléments topologiques ou de variables réduites paraît productif.

Enfin, on constate que les structures temporelles sont mieux connues que les structures spatiales dont l'étude devrait être développée, en recherchant peut-être un concept efficace car il est des mots qui bloquent l'invention comme d'autres la facilitent.

Conclusion

Des généralités aux banalités, la frontière est vite franchie.

Ai-je enfoncé des portes ouvertes ?

Pour les uns peut-être, pour les autres non, car force est de reconnaître que les expériences les plus souvent décrites ne conduisent guère à des résultats exploitables : choisir un système fermé dont on ignore la variation de la température-réponse n'est guère réaliste. Analyser séparément des étapes élémentaires supposées, facilite sans doute, mais d'assez loin seulement, la compréhension d'un ensemble complexe de réactions simultanées.

La communauté scientifique aurait tort de mésestimer l'importance attribuée à la Méthode par DESCARTES, Claude BERNARD et bien d'autres et devrait s'interroger sur cette opinion de LEIBNIZ :

"S'il y a une chose plus importante que les plus belles découvertes, c'est la connaissance de la méthode par laquelle on les fait".

Bibliographie

[1] E. Benveniste, *"Age de la Science"*, Janv. Mars, 3 (1969)

[2] A. Pacault, P. De Kepper, P. Hanusse et A. Rossi, C.R. Acad. Sc. Paris, 281C, 215 (1975)

[3] A. Pacault, P. Hanusse, P. De Kepper, C. Vidal et J. Boissonade, Fundamenta Scientiae. Séminaire sur les Fondements de la Science ; Université Louis Pasteur (1976)

A. Pacault, P. De Kepper et P. Hanusse, Proceedings of the 25th International Meeting of the Société de Chimie-Physique - Dijon 8-12 July 1974.

[4] A.J. Lotka, J. Am. Chem. Soc., 42, 1595 (1920) ; Proc. Nat. Acad. Sc. U.S., 6, 410 (1920)

[5] W.C. Bray, J. Am. Chem. Soc. 43, 1262 (1921)

[6] A. Pacault, P. De Kepper, P. Hanusse, C. Vidal, J. Boissonade, Accounts of Chemical Research, 9, 438 (1976)

[7] G. Nicolis, I. Prigogine, *"Self organization in non equilibrium systems"*, John Wiley (1977)

[8] V.A. Vavilin, A.M. Zhabotinskii, A.N. Zaikin, Rus. J. Phys. Chem. 42(12), 1649 (1968)

[9] C. Vidal, P. De Kepper, A. Noyau, A. Pacault, C.R. Acad. Sc. Paris, 225C, 357 (1977)

C. Vidal, A. Noyau, Nouveau Journal de Chimie (sous presse)

[10] A. Pacault, A.M. Merle, Colloque sur les Modèles, Paris, Novembre 1978.

[11] P. De Kepper, W. Horsthemke, C.R. Acad. Sc. Paris (sous presse) ; Actes du Colloque *"Loin de l'équilibre"*.

[12] J.C. Roux, C. Vidal, Nouveau Journal de Chimie (à paraître)

J.C. Roux, C. Vidal, Actes du Colloque *"Loin de l'équilibre"*

[13] J.C. Roux, S. Sanchez, C. Vidal, C.R. Acad. Sc. Paris, 282B, 451 (1976)
J.C. Roux et C. Vidal, C.R. Acad. Sc. Paris, 284 (1977)
C. Vidal, J.C. Roux et A. Rossi, C.R. Acad. Sc. Paris, 284C, 585 (1977)
[14] P. De Kepper, C.R. Acad. Sc. Paris, 283C, 25 (1976)
[15] P. De Kepper, thèse d'Etat, Bordeaux (1978)
[16] P. De Kepper, A. Pacault, C.R. Acad. Sc., 286C, 437 (1978)
[17] P. De Kepper, A. Rossi et A. Pacault, C.R. Acad. Sc. Paris, 283C, 371 (1976)
[18] J. Chopin (à paraître)
[19] L. Apostel, G. Cellérie, J.T. Desanti, R. Garcia, G.G. Granger, H. Halbwachs, G.V. Henriques, J. Ladrière, J. Piaget, I. Sachs, H. Sinclair De Zwaart, Ed. Flammarion (1973).
[20] J. Boissonade et W. Horsthemke, Phys. Letters (sous presse)
[21] R. Thom, *Modèles mathématiques de la morphogénèse*, Union Générale d'Edition (1974)
[22] Turing, Phil. Trans. Roy. Soc. London, B 237, 37 (1952)
[23] J. Boissonade, J. Chim. Phys. n° 5, 540 (1976)
[24] C. Vidal, C.R. Acad. Sc. Paris, 274C, 1713 (1972)
C. Vidal, C.R. Acad. Sc. Paris, 275 (1972)
[25] P. Hanusse, thèse Bordeaux 1976
P. Hanusse, C.R. Acad. Sc. Paris, 277C, 93 (1973)
P. Hanusse, Physics Letters, 59A, n° 6 (1977)
P. Hanusse, J. Chem. Phys., 67, n° 2 (1977)
[26] E. Dulos, A. Marchand, C.R. Acad. Sc. Paris, 282D, 1645 (1976)
[27] Danckwerts, Chem. Engen. Sc. 2, 1 (1953)
J. Villermaux, *Théorie générale des réacteurs chimiques ; cours de l'ENSIC.*
[28] J. Villermaux, P. Le Goff, Actualité Chimique, Janv., 24 (1978)
[29] H.J. Gold, *Mathematical modeling of biological systems*, John Wiley (1977)
[30] A. Pacault, P. De Kepper, P. Hanusse, C.R. Acad. Sc. Paris, 280B, 157 (1975)
A. Pacault, P. De Kepper, P. Hanusse et A. Rossi, C.R. Acad. Sc. Paris, 281C, 215 (1975)
[31] I. Prigogine and R. Lefever, J. Chem. Phys., 48, 795 (1968)
[32] B.B. Edelstein, J. Theor. Biol., 29, 57 (1970)
[33] R.J. Field et R.M. Noyes, J. Chem. Phys. 60, 1877 (1974)
[34] P. Hanusse et A. Pacault, Proceedings of the 25th International Meeting of the Société de Chimie-Physique, 1974 ; p. 50 Elsevier Amsterdam (1975).
[35] T.S. Briggs and W.C. Rauscher, J. Chem. Educ., 50, 7, 496 (1973)

Do Instabilities Exist in Solid-Gas Reactions?

G. Bertrand

With 2 Figures

1. Introduction

The crystal, a periodical, three-dimensional structure occurs in equilibrium conditions. Hence, in the literature about thermodynamics of non-equilibrium, it is often given as an example of equilibrium structure as opposed to dissipative structures [1].

But its transformation when it is out of equilibrium (oxidation of a metal, decomposition of a carbonate, etc ...) has been mainly investigated by kineticists. Unfortunately, heterogeneous kinetics has developed without using the analysis of the evolutions of systems far from equilibrium. Thus, we may wonder whether the lack of instability examples in the evolution of solid-gas systems results from their actual absence or from the fact that the way for detecting them has been closed.

We would like to debate this question considering two aspects of the heterogeneous kinetics of solid-gas reactions : the examination of models and that of experimental results.

2. Models of Heterogeneous Kinetics

The analysis of an overall reaction is quite similar to that used in homogeneous or catalytic kinetics. The procedure consists in writing the elementary (or supposed as such) steps with an adequate formula. As there are no experimental means to detect them, those steps are often only hypothetical or probable. Then the rate of each step is expressed using the theory of absolute rates of reactions ; then the sequences of steps are combined in the approximation of the quasi-steady state. The approximation results in assuming that all processes have the same rate, which is that, whose expression is looked for by the kineticist (for examples, [2,3]).

The specialist investigating chemical instabilities acknowledges in this description a procedure which is also his own. But whereas he would try to find whether the mechanism contains the "ingredients", causing instabilities and would carry out a kinetic analysis of stability, it is implicitly assumed, in conventional heterogeneous kinetics that the steady working conditions are stable and single.

In spite of this, the general solution still remains complex so that it cannot be exploited experimentally. We are therefore led to introduce simplifying hypotheses to obtain rate expressions which are more easily used [2,3]. As shown in Table 1, however, introducing such hypotheses conceals possible causes of instability.

Let us illustrate this table. During solid-gas decomposition reactions, pressure fluctuations δP (gas removal) and temperature fluctuations δT (thermal reaction) occur at interface level. The kineticist ignores them and writes that under steady state conditions the rate may be written as shown in (1), where k is the kinetic constant, P_e the equilibrium pressure between the initial solid, the final solid and the gas and P the gas pressure exerted within the reactor.

$$v = k\left(1 - \frac{P}{P_e}\right) \qquad (1)$$

The chemical affinity of the reaction is written as :

$$\frac{\mathcal{A}}{T} = - R \mathrm{Ln}\, \frac{P}{P_e} \qquad (2)$$

Let us now take into account the effect of fluctuations on these working conditions and let us write the excess entropy production versus δP and δT.

As $P_e \propto \exp\left(-\frac{\Delta H}{RT}\right)$ equilibrium constant

and $k = k_0 \exp\left(-\frac{E}{RT}\right)$ ARRHENIUS law

we obtain

$$\dot{\sigma}\,(\delta S) = \frac{k\,R}{PP_e}\left(\frac{P}{P_e}\,\delta P_e - \delta P\right)^2 + R\left(1 - \frac{P}{P_e}\right)\left[\frac{k\,E}{(RT^2)^2}\,\Delta H(\delta T)^2 - \frac{k\,E}{PRT^2}\,\delta T \delta P\right] \qquad (3)$$

where $\delta T \delta P$ is positive (law of ideal gases).

We notice that harmful, negative contributions occur explicitly as soon as the hypothesis of the isothermic and isobaric reactor is removed and therefore the stability of this steady state is no longer, a priori, ensured.

Table 1

Possible causes of Instabilities	Simplifying hypotheses of formal heterogeneous kinetics
- Cooperativity	
exponential dependence of the constant of adsorption rate with surface coverage	rate constants are actual constants - LANGMUIR - type adsorption
ARRHENIUS law	The reactor is assumed isothermic
- Presence of autocatalytic steps	These steps are not considered for they render the rate equation linearization difficult
- Crosscatalysis - Competitive processes	A prevailing step is assumed The other quasi-equilibrium steps fix the concentration of active intermediates.
- Interaction of transport processes with chemical processes	The reactor is assumed isothermic and isobaric. Concentrations are constant in the gas. There is no convection.

LUSS [4] also points out that when the kinetics are not described by rate expressions of positive order but have a negative order (rate increase with concentration decrease), this has a strong influence on the multiplicity figure ; the author also recalls that it is the same for some isothermic reactions with a kinetics of LANGMUIR-HINSHELWOOD type. Both possibilities are rather frequently found in heterogeneous kinetics [2, 3].

3. Experimental Facts

We have just seen that in heterogeneous kinetics instabilities are masked by models. We may, however, wonder if, in case they would exist, experimental facts shouldn't have puzzled the research worker and induce him to adopt, at least in some cases, another strategy. However, in defence of kineticists, it must be said, that recognizing a properly dissipative spatial structure in an initially spatially structural material is not as obvious as in an initially homogeneous medium.

All the same, some observations obtained by microscopic techniques of solid analysis must, now, call attention as likely possibilities of response. Let us give two examples to illustrate.

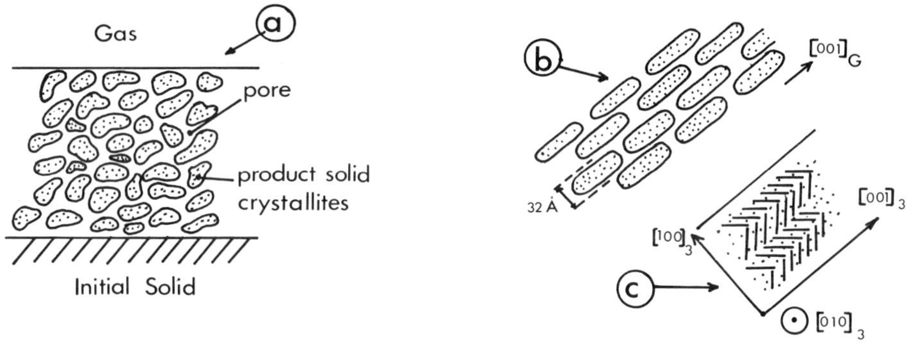

Fig. 1 (a) Schematic misoriented distribution of crystallites and pores in product layer.
(b,c) Regular distribution of crystallites and pores in product layer. Observations "in situ" in an electron microscope.
(b) Goethite → hematite reaction [10]
(c) $MoO_3 \rightarrow MoO_2$ reaction [11].

3.1 As shown in Fig. 1, the final solid often occurs as the juxtaposition of small crystallites separated by pores. We might think that, in this layer, they are aleatory or randomly distributed. Now, some reactions result in a coherent distribution as shown in Fig. 1. It seems that the single initial lattice of space is replaced by a family of distinct sublattices with a new periodicity among themselves. Moreover, we are now struck by the fact that numerous cases of twinning, of domain structures or superstructures result from out of equilibrium structural transformations.

To explain this stacking, several authors [5,6] assume that the cooperative movements of atoms i.e. the synchronous movement of numerous atoms towards a specific crystallographic direction arise strongly.

3.2 A second example is shown in Fig.2.

The same reaction may have different kinetic regimes due to the progress law versus time or also to the morphology of the transformed layer when the constraint values are changed.

This set of facts easily shows possibilities of steady states multiplicity or symmetry breaking transitions. In the first example of Fig. 2, it has been shown that the reactive interface deformation was due to a thermal instability [7]. In the same way multiple steady states leading to various spatial arrangements of the electrode could be interpreted in the case of zinc electrocrystallization [8]. Finally, the transition from a plane behaviour to a dendritic one has been studied theoretically in the solidification front of a binary alloy [9].

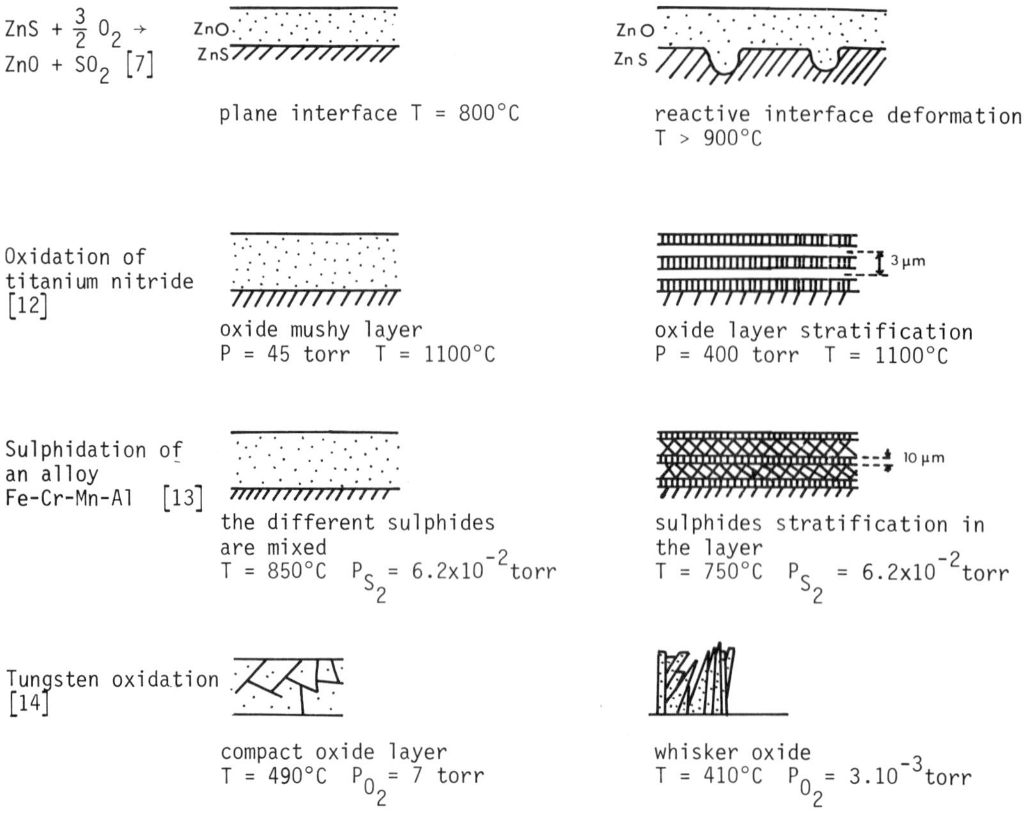

Fig. 2 Examples of different product layer morphology for the same reaction at different constraint values.

We may object the fact that those structures remain though constraints have been removed. It must not be forgotten that structures arising in evolving conditions can set (quenching, ... for instance). Thus, the solid could conserve dissipative structures and would then constitute a favorable field of investigation. In addition, the interaction "solid mechanical properties - reaction kinetics" can introduce new types of feedback and hence new types of instability.

The debate is open now but it is obvious that the presence of the solid will not facilitate the interpretation of phenomena although its dynamic features are liable to facilitate observations.

Acknowledgements

This work was initiated during a research training period at Universite Libre de Bruxelles. I would like to thank Professor I. PRIGOGINE and Professor P. GLANSDORFF for their hospitality. Thanks are also due to Professor G. WATELLE for valuable discussions.

References

1. P. Glansdorff and I. Prigogine, Thermodynamic theory of structure, stability and fluctuations, Wiley, New-York, 1971.
2. P. Barret, Cinétique hétérogène, Gauthier-Villars, Paris, 1973.
3. J. Besson, in "Reaction Kinetics in Heterogeneous Chemical Systems", (P. Barret Ed.), Elsevier, Amsterdam 1975.
4. D. Luss, in "Chemical Reaction Engineering", Proc. Int. Symposium 4th, 2, Dechema 1976.
5. J.S. Anderson, in "Reactivity of Solids" (J.S. Anderson, Ed.), Chapman and Hall, London, 1972.
6. J.C. Niepce, G. Watelle and N.H. Brett, J. Chem. Soc. Faraday Trans. I, 74, 1530 (1978).
7. K.J. Cannon and K.G. Denbigh, Chem. Eng. Science, 6, 145 (1957); ibid. 6, 15 (1957).
8. I. Epelboin, M. Ksouri and R. Wiart, J. Electrochem. Soc., 122, 1206 (1975) ; J. Less-Common Met. 43, 235 (1975).
9. J.S. Langer, Acta Met. 25, 1113 (1977) ; ibid. 25, 1121 (1977).
10. F. Watari and P. Delavignette, in French-Polish Colloquium on Solid State Chemistry (Dijon, 1978) ; Ann. Chim. (in press).
11. H. König, Z. Phys. 130, 483 (1951).
12. P. Lefort, J. Desmaison and M. Billy, J. Less-Common Met. 60, 11 (1978).
13. Y. Morel, J.P. Larpin and M. Lambertin, French-Polish. Colloquium on Solid State Chemistry, (Dijon 1978) ; Ann. Chim. (in press).
14. L.C. Dufour, P. Dufour, Bull. Soc. Chim. Fr., 3161 (1968).

Thermal Properties of Oscillating Reactions: Two Examples

C. Vidal and A. Noyau

With 4 Figures

1. Introduction

Chemical engineering provides several examples of thermokinetic oscillations which are accounted for by the thermal properties of both the reaction steps and the vessel [1]. On the other hand, non-equilibrium thermodynamics predicts unusual patterns in isothermal chemical systems far from equilibrium [2], and kinetic analysis of reaction schemes shows that periodicity may appear, provided some kind of feedback is involved [3]. Two questions then arise : (i) are such chemical oscillations truly encountered, and (ii) how do these oscillations differ from thermokinetic ones.

It is commonly assumed that the answer to the first question lies in the affirmative, the reactions discovered by BRAY [4] in 1921 (KIO_3, H_2O_2, H_2SO_4) and by BELOUSOV [5] in 1958 ($COH(CH_2COOH)_2$ COOH, $Ce_2(SO_4)_3$, $KBrO_3$, H_2SO_4) being two examples widely investigated over the past years [6]. However it must be borne in mind that this statement remains an assumption in that a clear answer to the second question has not yet been obtained. The present work is a first attempt to provide useful information on this problem.

2. Origin of Instability in a Non-Isothermal System

In order to design appropriate experiments, the conditions giving rise to oscillations in a continuous stirred-tank reactor (CSTR) must be studied from a theoretical viewpoint. This analysis, starting from heat and mass balance equations, is developed elsewhere [7] and leads to the following conclusions. Once a steady state exists, oscillations may appear if it is unstable. Linear analysis of a steady state in its neighbourhood yields a so-called stability matrix $A = [a_{ij}]$, whose size is (N + 1, N + 1) when temperature T and N chemical species X are to be considered:

$$a_{ij} = \left(\frac{\partial \dot{X}_i}{\partial X_j}\right)_{ss} \quad ; \quad a_{i,N+1} = \left(\frac{\partial \dot{X}_i}{\partial T}\right)_{ss}$$

$$a_{N+1,j} = \left(\frac{\partial \dot{T}}{\partial X_j}\right)_{ss} \quad ; \quad a_{N+1,N+1} = \left(\frac{\partial \dot{T}}{\partial T}\right)_{ss}$$

$$i = 1,\ldots, N \quad ; \quad j = 1,\ldots, N$$

If any eigenvalue of the stability matrix A has a positive real part, then the steady state is unstable. The classification of instabilities in chemical reaction systems, already proposed by TYSON [8], can be extended in a straightforward manner. It will be remembered that this classification relies simply on the sign of diagonal elements (a_{ii}) and of different products ($a_{ij}\, a_{ji}$ for $i \neq j$; $a_{ij}\, a_{jk} \ldots a_{pq}\, a_{qi}$ for any sequence of three or more indices $i \neq j \neq k \neq \ldots \neq p \neq q \neq i$). Now one can for instance talk about :

- chemical instability when all elements involved have indices less or equal to N
- thermic instability if all these elements have at least one indice equal to N+1
- mixed instability in any other case

This classification would only be useful when studying a given reaction scheme, since all parameters are known or choosen in this case. In any event, detailed calculation shows that no element other than $a_{N+1,N+1}$ is changed when the heat exchange conditions are modified. If this is done, oscillations originating in a chemical instability will remain almost unchanged since the same instability characteristics hold. On the other hand, striking differences, including disappearance, will be observed for any oscillation generated by a thermal instability connected with the element $a_{N+1,N+1}$. In other cases it seems more difficult to predict what exactly will happen because there is no quantitative relation between instability characteristics near a steady state and oscillatory behaviour around it. Nevertheless, the foregoing analysis suggests a very simple bench experiment : let heat exchange conditions be varied in a drastic manner and look at the result. If the periodic behaviour is unaltered, oscillations are of the chemical type, i.e. they originate in the reaction mechanism itself. If oscillations can be cancelled, generating a steady state, then their thermokinetic nature is established since there is no chemical instability.

3. Experimental results

Two oscillating reactions have been studied, viz. oxidation of malonic acide by bromate (the BELOUSOV-ZHABOTINSKII reaction : B.Z.) and of ethylalcohol by hydrogen peroxide [9] (the HAFKE-GILLES reaction : H.G.). A gold spiral, through which is forced a regulatory fluid, has been added inside the CSTR already developed in our laboratory [10]. The flow through the spiral and the temperature of the fluid are adjustable so that the heat exchange coefficient can be changed by a factor of 6 [11]. When the B.Z. reaction is performed in this apparatus, oscillations remain identical (except the amplitude of temperature variations, of course) whatever the heat exchange coefficient. Fig. 1 shows, for instance, that the period does not depend on the thermal relaxation time θ of the reactor.

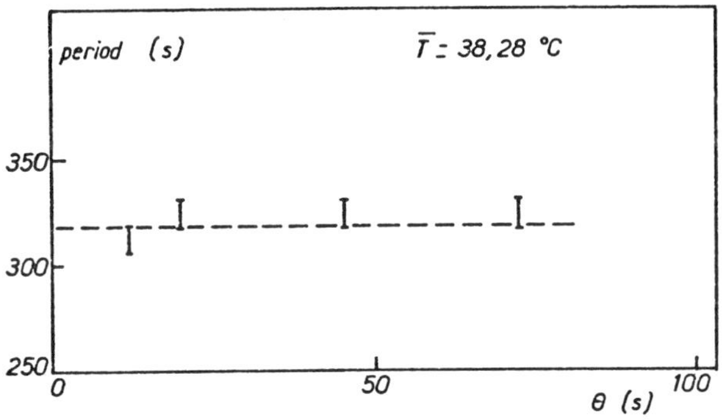

Fig.1 Period of B.Z. oscillations versus thermal relaxation time θ of the CSTR $[KBrO_3]_0$ = .005 M ; $[CH_2(COOH)_2]_0$ = .02 M ; $[Ce_2(SO_4)_3]_0$ = .001 M ; $[H_2SO_4]_0$ = 1.5 M; mean residence time τ = 3,8 min

On the contrary, oscillations disappear without delay in the H.G. reaction when the heat exchange coefficient is raised beyond a critical threshold. The thermal origin of these oscillations cannot therefore be doubted.

The striking difference observed in the qualitative behaviour points to the fact that periodicity of the B.Z. reaction originates in its chemical mechanism. This statement is also borne out by quantitative measurements. Indeed, once the various heat exchanges of the CSTR are monitored, recording of temperature variations and subsequent numerical treatment of experimental data, similar to that already described [12], yield the overall heat production or consumption Q_R of the chemical reaction itself. This result appears on Fig.2 for the two reactions under study. The

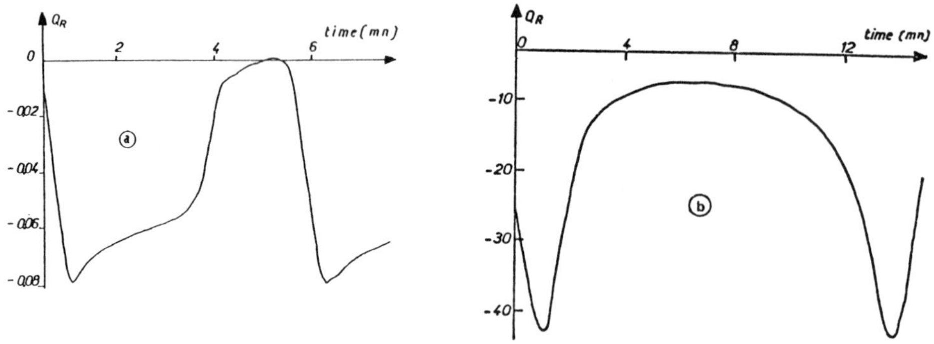

Fig.2 Thermicity Q_R in cal.min^{-1}.cm^{-3} of :
(a) B.Z. reaction : same conditions as in Fig.1
(b) H.G. reaction : $[H_2O_2]_0$ = 3 M ; $[C_2H_5OH]_0$ = 1.4 M ; $[Fe(NO_3)_3]_0$ =.015 M; τ = 13,8 min

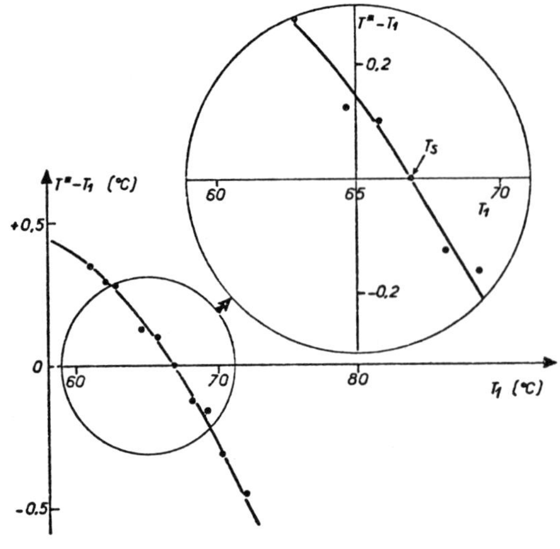

Fig.3 Determination of the unstable steady state temperature T_S of the H.G. reaction performed under conditions of Fig.2 b

thermicity of the B.Z. reaction is much lower than that of the H.G. reaction, the orders of magnitude being in a ratio of 1 to 10^3. In both cases the reactions are always exothermic. Thus, the difference here is quantitative but not qualitative. In short, for any oscillatory reaction, at least two features may be considered as giving evidence of its chemical origin : independence with respect to heat exchange conditions and smallness of thermicity.

Lastly, some interesting results have been obtained, dealing with the unstable steady state surrounded by oscillations in the H.G. reaction. Detailed analysis of kinetic equations [7] shows that the relation :

$$T^* = T_1 = T_S$$

is fulfilled when the stationary temperature T^* of the reacting medium equals the temperature T_1 of the regulatory fluid through the spiral, T_S being the temperature of the unstable steady state when oscillatory regime prevails. Thus taking a heat exchange coefficient high enough to get a stationary response and then varying the experimental parameter T_1 gives the value of T_s by simply plotting $T^* - T_1$ versus T_1 as in Fig.3. Moreover, once this temperature T_s is known, the value of the stability matrix element $a_{N+1,N+1}$ may be roughly estimated, provided one assumes that birth and death of oscillations relies more or less on its sign. In that case, the critical threshold of the heat exchange coefficient measured yields the following value :

$$a_{N+1,N+1} = \left(\frac{\partial \dot{T}}{\partial T}\right)_{T_s} \sim + 1.5 \text{ min}^{-1}$$

As expected, this value is positive and may thus account by itself for instability.

References

[1] R.A. Schmitz, Adv. Chem. Series, 148, 157 (1975) ; Catal. Rev. Sci. Eng., 15, 107 (1977)

[2] P. Glansdorff, I. Prigogine, *Structure, stabilité et fluctuations*, Masson, Paris (1971)

[3] U.F. Franck, Faraday Symposium n° 9, 137 (1974)

[4] W.C. Bray, J. Am. Chem. Soc., 43, 1262 (1921)

[5] B.P. Belousov, Sb. Ref. Radiat. Med., Moscow, 145 (1959)

[6] A. Pacault, P. Hanusse, P. De Kepper, C. Vidal, J. Boissonade, Acc. Chem. Res., 9, 438 (1976)

[7] C. Vidal, A. Noyau, Nouv. J. Chim., (in press)

[8] J.J. Tyson, J. Chem. Phys., 62, 1010 (1975)

[9] C. Hafke, E.D. Gilles, Mess. Steuern. Reg., 11, 204 (1968)

[10] A. Pacault, P. De Kepper, P. Hanusse, C.R. Acad. Sc., 280B, 157 (1975)

[11] C. Vidal, P. De Kepper, A. Noyau, A. Pacault, C.R. Acad. Sc., 285C, 357 (1977)

[12] C. Vidal, J.C. Roux, A. Rossi, C.R. Acad. Sc., 284C, 585 (1977)

Sur l'origine d'instabilités chimiques et hydrodynamiques observées à l'interface huile-eau

M. Dupeyrat and E. Nakache

With 3 Figures

ABSTRACT

The instabilities at various oil-water interfaces we have studied appear as an interfacial turbulence related to local variation of the interfacial tension ; they belong to Marangoni effects. The motion observed occurs between two immiscible solutions containing charged species, one of which is surface active. It can only be observed when two ionic compounds are present, one in each phase, in concentrations far from equilibrium, for instance hexadecyltrimethylammonium chloride ($C_{16}Cl$), a compound which is hydrophobic, dissolved in water, and picric acid (HPi), a hydrophilic substance, dissolved in nitro ethane.

The motion appears under two different forms, as shall be shown in a film, according as the interface is in contact or not with a glass wall. In the first case, a motion of the interface arises along the wall, as a wave about 1 cm. amplitude, first deforming the meniscus, then stirring the whole interface. In the second case, local contractions or expansions in the interface plane can be observed. This latter kind of motion which involves less complex processes will be only studied.

Recent experiments have shown that the determining factor of the motion seems to be neither the mass transfer, nor the heat transfer. A chemical reaction seems to be necessary. Now a very simple acido-basic reaction, involving HPi and $C_{16}Cl$ for instance should be sufficient to start the motion.

SANFELD et al. studying theoretically the hydrodynamical stability of a plane interface where interfacial chemical reactions and matter transfer take place, showed that when an interfacial reaction involves one fluctuating species only, an instable reaction is a necessary but not sufficient condition to deform the interface.

We propose a mechanism of transfer involving a chemical oscillating reaction, which could explain the phenomenon observed. The interpretation is supported by two experimental observations.

- The variation of the interfacial tension γ whith time is an oscillating process. The measurement of γ during an oscillation observed for a system evolving slowly, is a linear function of the square root of time. Furthermore in another series of experiments on similar systems, we have shown that the adsorption-desorption process is faster than the diffusion one. Therefore we assume, contrarily to SANFELD, that the diffusion process is determining.

- We show that the interfacial tension essentially depends on the density of C_{16}^{+} ions at the interface, whatever be the bounded counter ion. This density will depend only on the $C_{16}Pi$ or $C_{16}Cl$ concentration in the two little zones of the bulk adjacent to the interface. Inside of them a chemical oscillating reaction would take place which would make the concentrations of the two species vary with time. From these hypothesis we are now studying the coupling between the chemical reaction and hydrodynamics in collaboration with hydrodynamicists.

La turbulence interfaciale que nous avons observée à certaines interfaces huile-eau est liée à une variation locale de la tension interfaciale. En effet les mouvements n'apparaissent qu'en présence d'un composé tensioactif. Nous avons étudié jusqu'à présent des interfaces eau-nitrobenzène et eau-nitroéthane contenant un halogénure d'alkyltriméthylammonium à longue chaîne et divers sels inorganiques. Les mouvements se manifestent quand le composé à longue chaîne hydrophobe, est dissous dans l'eau et le sel hydrophile dissous dans la phase organique, c'est-à-dire quand les deux composés sont chacun en déséquilibre de partage. L'instabilité se manifeste sous deux formes différentes, selon que l'interface est en contact ou non avec une paroi de verre. Dans le premier cas on observe un mouvement de tout l'interface le long de la paroi, qui se présente comme une vague d'un centimètre d'amplitude environ, déformant d'abord le ménisque puis perturbant toute l'inface. Dans le deuxième cas on remarque des contractions ou expansions locales du plan de l'interface, matérialisées grâce à la formation d'une émulsion blanchâtre.

Hypothèse sur l'Origine des Mouvements.

Des travaux préliminaires nous ont montré d'une part que l'apparition des mouvements est corrélable avec une variation de la tension interfaciale [1], d'autre part que la nature et la concentration des composés ont une grande influence sur l'amplitude, la pseudo-périodicité et le type des instabilités [2]. De plus, le facteur déterminant les mouvements ne semble pas être un transfert de masse, mais l'existence d'une réaction chimique, interfaciale ou non.

Plusieurs auteurs, par exemple [3], ont interprété des instabilités hydrodynamiques en faisant intervenir les phénomènes de diffusion et de convection. Plus récemment, Sanfeld et Coll. [4] ont recherché les conditions d'instabilités à partir d'un traitement théorique plus général qui tient compte en plus de la diffusion, et de la convection, de l'adsorption - désorption, de réactions chimiques à l'interface et d'une contrainte électrique due à des espèces chargées. Le problème est résolu dans quelques cas théoriques simples pour lesquels on suppose qu'un processus est prédominant par rapport aux autres. Nous nous sommes proposés d'examiner expérimentalement pour quelques systèmes quels étaient le facteur prédominant et la réaction chimique possible en négligeant les effets électriques.

Résultats Expérimentaux et Discussion.

Dans un premier temps nous avons choisi d'étudier l'interface entre une solution de I_3^- ou de I_2 dans le nitrobenzène et une solution aqueuse de chlorure d'hexadécyltriméthyl ammonium ($C_{16}Cl$) [2]. Nous avons montré, par spectroscopie UV et visible, que plusieurs réactions chimiques d'oxydoréduction avaient lieu entre le composé iodé et l'eau, dont les produits réagissaient avec le $C_{16}Cl$ en provoquant le mouvement. Mais il est difficile d'utiliser ces résultats pour un calcul théorique à cause de la grande complexité des réactions entre les divers composés oxydo-réducteurs iodés possibles. C'est pourquoi nous avons cherché un système plus simple faisant intervenir un autre type de réaction : une réaction acido basique. En effet nous avons obtenu des instabilités analogues aux précédentes avec des systèmes préparés à partir de chlorure d'alkyltriméthylammonium à longue chaîne dissous dans l'eau et de divers acides dissous dans le nitroéthane (acide salicylique, benzoïque, picrique (HPi) perchlorique) [5]. Pour des raisons de simplicité nous avons choisi d'étudier seulement, sur un système dont les oscillations sont assez lentes, les mouvements dans le plan de l'interface. Nous avons suivi les mouvements grâce à des mesures de la tension interfaciale.

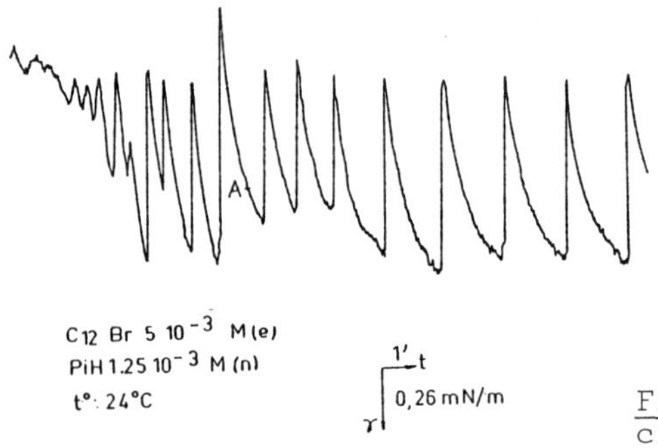

Fig.1 Variation de la tension interfaciale au cours du temps.

La figure 1 montre, à titre d'exemple, la variation au cours du temps de la tension interfaciale repérée à l'aide d'un étrier au voisinage du maximum de la courbe de traction [6] pour un système composé de bromure de dodécyltriméthylammonium, $C_{12}Br$, (5 10^{-3}M) dissous dans l'eau et de HPi (1,25 10^{-3}M) dissous dans le nitroéthane. Elle présente plusieurs oscillations dont la pseudo période est assez longue (1minute environ). Chacune d'elles comporte une portion qui correspond à une augmentation progressive de la tension interfaciale suivie d'une autre portion avec chute brutale de cette même grandeur que nous avons pu corréler avec une explosion à l'interface, c'est-à-dire à une arrivée massive de molécules tensioactives à l'interface.

En supposant que le processus déterminant est l'adsorption-désorption, SANFELD et Coll. [4] ont appliqué récemment leur théorie à ce système. Ils arrivent à la conclusion que l'instabilité pourrait être liée à la présence d'une réaction interfaciale de cinétique non linéaire où pourrait intervenir soit des effets de solvation - désolvatation de l'ion Pi^-, soit des effets de triplets entre 2 cations ammonium quaternaire et Pi^-.

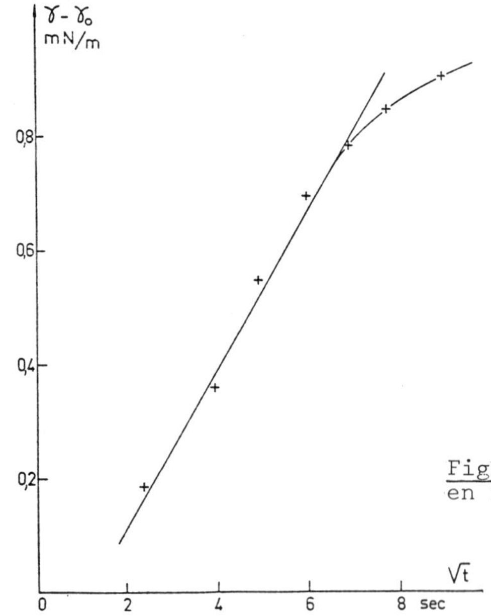

Fig.2 Variation de tension interfaciale en fonction de la racine carré du temps.

Or nous avons étudié des systèmes de composition tout à fait analogues soumis à un champ électrique [7] et nous avons montré que les variations de tension interfaciale et de différence de potentiel interfacial sont tout à fait en accord avec les résultats théoriques si l'on admet que le phénomène d'adsorption-désorption est très rapide et que les ions Pi^- et C_{12}^+ s'échangent à l'interface, c'est-à-dire que le processus de diffusion - convection serait prédominant. Dans ces conditions on peut s'attendre à trouver une variation linéaire de la tension interfaciale en fonction de la racine carrée du temps. Au début du transfert la courbe $\gamma = f(\sqrt{t})$ de la figure 2, construite à partir de la figure 1 est une droite jusqu'au point A, c'est-à-dire pour presque toute la partie ascendante d'une oscillation. Nous supposerons donc que le processus d'adsorption-désorption est rapide. Par conséquent, à tout moment il y a équilibre entre l'interface et les couches sous-jacentes, et c'est la diffusion et la convection qui contrôlent le phénomène.

Cependant les processus de diffusion-convection ne suffisent pas à eux seuls à expliquer le mouvement puisque, si l'on remplace HPi par son sel de potassium (KPi), on n'observe rien. Cela signifie qu'un simple échange d'ions entre les deux composés en présence n'est pas suffisant pour déclancher l'instabilité et qu'il doit exister une réaction chimique. Cette réaction pourrait être la réaction d'échange des contre-ions Pi^- et Cl^- que nous avons mentionnée. Cette hypothèse nous parait confirmée par le fait que nous n'observons de mouvements que si les composés sont chacun dans une phase. En effet $C_{12}Br$ abaisse davantage la tension interfaciale que $C_{12}Pi$ et l'échange d'ions peut expliquer une variation de la tension interfaciale. On peut considérer que l'activité interfaciale dépend soit du nombre d'ions tensioactifs à l'interface, soit de la nature du sel adsorbé à longue chaîne, soit des deux facteurs. Or les coefficients de partage des deux sels entre les deux phases sont très différents;en effet pour les composés $C_{16}Br$ et $C_{16}Pi$ sur lesquels nous avons vérifié ce point, nous les avons évalués respectivement à $P_{n/e} = 5$ et $2,5\ 10^4$ dans le domaine de concentration étudié. Une même concentration initiale de composés correspond à des concentrations de C_{16}^+ à l'équilibre en phase aqueuse très différentes et par conséquent à des densités superficielles différentes. C'est pourquoi nous avons représenté sur la figure 3 la variation de la tension interfaciale en fonction de la concentration en phase aqueuse. On constate que pour une même concentration, la tension interfaciale est la même, compte tenu de la précision des mesures. Donc la tension interfaciale ne dépendrait que de la concentration en ions R^+ dans la phase aqueuse sous-jacente. La fluctuation de la tension interfaciale ne serait liée qu'à la variation du nombre R^+ présents en surface et par conséquent à la composition de la phase sous-jacente. Ce serait donc cette variation de composition, provoquée par le transport des espèces

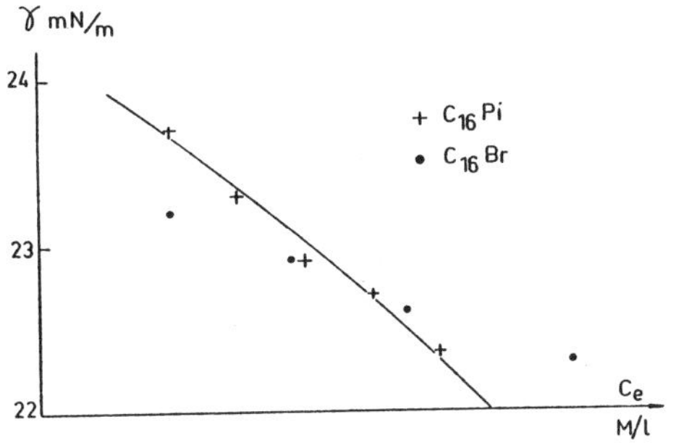

Fig 3 Variation de la tension interfaciale avec la concentration de phase aqueuse pour $C_{16}Br$ et $C_{16}Pi$.

à travers l'interface par diffusion-convection et par une réaction chimique au sein de l'une ou l'autre phase qui déterminerait l'instabilité. Cette réaction pourrait correspondre à la dissociation incomplète de HPi dans le solvant organique. La réaction correspondante pour KPi n'existerait pas du fait de la quasi complète dissociation de ce sel. Dans ces conditions nous maintenons le schéma de la réaction proposé précédemment [8] :

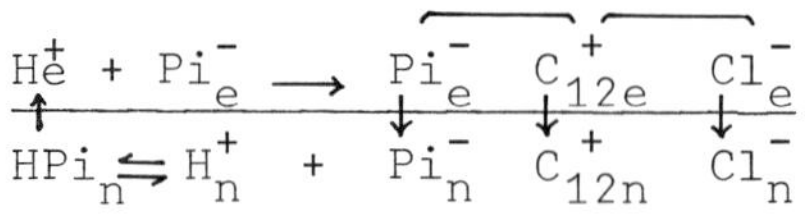

interface

HPi passerait du nitroéthane vers l'eau et réagirait avec $C_{12}Br$ pour donner $C_{12}Pi$; du fait de sa grande affinité pour le nitroéthane ce dernier composé passerait en solution organique où il serait entièrement dissocié. Les ions Pi se combineraient alors partiellement aux ions H^+ à cause de la constante de formation élevée de HPi. La densité des ions Pi^-, donc l'existence de l'instabilité à l'interface dépendrait des constantes cinétiques de ces différents transferts et réactions. Ainsi ce ne serait pas la réaction interfaciale par elle même qui serait instable Des calculs sont en cours pour vérifier le bien fondé de cette hypothèse

Bibliographie

1 M. Dupeyrat et J. Michel, XXe réunion CITCE Strasbourg 1969; Exp. Suppl. 18, 269 (1971).
2 E. Nakache et M. Dupeyrat, 7th Inter. Congress. C.I.D. Moscou (1976). à paraitre.
3 L.V. Sternling et L.E. Scriven, A.I.Ch.E. J. 5,515 (1959).
4 V. Dalle-Vedove, P.M. Bisch, A. Sanfeld et A. Steinchen, C.R.Acad.Sc. série C (1978) à paraitre.
5 M. Dupeyrat et E. Nakache, Physical Chemistry and Hydrodynamics, the Levich conference Oxford 1977. Hemisphere Pub. N.Y. à paraitre.
6 J. Guastalla, J. Chim. Phys. 68, 5, 822 (1971).
7 E. Nakache et M. Dupeyrat, à paraitre.
8 M. Dupeyrat et E. Nakache, Bioelect. Bioenerg. 5, 134, (1978).

Application en cinétique électrochimique des concepts d'états stationnaires multiples et de structures dissipatives: Electrocristallisation et passivation des métaux

I. Epelboin, C. Gabrielli, M. Keddam, and R. Wiart

With 5 Figures

ABSTRACT

The state of an electrochemical system, to which electric parameters (current and electrode potential) allow an access, is generally governed by nonlinear equations for mass balances and electron flux through the metal-electrolyte interface. Two examples of electrochemical systems will be presented, in which these equations can lead to multisteady states (characterized by three current values for a specified potential) and to a spatial self-organization of the electrode surface.

Iron passivation is described by a model involving a dissolution process coupled to a passivation process by the diffusion of the reactant from the bulk of the electrolyte. Such a coupling can give rise to a Z-shaped current-potential curve and a nonuniform anodic dissolution occurs when the electrochemical state is stabilized in the intermediate region between the active and passive states by means of an appropriate control device.

The S-shaped current-potential curve obtained during zinc electrocrystallization is explained by a coupling of interfacial reactions including an autocatalytic adsorption process. The interactions between these reactions and surface diffusion of adsorbed intermediates Zn^{I}_{ads} can give rise to large variations of current density, periodically located on the electrode, which become stable and initiate the formation of spongy deposits on a compact substrate.

1. Introduction

On sait que l'état d'un système électrochimique est défini par les paramètres électriques densité de courant J et tension V d'électrode, que l'on mesure en imposant J, ou V, ou bien une relation entre ces deux grandeurs. Cet état est en général régi par des *équations non linéaires* exprimant les *bilans de matière* et le *flux des électrons* à travers l'interface métal-électrolyte. En linéarisant ces équations on définit un spectre d'impédance électrochimique qui permet de tester la validité d'un modèle explicatif. Nous présenterons ici deux exemples de systèmes électrochimiques maintenus loin de l'équilibre pour lesquels ces équations peuvent conduire à des *états stationnaires multiples* (caractérisés par trois valeurs du courant à un potentiel donné) et à une *autoorganisation* de la surface de l'électrode, correspondant à une répartition hétérogène de la densité de courant.

2. Passivation du fer en milieu acide

Ce phénomène est décrit par un modèle [1] mettant en jeu deux *processus hétérogènes de dissolution* et de *passivation* couplés par la *diffusion en volume* du réactif commun OH^- vers l'électrode :

$$Fe \xrightarrow[K_1]{OH^-} (FeOH)_{ads} \underset{K_{-3}}{\overset{OH^-,K_3}{\rightleftarrows}} (Fe(OH)_2)_{ads}$$

$$(FeOH)_{ads} \xrightarrow{K_2} FeOH^+_{sol}$$

Bilans de matière :

$$\beta_1 \frac{d\theta_1}{dt} = K_1c\ (1-\theta_1-\theta_2) - K_2\theta_1 - K_3c\theta_1 + K_{-3}\theta_2 \qquad (1)$$

$$\beta_2 \frac{d\theta_2}{dt} = K_3c\ \theta_1 - K_{-3}\theta_2 \qquad (2)$$

$$\frac{\partial c}{\partial t} = D\frac{\partial^2 c}{\partial z^2} \quad ; \quad c = c_s \ \text{pour}\ z \geqslant \delta \qquad (3)$$

où θ_1 et θ_2, β_1 et β_2 sont les taux de recouvrement et les concentrations superficielles maximales de $(FeOH)_{ads}$ et $(Fe(OH)_2)_{ads}$, et c la concentration de OH^-, c_s sa concentration constante au sein de l'électrolyte, δ l'épaisseur de la couche limite de diffusion.

Flux d'électrons :

$$J = F\ [K_1c\ (1-\theta_1-\theta_2) + K_2\theta_1 + K_3c\ \theta_1 - K_{-3}\theta_2] \qquad (4)$$

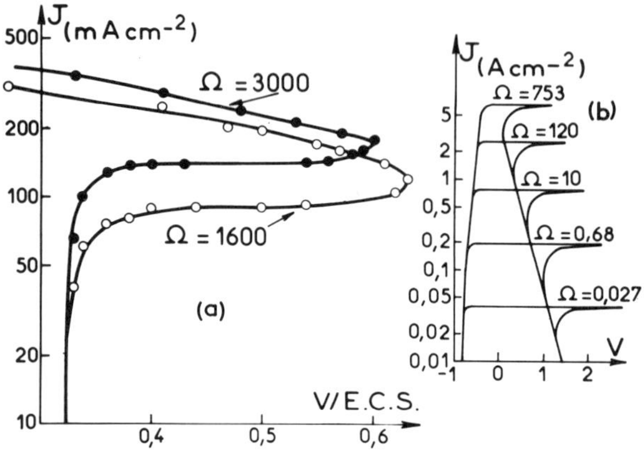

Fig.1 a) Courbes densité de courant-tension anodique du fer dans H_2SO_4, 1M (25°C) corrigées de la chute ohmique et rapportées à la fraction active de l'interface.
b) Courbes densité de courant-tension anodique simulées numériquement
Ω = vitesse de rotation de l'électrode (t.mn^{-1}).

Sur la fig. 1, nous donnons à titre d'exemple les *courbes courant-tension expérimentales* tracées en milieu sulfurique en imposant entre V et J une relation linéaire à l'aide d'une régulation à résistance interne négative ainsi que les *courbes calculées* à partir des eqs (1) à (4), pour plusieurs vitesses de rotation Ω de l'électrode à disque tournant. On remarquera que les courbes expérimentales ont été corrigées de la chute ohmique qui peut être également une cause d'états stationnaires multiples [2,3] .

Lorsque l'état électrochimique de l'interface est stabilisé dans la région intermédiaire entre l'état actif et l'état passif, nous avons pu mettre en évidence une attaque anodique non uniforme : la *dissolution est très nettement localisée sur une aire annulaire*, le reste de la surface étant passif[4].

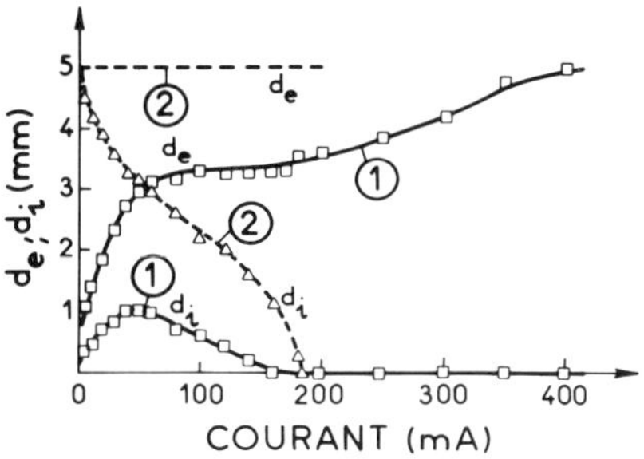

Fig.2 Variation des diamètres intérieur d_i et extérieur d_e de la partie annulaire dissoute sur un disque de diamètre 5 mm, en fonction du courant, pour deux vitesses de rotation Ω,tmn^{-1} : 1) 4500 ; 2) 750.

La fig. 2 montre que les dimensions de la zone attaquée dépendent de la vitesse de rotation Ω et du courant qui traverse l'électrode. Le couplage réactions interfaciales - diffusion, assorti de conditions aux limites convenables, doit donc permettre d'interpréter cette structuration de l'interface.

3. Electrocristallisation du zinc

Les états stationnaires multiples observés lors de l'électrocristallisation du zinc s'interprètent [5] par un *couplage de réactions interfaciales*, mettant en jeu une *réaction autocatalytique* de formation de l'intermédiaire Zn^{I}_{ads}, qui peut diffuser à la surface de l'électrode :

$$H^+ + e \xrightarrow{A_1} H_{ads} \qquad Zn^{I}_{ads} + H_{ads} \xrightarrow{A_4} Zn + H^+$$

$$H^+ + H_{ads} + e \xrightarrow{A_2} H_2 \qquad Zn^{I}_{ads} + e \xrightarrow{A_5} Zn$$

$$Zn^{II} + Zn^{I}_{ads} + e \underset{A_{-3}}{\overset{A_3}{\rightleftarrows}} 2\, Zn^{I}_{ads} \qquad Zn^{II} + e \xrightarrow{A_6} Zn^{I}_{ads}$$

En supposant cette *diffusion superficielle* unidirectionnelle, on écrit les bilans de matière :

$$\beta_1 \frac{d\theta_1}{dt} = A_1(1-\theta_1-\theta_2) - A_4\theta_1\theta_2 - A_2\theta_1 \qquad (5)$$

$$\beta_2 \frac{d\theta_2}{dt} = A_6(1-\theta_1-\theta_2) - A_4\theta_1\theta_2 + (A_3-A_5)\theta_2 - A_{-3}\theta_2^{\,2} + \beta_2 D_s \frac{\partial^2\theta_2}{\partial r^2} \qquad (6)$$

et le flux d'électrons :

$$J = F\,[(A_1+A_6)(1-\theta_1-\theta_2) + A_2\theta_1 + (A_3+A_5)\theta_2 - A_{-3}\theta_2^{\,2}] \qquad (7)$$

où θ_1, θ_2 et β_1, β_2 se rapportent respectivement à H_{ads} et Zn^{I}_{ads}.

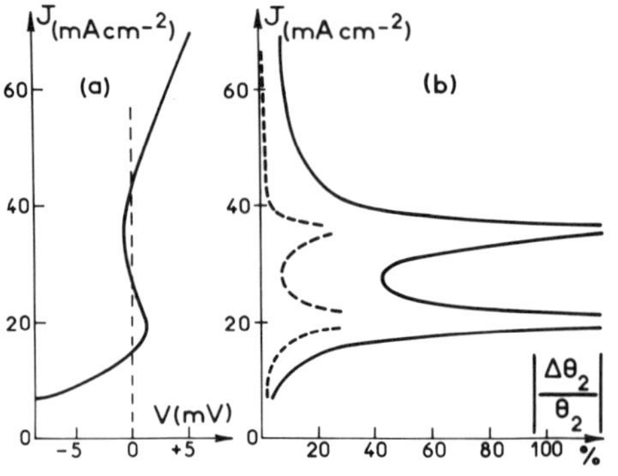

Fig.3 a) Courbe densité de courant-tension cathodique (origine arbitraire) simulée numériquement dans le cas d'états stationnaires uniformes.

b) Courbes densité de courant-module de la variation de θ_2 qui résulte d'une perturbation de A_3 (trait plein) ou de A_1 (pointillé) égale à 1%.

La fig. 3a donne un exemple de *courbe courant-tension simulée* pour des états stationnaires uniformes. De faibles variations des constantes de vitesse peuvent exciter de *grandes perturbations du système*, dépassant le domaine de linéarité où la stabilité est assurée. La fig. 3b montre une grande sensibilité du système à la vitesse A_3 de la réaction autocatalytique.

Les interactions entre la diffusion superficielle et les réactions peuvent conduire à une *structuration spatiale* de l'électrode [5]. Sur la fig. 4 sont représentées dans le plan de phase les trajectoires calculées pour V = 0 et différentes valeurs de la constante d'intégration c_o des eqs (5) et (6). Les orbites fermées obtenues au voisinage de θ_2 = 0,1 et θ_2 = 0,3 montrent l'existence, près de ces deux états uniformes, d'états structurés où les quantités d'intermédiaires θ_1 et θ_2, ainsi que la densité de courant J, sont des *fonctions périodiques de r*, de périodicité λ.

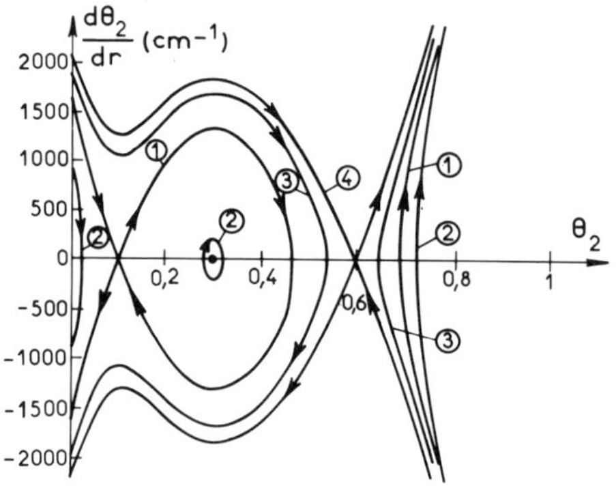

Fig.4 Trajectoires dans le plan de phase calculées pour V = 0 et diverses valeurs de la constante d'intégration $c_o/10^8$ cm^{-2}: 1) 9,9284 ; 2) 9,9444 ; 3) 9,9171 ; 4) 0,9119.
Les flèches indiquent les valeurs croissantes de r.

Utilisant la méthode de CRANK-NICHOLSON, nous avons calculé l'évolution du système à la suite d'une forte perturbation locale ($\Delta\theta_2/\theta_2$ = 100%) de l'état uniforme, survenant sur une distance $\Delta r \ll \lambda$ et maintenue pendant un temps $\Delta\tau$ [4]. Si $\Delta\tau$ est trop court, le système revient à l'état uniforme. Par contre si $\Delta\tau$ est suffisamment long, l'état uniforme se déstabilise et *le système bifurque vers l'état structuré*. Une telle évolution est illustrée fig. 5 : au bout de 2,65 s le système atteint le profil stationnaire. Les pics de densité de courant peuvent alors initier localement la *formation des dépôts spongieux* observés à faible densité de courant [5].

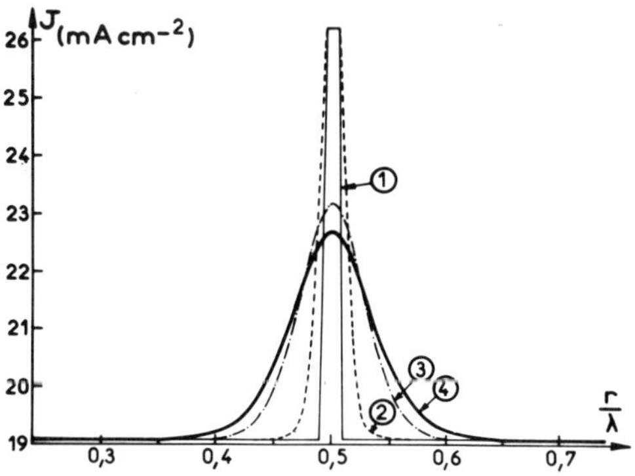

Fig.5 Evolution, en fonction du temps t, de la distribution de la densité de courant J(r) qui résulte d'une perturbation de θ_2 imposée pendant $\Delta\tau$.
1) t=0 ; 2) $t=\Delta\tau=0{,}087$s ;
3) t=0,947s ; 4) t=2,65s.

Références

[1] C. Gabrielli, M. Keddam, J. Electroanal. Chem., 45, 267 (1973)

[2] C.G. Law, Jr., J. Newman, 153e Réunion Electrochemical Society, Seattle, Mai 1978, extended abstracts, p. 134.

[3] I. Epelboin, C. Gabrielli, M. Keddam, H. Takenouti, Zeit. F. Phys. Chem. (N.F.), 98, 215 (1975)

[4] I. Epelboin, C. Gabrielli, M. Keddam, M. Ksouri, R. Wiart, Soviet Electrochem., 13, n° 6, 800 (1977)

[5] I. Epelboin, M. Ksouri, R. Wiart, Faraday Symposium Chem. Soc., n° 12, Southampton (1977), sous presse.

Conclusions and Perspectives

G. Nicolis

With 2 Figures

1. Introduction

In the course of this meeting we have been led, successively, to such captivating areas of research as Irreversible thermodynamics, bifurcation analysis of reaction-diffusion equations, fluctuation theory, quantum optics, oscillating reactions, solid state chemistry, electrochemical process, and fluid dynamics. One might be tempted to wonder, by looking on this long list, how such diverse subjects could all fit together. One of the principal results of the meeting was to show that, despite this diversity, there is a profound unity between the basic concepts underlying these subjects as well as between the techniques used to analyze them. Indeed, the main theme that was continuously recurring throughout the different sessions has been the occurence of nonequilibrium phase transitions, and the concomitant emergence of order and cooperativity through the formation of dissipative structures.

My principal goal in this closing lecture is threefold. I should like to recapitulate what we all agree we know today on these subjects. I should also like to present a critical discussion of various concepts and methods that are being widely used. Finally I shall attempt an excursion into the future and give personal opinions about some of the problems that remain open.

2. Nonlinear systems far from equilibrium

In much of this meeting we have been dealing with systems whose dynamics is described by nonlinear kinetic laws of the form

$$\frac{\partial \bar{x}_i}{\partial t} = f_i(\{\bar{x}_j\}, \lambda) \qquad (1)$$

$\bar{x}_i$ $(i=1,\ldots,n)$ and f_i are shorthand notations for the macroscopic state variables and rates respectively, and λ stands for a set of parameters that may enter in the description. In general, f_i is a functional of the state variables. For instance, in the absence of external forces and thermal effects one has for f_i a reaction-diffusion dynamics which is frequently represented as

$$f_i = v_i(\{\bar{x}_j\}, \lambda) + D_i \nabla^2 \bar{x}_i \qquad (2)$$

Here $\bar{x}_i$ are the composition variables of a reacting mixture (assumed to be dilute), v_i the overall reaction rates and D_i the Fick diffusion coefficients of constituent i.

A large amount of effort has been devoted to the mathematical analysis of eq. (1) and (2) (see e.g. [1]). A particularly well studied class is that of variational systems which, just like the linear laws of irreversible thermodynamics reviewed in Professor Glansdorff's talk, derive from a scalar potential function [2] . In general however, highly constrained systems operating at a finite distance from equilibrium are not amenable to this description. Then one deals with vector equations, and this complicates greatly both the quantitative analysis as well as the classification and other qualitative aspects of the solutions. We come back to this point in Section 3.

This lack of universal structure of the kinetic laws far from equilibrium makes the ability of thermodynamics to sort out some general evolution trends all the more remarkable and welcome. As is clear from Professor Glansdorff's lecture, the fact that the distance from equilibrium -a universal parameter in all physico-chemical systems- controls the emergence of order, is one of the very few general statements one can make to date on nonlinear systems. Moreover, as we also see in Section 4, thermodynamics provides a link between kinetic equations and fluctuation theory as, by definition, the notion of fluctuation is absent from the phenomenological description afforded by eq(1) and (2). Finally, thermodynamics dictates the most natural choice of variables and parameters and imposes physical restrictions on $\bar{x}_i$ and on the structure of the rate laws. For instance, in reaction-diffusion systems the composition variables must remain non-negative: $\bar{x}_i \geq 0$. Moreover, v_i must be compatible with the existence of a chemical equilibrium as given by the law of mass action.
To be sure, these results are not as complete as those derived in the linear range of irreversible processes. Hence, it will be necessary to supplement them with information coming from the direct analysis of the kinetic equations and from the behavior of the fluctuations. It is this complementarity between the methods and concepts underlying the theory of irreversible processes, nonlinear mathematics and probability theory that is so fascinating in the study of order and cooperativity far from equilibrium.

3. Bifurcation analysis

We have seen that in many systems the branch of equilibrium-like states may change its stability properties as the distance from equilibrium increases. Whenever this happens through bifurcation, one has a spontaneous time and/or space symmetry-breaking. In fact, as several speakers during the meeting suggested, after this first bifurcation one may have a whole hierarchy of further instabilities leading to more complex patterns and time behaviors with an ultimate tendendy to chaotic, or turbulent motion. The question is whether one can put some order in this wealth of possibilities and construct bifurcation diagrams of physical, chemical or biological systems of interest giving us the kinds of behavior that they may present under various conditions.

The answer to this question depends, to a great extent, on a judicious choice of the parameters controlling the system. Moving along a one-parameter space, as frequently done gives usually a succession of primary bifurcations from the thermodynamic reference state occuring at a simple eigenvalue. There are, however, three new features to be added to this traditional picture. First, bifurcation may be affected by some parasitic parameters acting like "impurities" on the system [3]. For instance, in the trimolecular model reviewed in the lecture by M. Herschkowitz-Kaufman the concentration of initial product A may depend on space [4], [5]. As it turns out, under certain conditions this may give rise to a smooth passage or to a discontinuous

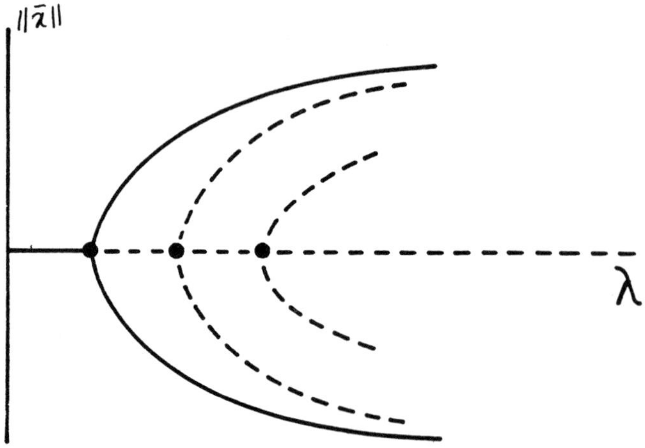

Fig.1 Succession of primary bifurcations in terms of parameter λ. Full and dotted lines denote respectively stable and unstable solutions

jump to a spatial pattern without any bifurcation [3], [6]. A second point of great interest is that there usually exists at least one more parameter in the evolution equations which controls the spacing between successive primary bifurcations. Taking again the trimolecular model discussed in the lecture by M. Herschkowitz-Kaufman, one can see that this additional parameter is the characteristic length L of the reaction space. For certain combinations of L and of the first parameter λ , one may then have bifurcation at a double eigenvalue. Conversely, slight changes of (L,λ) from this point split the bifurcation branches and may give rise to higher bifurcations [6], [7]. The situation is described in Fig. 2

This mechanism generates a great variety of solutions of increasing complexity some of which have a pronounced spatial asymmetry. It would certainly be interesting to extend the analysis to higher multiplicities and come up with concrete examples of tertiary bifurcations.

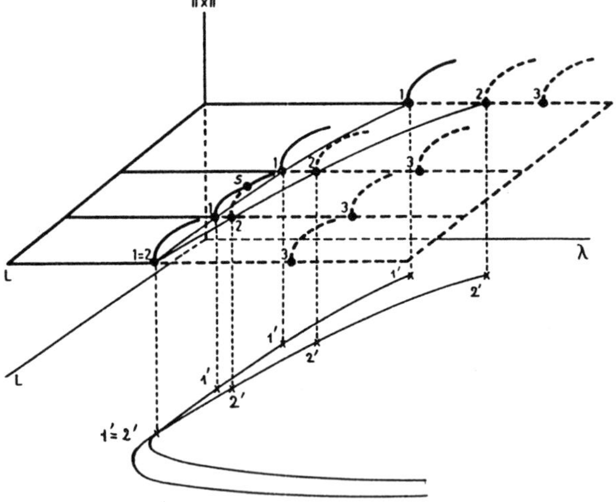

Fig. 2 Three dimensional bifurcation diagram in terms of the parameters L, λ . The trajectories of the first two primary points 1 and 2 are indicated untill the degeneracy point 1 = 2. S = secondary bifurcation point. The primes indicate projections of bifurcation points in the L, λ plane

There is an additional feature present in many problems that restricts further the possible types of behavior. As well known, bifurcation analyses of eq. (1) and (2) are usually based of perturbative expansions like, for instance Poincaré-Linstedt series. At each order of the perturbation one deals with solvability conditions fixing the values of the expansion coefficients. Their number is equal to the degree of degeneracy of the bifurcation point. Moreover, in such cases as chemical kinetics with polynomial nonlinearities the solvability conditions are algebraic equations fór the expansion coefficients of a degree related to the nonlinearity of the rate equations. One can therefore attempt to extend the ideas of catastrophe theory [2] and analyze the universal unfoldings of this set of algebraic equations. This program was carried out recently by Schaeffer and Golubitsky [6]. Thanks to their work and to that of ref [7] one can now claim having a complete list of all possibilities that may occur near a doubly degenerate eigenvalue leading to bifurcation of steady-state solutions. The problem of time-periodic or wave-like bifurcations is far less understood. However, the mixed case of coalescence of one time-dependent and one time-independent eigenfunction has been investigated by Keener [8].

So far we discussed small amplitude solutions accessible by perturbation expansions around the bifurcation point. A great amount of work has been devoted to asymptotic methods capable of representing large amplitude solutions very far from bifurcation, as reviewed in the communication by P. ORTOLEVA. Again, it would be very interesting to come up with systematic classification schemes similar to those discussed in ref. [6] and [7].

We close this section with some comparisons between the wealth of possibilities revealed by the study of bifurcation diagrams and experimental facts. From the communications devoted to the BELOUSOV-ZHABOTINSKI reaction it appears that in chemical systems one can control fairly well the boundaries of stability associated with symmetry-breaking in time. It would of course be very desirable to extend these results to account, experimentally, for higher bifurcations of both time-dependent and space-dependent states. In addition to its intrinsic interest, such an experimental analysis would provide valuable insights on the mechanisms of formation of morphogenetic patterns during embryonic development. In this respect the situation appears to be more favorable in quantum optics and in fluid dynamics where for instance (see lecture by M. DUBOIS) one can follow the entire succession of transitions from BENARD cells to turbulence by increasing the RAYLEIGH number.

4. Fluctuations

So far we adopted a phenomenological description, in terms of which the dynamics of a system is amenable to the instantaneous values of certain local observables. Implicit in this philosophy is the idea that the system will attain with probability one a regime predicted by solving the rate equations. But we know from the bifurcation analysis that the latter may admit multiple stable solutions and hence exhibit transition phenomena between these solutions. Obviously, a more complete theory capable of determining the relative weights of macroscopically accessible solutions is needed. The central quantity in this theory is the probability $P(\{\alpha_i\}, t)$ for occupying a state $\{\alpha_i\}$ at time t +)

+) Note the difference in notation between this section and section 2. The passage from $\{\alpha_i\}$ to $\{\bar{x}_i\}$ is discussed later on in this section.

This quantity differs from a simple KRONECKER (or DIRAC in the case of continuous variables) delta form because of the fluctuations, the spontaneous deviations from average behavior. In the vicinity of a bifurcation these fluctuations induce an evolution (usually on a long time scale) away from an unstable reference state to a new stable regime.++)

Three basic problems suggest themselves naturally. The first is to deduce an equation of evolution of $P(\{\alpha_i\},t)$ which reduces, in some appropriate limit, to the macroscopic description (eq. (1) and (2)). The second is to describe the static behavior of fluctuations around the stable solutions of the macroscopic equations that will be reached asymptotically (as time $t \to \infty$). And the third, is to discuss the evolution of P from an initial unstable to a final stable state. Surprisingly, in all three problems we are at the very beginning of our understanding. I shall deal hereafter with the first two questions , as the third has been covered in the lecture by M. SUZUKI.

Consider first the equation of evolution for P . Clearly one must make an Ansatz about the nature of the process in $\{\alpha_i\}$ space. This depends, in turn, on the choice of this space. If the latter is taken to be the complete phase space of coordinates and momenta of the microscopic degrees of freedom, one is led to a very complex problem of nonequilibrium statistical mechanics. On the other hand, the evolution at this level becomes Markovian. What we would like to do however is to eliminate the spurious degrees of freedom-essentially those that do not exhibit bifurcation-and still keep the Markovian property. This lumping procedure is not completely understood, specially if one recalls from probability theory that a reduction of state space generally alters the character of a stochastic process. It is expected nevertheless that it can be carried out by invcking the validity of a local description of irreversible processes. In other words, one assumes that, locally, the momentum distribution rapidly relaxes to a form near Maxwellian equilibrium. This leads to a closed equation for $P(\{X_{\alpha i}\},t)$ called multivariate master equation. $X_{\alpha i}$ denotes now the value of macrovariable i in a spatial cell α extending in the vicinity of a point $\underline{r}$ in physical space. For a reaction - diffusion system the multivariate master equation has the form

$$\frac{dP(\{X_{\alpha i}\},t)}{dt} = \sum_{\alpha,\{X'_{\alpha i}\}} W_{ch}(\{X'_{\alpha i}\}|\{X_{\alpha i}\})\,P(\{X'_{\alpha i}\},t) + \sum_{\alpha,\epsilon,\{X'_{\alpha i}\}} d_i W_{dif}(\{X'_{\alpha+\epsilon}\}|\{X_{\alpha i}\})\,P(\{X'_{\alpha+\epsilon}\},t)$$

$$\equiv L_{ch}P + L_{dif}P \tag{3}$$

++)We assume that the system is subject to time-independent boundary conditions. In the presence of fluctuating environments new features can appear inducing evolution on a much shorter scale, as discussed in the communications by R. LEFEVER and W. HORSTHEMKE and by P. DE KEPPER and W. HORSTHEMKE.

Subscripts "ch" and "dif" refer, respectively, to chemical reaction and diffusion. d_i are diffusion rates across spatial cells, and ϵ ranges over the nearest neighbors of cell α if the spatial extension of the latter is of the order of mean free path. The W are transition probabilities per unit time. W_{ch} is usually modelled as a birth and death process [9]. Hence, for mass action kinetics it is a polynomial of a degree equal to the order of the chemical process. W_{dif} is modelled as a random walk. With this choice of W_{ch} and W_{dif}, it can be shown that the phenomenological rate equations are recovered as representing the evolution of the most probable states, i.e. the states for which P is a maximum. Note that, with a slight change of vocabulary, eq. (3) can also be applied to quantum optics, fluid dynamics, biochemistry or population dynamics.

A further lumping of spatial degrees of freedom is expected to lead to a global description of fluctuations in the form

$$\frac{dP(\{X_i\},t)}{dt} = \sum_{\{X_i'\}} w_{ch}(\{X_i'\}|\{X_i\})\, P(\{X_i'\},t) \equiv L_{ch}P \qquad (4a)$$

with

$$w_{ch}(\{X_i'\}|\{X_i\}) = N\,\tilde{w}_{ch}(\{x_i'\}|\{x_i\}) \qquad (4b)$$

and

$$X_i = \sum_{\alpha} X_{i\alpha}$$

Here N is a parameter indicating the size of the system, and $\{x_i\}$ is a set of intensive variables associated to $\{X_i\}$. In reality the passage from eq. (3) to eq. (4a) is far from trivial. The study of simple models shows [10] that if eq. (3) admits an asymptotic solution in powers of $1/d_i$, then eq. (4a) is recovered in the limit $d_i \to \infty$. Now such an expansion can be shown to exist for all finite N, but it may well break down the thermodynamic limit $N \to \infty$ with a nonanalytic dependence in $1/d_i$ taking over. Moreover, for finite d_i the question remains open. In particular, when bifurcation occurs one does not know whether eq. (4b), which provides a "mean-field" picture, remains a valid description. Nor do we know whether in this case local equilibrium-like thermodynamics remains a valid description of the processes. I suggest that we hereafter look at eq.(4a) as a model describing a system maintained strictly uniform in space through adequate stirring.

Let us come next to the static behavior of fluctuations predicted by eqs (3) and (4). The basic question we would like to answer is how bifurcation and multiple stability in the phenomenological description is reflected -if at all- in the properties of the probability function. The first attempts to answer this question were based on truncation schemes (essentially equivalent to a Gaussian assumption). It was found that at the first primary bifurcation from the thermodynamic reference state the system exhibits critical behavior in the form of divergent variances and long range spatial correlations (see [11], [12] for a survey). As it turned out, the laws of divergence were all classical, in accordance with the "mean-field" character of the truncation procedure. These results are all very similar to those reached in other areas like quantum optics and fluid dynamics. We cannot but stress again the universality of critical behavior, as already pointed out in the lecture by Professor HAKEN.

In the last two years there has been a renewal of interest in this field. The objective is now to produce exact, or at least systematic perturbative results free of ad hoc assumptions. One can claim that this goal has been achieved for multiple steady state transitions in spatially uniform systems, that it is in the process of being achieved for bifurcation of limit cycles, and that it is well under way for the analysis of the effect of diffusion in multiple steady state transitions [13], [14], [15], [16]. Let us briefly describe some of the main results.

(i) Multiple steady states in spatially uniform systems
The phenomenological description reduces, in the simplest non trivial case, to a cubic rate law:

$$\frac{d\bar{x}}{dt} = f(\bar{x}) = -\frac{\partial V(\bar{x})}{\partial \bar{x}} \tag{5}$$

where V is the "kinetic" potential featured by catastrophe theory [2] and is quartic. The universal unfolding of V reads

$$V = \frac{\bar{x}^4}{4} + \delta\frac{\bar{x}^2}{2} + (\delta - \delta')\bar{x} \tag{6}$$

where δ, δ' are two parameters. Bifurcation occurs at $\delta = \delta' = 0$, whereas in some region of negative δ and δ' there are three steady states two of which are asymptotically stable. The master equation (4a) corresponding to this model can be solved exactly. In the region of one steady state P is a Gaussian peaked around that state. As $\delta, \delta' \to 0$ its variance increases (for $\delta = \delta'$) according to the law $1/|\delta|$. At the bifurcation point the Gaussian character is lost and the variance is no longer extensive. Finally, in the multiple steady state region P undergoes a structural change and becomes multihumped around the solutions of the macroscopic rate equation. The relative weights of the peaks however are always in a ratio of e^{-N} except along a "coexistence line" defined by a curve $\mu(\delta, \delta') = 0$ in parameter space. This line turns out to be different from that given by a MAXWELL construction based on the phenomenological potential, eq (6), which would predict a transition between peaks along $\delta = \delta'$. As pointed out by J. ROSS, it also appears to be different from that deduced by thermodynamic arguments based on entropy or excess entropy production. This illustrates the qualitatively new insight added by stochastic analysis of nonequilibrium systems. These results, which are obtained from an exact solution of the master equation, can also be recovered by systematic expansions of this equation based on singular perturbation techniques [13].

(ii) Limit cycles in spatially uniform systems
The simplest phenomenological description requires now two coupled variables whose evolution cannot derive from a potential. At the bifurcation point there is again a structural change of the stationary distribution P, which switches from a single - humped form to a crater like surface centered on the limit cycle. The crater gets sharper as N increases, and in the limit $N \to \infty$ it becomes singular. In addition to this however, there appears a family of time-dependent solutions of the master equation rotating along the limit cycle [13], [15].

These are damped for any finite N, but become long-living modes as $N \to \infty$.

(iii) Effect of diffusion

An attempt to go beyond mean-field theories by taking into account correlations between spatial cells is reported in ref. [13], [16]. Let $E(\xi | X_\alpha)$ be the conditional average of the state variable X in cell ξ:

$$E(\xi | X_\alpha) = \sum_{X_\xi} X_\xi \frac{P(X_\alpha, X_\xi)}{P(X_\alpha)} \quad (7)$$

where $P(X_\alpha, X_\xi)$ is the doublet distribution. In the absence of correlation between cells ξ and α, $E(\xi | X_\alpha) = \langle X_\xi \rangle$. We now allow for a dependence of E on X_α through

$$E(\xi | X_\alpha) = \langle X_\xi \rangle + \frac{\langle \delta X_\xi \delta X_\alpha \rangle}{\langle \delta X_\alpha^2 \rangle} (X_\alpha - \langle X_\alpha \rangle) \quad (8)$$

Numerical simulation of the multivariate master equation shows that eq. (8) works surprisingly well, even quite close to bifurcation point. Moreover, it appears that diffusion tends to supress the divergence of fluctuations in systems of space dimension equal to one. Further work is necessary to sort out the behavior in the thermodynamic limit where the nonequilibrium phase transition, if it exists, should become sharp and give rise to divergent fluctuations.

Experimental results on thermal fluctuations would of course be extremely welcome. Despite the wealth of data available on transitionpoints both in fluids and in chemical kinetics, it appears that these points cannot yet be approached close enough for critical behavior of thermal fluctuations to show up. So one is essentially checking the results of macroscopic bifurcation calculations or of analyses of master equations based on truncation. All these give rise to mean-field type behavior. Whether this is truly the behavior characterizing the transition remains to be seen.

5. Concluding remarks. The modelling of complex systems

What is the generality and the relevance of the behavior described in previous Sections in the real world? During this meeting we have seen that there definitely exist physical and chemical systems undergoing transition to order: The laser, a fluid subjected to an instability, the BELOUSOV and other reagents, or the decomposition of N_2O_4. All these belong, definitely, to the realm of nonequilibrium phase transitions. In fact, there exists at present a growing amount of information concerning systems undergoing pattern formation and rhythmic phenomena.

Beyond these specific experiments however the existence of self-organization phenomena far from equilibrium endows a system with the ability to regulate its behavior and to develop some type of memory related to the way the bifurcation diagram has been traversed during the system's lifetime. Because of this, nonequilibrium phase transitions and dissipative structures are natural models of complex systems exhibiting evolution and history. Let me give a few representative examples.

We begin with pattern formation and morphogenesis during embryonic development. One of the intriguing things happening there is that a visibly non-differentiated cell or array of cells gives eventually a whole array of differential cells arranged in well-defined spatial patterns. Current work on this problem is based on the picture of an array of initially identical cells (resulting from successive divisions of the zygote) distributed uniformly in a "morphogenetic field". Then, as a result of appropriate interactions between chemical substances known as morphogens, a spatial gradient develops in the field (see [11] for a survey and for detailed references). This changes the local environment of the cells and provides them with "positional information". The latter is interpreted at the genetic level by the individual cells and gives rise to a spatial pattern of differentiated cells in the medium. The point is that, as stressed in Section 3, physicochemical systems like reaction-diffusion systems operating far from equilibrium and subject to appropriate feedbacks are capable of producing spontaneously, such morphogenetic gradients. As it turns out, for this it is necessary to reach dimensions of the field larger than a critical value, L_c Now L is related to growth, which is known to be a prerequisite for many developmental patterns to occur. This adds credence to the suggestion to view morphogenesis from the standpoint of nonequilibrium phase transitions.

Let us now go to a different kind of system. Consider a polymerization process where polymers are synthesized from molecules A and B that are pumped into the system. Suppose the polymer has the following molecular configuration

ABAB......

and that the reaction producing this polymer is autocatalytic. Then, if an error occurs, an initially absent modified polymer appears such as

ABAAABABBA.....

which may multiply in the system as a result of a modified autocatalytic mechanism. Will this new product die out, or will it take over with the initial polymer dying out? The point is that new interaction pathways are opened and that, even if initially they are of minor importance, subsequently they may dominate the system's behavior. We speak then of breakdown of <u>structural stability</u>. This type of question plays a vital role in the modern theory or prebiotic evolution of biopolymers elaborated by M. EIGEN [17] . He points out that the search for structural stability under nonequilibrium conditions is the way information for correct replication is transmitted, and can viewed as a generalization of DARWIN's principle of "survival of the fittest". The final stage of evolution will be a state possessing a means of minimizing errors, a property that could be thought of as a possible precursor of the genetic code. Similar questions are essential to the understanding of the evolution of populations in an ecosystem, the generation and propagation of innovations, and affiliated phenomena.

It is, of course, very tempting to apply these considerations to problems of social evolution. A major difficulty is to pick up the relevant variables and a meaningful level of description, where the analogies with the evolution of physico-chemical systems undergoing bifurcations far from equilibrium become particularly suggestive. Much progress has been made recently in this area [18] . We do not enter in details as this is outside the scope of our meeting.

References

1. D. Sattinger, "Topics in Stability and Bifurcation Theory", Springer Verlag, Berlin (1973)

2. R. Thom, "Stabilité Structurelle et Morphogénèse" Benjamin, New York (1972)

3. B. Matkowsky and E. Reiss, SIAM J. Appl. Math. 33,230 (1977)

4. M. Herschkowitz-Kaufman and G. Nicolis, J. Chem. Phys. 56, 1890 (1972)

5. J.F.G. Auchmuty and G. Nicolis, Bull. Math. Biol. 37, 323 (1975)

6. D. Schaeffer and M. Golubitsky, "Bifurcation Analysis near a double eigenvalue" Univ. of Wisconsin Technical Report (1978)

7. T. Erneux and J. Hiernaux, to be published

8. J.P. Keener, Studies in Appl. Math. 55, 187 (1976)

9. W. Feller,"An Introduction to Probability Theory and its Applications" Wiley, New York (1957)

10. M. Malek-Mansour, Ph.D. Dissertation, Univ. of Brussels (1978)

11. G. Nicolis and I. Prigogine, "Self-organization in Nonequilibrium Systems", Wiley, New York (1877)

12. H. Haken, "Synergetics" Springer Verlag, Berlin (1977)

13. G. Nicolis and M. Malek-Mansour, Progr. Theor. Phys. , in press(1978)

14. G. Nicolis and J.W. Turner, Ann. New York Acad. Sci., in press (1978)

15. M. DellaDone and P. Ortoleva, J. Stat. Phys., in press (1978)

16. M. Malek-Mansour and J. Houard, Phys. Rev. Letters, submitted (1978)

17. M. Eigen, Naturwissenschaften 58, 465 (1971);
M. Eigen and P. Schuster, ibid. 64, 541 (1977), 65, 7 (1978) and 65, 341 (1978)

18. P. Allen and M. Sanglier, J. of Social and Biol. Str., in press (1978).